"双一流"建设专业学位研究生教学案例

高级软件工程教学案例精选

郭树行　主编

中国财经出版传媒集团

中国财政经济出版社

图书在版编目（CIP）数据

高级软件工程教学案例精选 / 郭树行主编. --北京：
中国财政经济出版社，2022.1

（"双一流"建设专业学位研究生教学案例）
ISBN 978 - 7 - 5223 - 0992 - 7

Ⅰ. ①高… Ⅱ. ①郭… Ⅲ. ①软件工程 - 教案（教育
） - 汇编 - 研究生 Ⅳ. ①TP311.5

中国版本图书馆 CIP 数据核字（2021）第 251415 号

责任编辑：郭爱春　　　　　责任校对：胡永立
封面设计：陈宇琰　　　　　责任印制：党　辉

中国财政经济出版社　出版

URL：http：//www.cfeph.cn
E - mail：cfeph@ cfeph.cn

社址：北京市海淀区阜成路甲 28 号　邮政编码：100142
营销中心电话：010 - 88191522
天猫网店：中国财政经济出版社旗舰店
网址：https：//zgczjjcbs.tmall.com
北京时捷印刷有限公司印刷　各地新华书店经销
成品尺寸：185mm×260mm　16 开　21.25 印张　393 000 字
2022 年 2 月第 1 版　2022 年 2 月北京第 1 次印刷
定价：86.00 元
ISBN 978 - 7 - 5223 - 0992 - 7
（图书出现印装问题，本社负责调换，电话：010 - 88190548）
本社质量投诉电话：010 - 88190744
打击盗版举报热线：010 - 88191661　QQ：2242791300

中央财经大学专业学位研究生教学案例项目
编 委 会

总　序

　　专业学位研究生教育是培养高层次应用型专门人才的主渠道。中央财经大学自 2003 年开始实行专业学位教育以来，逐步构建了具有财经特色的高层次应用型专门人才培养体系，为经济社会发展做出重要贡献。截至 2021 年 9 月 30 日，学校在校硕士研究生 5652 人，其中，学术型硕士 1751 人，专业学位硕士 3901 人，分别占在校硕士研究生比例为 31% 和 69%，专业学位研究生已经成为学校研究生教育的主体。

　　中央财经大学专业学位研究生教育始终坚持"质量优先、特色发展"的原则，目前已经形成了较为完备的、有一定特色的专业学位研究生培养体系。学校基本形成了以优质课程引领的课程体系和以案例教学为突破口的实践教学体系，促进科教融合和产教融合，加强国际合作，着力增强研究生实践能力、创新能力，取得了一定的成效。

　　但是面对新时代的新要求，当前专业学位研究生教育还存在着"培养方案不够优、案例教学不够深、专业实践不够实、教学师资不够专、论文标准不够明"等问题。专业学位硕士与学术硕士培养方案在课程设置方面差异不明显，同质化现象仍普遍存在。专业学位硕士案例开发与教学虽取得一定成果，但仍有较大提升空间。专业实践教学流于形式，组织不力。实践基地挂牌的多，发挥实效的少，管理和规范力度不够，远未形成产教融合发展的格局。专业学位硕士"双师型"导师队伍建设不够完善，校内外导师未能建立有效的沟通协调与合作指导机制。专业学位硕士学位论文写作和评判标准不够明确，大多数参考学术硕士论文的评审标准，难以发挥学位论文评审对培养过程和学位论文写作的导向性作用。

　　针对上述问题，尤其是专业学位研究生案例教学方面的短板，近年来，学校坚持"科学规划、突出特色、鼓励创新、择优资助"的原则，高度重视研究生教材和案例集建设工作。学校围绕立德树人根本任务，以一流学科建设为目标，设立专项资金资助研究生教材和专业学位研究生案例集建设。推动习近平新时代中国特色社会主义思想和社会主义核心价值观念融入教材建设、融入课堂教学，培育学生经世济民、诚信服务、德法兼修的职业素养，初步建立了具有中央财经大学"财经黄埔"品牌特色的研究生精品教材体系。鼓励校内外教师、行业专家合作建设高质量教学案例库，推动编写案例教材、开展案例教学方法研究、加大案例教学比重，着力组织建设一批国际化、高水平的专业学位研究生教学案例集。

呈现在读者面前的专业学位研究生教学案例集由经济学、管理学、法学等学科的教学案例集构成，均由教学经验丰富、学术研究能力突出的一线教师组织编写。编者中既有国家级教学名师等称号的获得者，也不乏在专业领域造诣颇深的中青年学者。本系列教学案例集的出版得到了"中央高校建设世界一流大学（学科）和特色发展引导专项资金"的支持。我们希望本系列教学案例集的出版能够为专业学位研究生培养提供一线的案例素材，打造以专业能力训练为导向的案例教学体系，提高专业学位研究生的培养质量。

在编写专业学位研究生教学案例集的过程中，我们虽力求完善，但也难免存在不足，恳请广大同行和读者批评指正。

专业学位研究生教学案例集编委会
2021 年 10 月于北京

前　言

　　软件工程是一门研究用工程化方法构建和维护有效、实用和高质量软件的学科。各个领域几乎都在应用计算机软件，它极大地提升了人们的工作效率，促进了经济和社会的发展。如今，5G落地应用带动了物联网的全面发展，产业互联网的发展带动了大数据和人工智能的落地应用，网络安全领域也释放了大量的发展机会，软件工程正在渗透到科研机构、IT行业以及各大企业中，拥有着广阔的前景。

　　结合实际应用，本书从金融业务分析案例、银行系统架构设计案例以及信息化建设与项目管理案例进行软件工程的介绍，通过正确运用软件工程，解决遇到的问题，顺利完成项目的实施。

　　金融业务分析案例主要讲述了业务流程体系的基本构成，为读者呈现了以统一业务架构为导向的全域业务分析的综合案例，有利于让软件工程实践者进行参照，学会如何立足全域业务分析开发业务需求过程；银行信息系统架构设计案例主要讲述了如何进行信息系统总体架构设计，包括应用架构、数据架构、技术架构等；信息化建设与项目管理案例主要讲述了软件工程全过程如何阶段化实施与构建管控机制。面向新一代适应数字化转型的新一代研发需求，进一步展望提出了基于软件研发低代码化的工程过程框架案例，以期帮助读者更好地掌握中国软件工程的最佳实践。

　　本书定于上述占位进行撰写。由郭树行博士提出撰写要求。第一章软件工程基本过程由郭树行、李红波撰写；第二章金融业务流程分析与实践案例集由李红波、马丽雅编写；第三章银行信息系统架构设计案例集由郭树行编写；第四章信息化建设与项目管理案例集由郭树行、刘振田编写；第五章软件研发低代码化与敏捷转型由金毅编写；全书统稿由郭树行、赵梦涵、孙舒颖、覃俊杰完成；书稿配图由郭树行、赵梦涵、孙舒颖、覃俊杰参与完成。书中案例与素材主体由编写组相关研究成果汇集而成，案例来源得到了全体编写组的积极支持，在此对大家的辛苦工作和积极付出表示感谢。

另外，书稿内容参考例证标注了参考来源，难免有疏漏之处，恳请业界包容理解，在此一并感谢。

作者

2021 年 11 月

目 录

第一章

软件工程基础过程

　　本章主要涉及企业软件工程需求分析案例、系统设计案例、研发过程案例、测试过程案例、配置管理案例和系统维护案例，结合代码详细介绍了软件工程。

第一节 软件工程需求分析

某通信企业原来的客服系统全部是由各省进行独立建设,为了统一管理、协调各省的业务资源、处理各省业务的共性问题而建设的该项目,对各省业务受理、业务请求、服务请求,进行统一化管理,方便一线客服人员使用;减少资源浪费,继而节约人员管理成本及项目管理成本。

本次项目目标是在对用户需求调研的基础上,根据项目组对业务的理解与研发的积累,分析系统功能,进行客户定制化开发、数据迁移、系统接口集成等建设,确保产品及产品定制开发的功能能够真正地满足用户的需求。

一、一体化客服系统功能需求

一体化客服系统包括 30 个流程:话费查询,个人客户视图,PUK 码查询,业务暂停恢复,使用量查询,数据业务详单查询,充值卡查询,交费记录查询,VOLTE 管理,月结发票查询,强制开关机,申请停复机,指定号码呼叫转移,积分计划申请,宽带基本资料查询,亲情号码变更与查询,催缴记录查询,销号用户信息查询,二代证服务密码重置,宽带用户密码重置,融合客户,集团交费记录查询,调账查询,一键退费,业务冲正(班长),用户使用地查询登记,用户受限管理,个人结余(查询)的基本要求,并向客户提供服务。其示例图见图 1-1。

系统支持 IE、Firefox 浏览器。

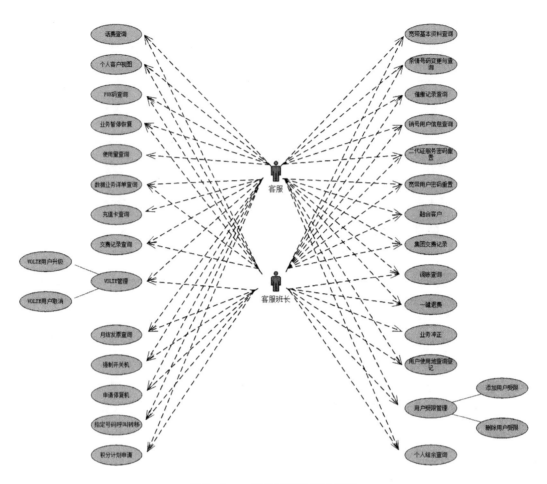

图 1-1 一体化客服系统示例图

二、一体化客服系统非功能需求

(一)接口需求

表 1-1　　　　　　　　　　　　　接口需求

接口编号	需求名称	接口名称	接口描述	调用方	被调用方	接口协议	数据传输方式	数据加密要求
ZY-0001	融合客户	NGCRMPF_AH_CAHHCSCHK-MBRGRPTYPE_POST	融合客户校验	ngbusi	ngcrmpf	http	异步	无
ZY-0002	融合客户	NGCRMPF_AH_CAHHQSQUSER-GRPINFO_POST	融合群用户列表	ngbusi	ngcrmpf	http	异步	无

4

续表

接口编号	需求名称	接口名称	接口描述	调用方	被调用方	接口协议	数据传输方式	数据加密要求
ZY－0003	融合客户	NGCRMPF_AH_CAHHQSCUST-MSG_POST	产品信息查询	ngbusi	ngcrmpf	http	异步	无
ZY－0004	融合客户	NGCRMPF_AH_CAHHQSUSE-RLIMITQY_POST	受限信息查询	ngbusi	ngcrmpf	http	异步	无
ZY－0005	融合客户	NGCRMPF_AH_CAHHQSBSCUS-RINFOQY_POST	用户自定义参数	ngbusi	ngcrmpf	http	异步	无
ZY－0006	融合客户	NGCRMPF_AH_CAHHQSGCQ-CONREL_POST	账务关系信息查询	ngbusi	ngcrmpf	http	异步	无
ZY－0007	融合客户	NGCRMPF_AH_CAHHQSGC-QUSERLIST_POST	账户关系详细信息查询	ngbusi	ngcrmpf	http	异步	无
ZY－0008	融合客户	NGCRMPF_AH_CAHHQSTEAM-MBRQY_POST	亲情号码	ngbusi	ngcrmpf	http	异步	无
……	……	……	……	……	……	……	……	……

（二）网络安全需求

（1）关键数据的传输必须支持采用可靠的加密方式，保证关键数据的完整性与安全性。

（2）应用系统应该充分利用防火墙、安全证书、SSL 等数据加密技术保证系统与数据的安全。

（3）应用系统必须支持对系统运行所必需的用户名与密码周期性更改的要求。

（4）应用系统必须强制实现操作员口令安全规则，如限制口令长度、限定口令修改时间间隔等，保证其身份的合法性。

（5）登录系统需要提供验证码或短信功能；用户密码限制至少 8 位，且为数字、字母组合；密码多次错误锁定；验证密码有效性，有效杜绝 SQL 注入等低级别黑客入侵途径。

（6）应用系统必须支持操作失效时间的配置。当操作员在所配置的时间内没有对界面进行任何操作则该应用自动失效。

（7）应用系统必须提供完善的审计功能，对系统关键数据的每一次增加、修改和删除都能记录相应的修改时间、操作人和修改前的数据。

（8）应用系统的审计功能必须提供根据时段、操作员、关键数据类型等条件组合查询系统的审计记录。

（9）应用系统的审计功能必须提供针对特定关键数据查询历史审计记录。

（10）应用系统用户账号管理、密码管理、数据访问权限和功能操作权限管理必须满足某通信企业 IT 内控要求。

（三）性能需求

（1）在网络环境稳定的情况下，操作系统的响应时间应小于 3 秒。

（2）常规请求并发数要求达到 1000 个以上。

（3）同时满足 200 名座席人员同时进行业务受理。

（4）单个座席人员登录页面的平均响应时间小于 1 秒，提交预受理单信息的平均响应时间小于 1 秒。

（5）预受理单详细信息查询页面响应时间小于 0.5 秒；详细信息查询平均响应时间 1—2 秒，报表查询平均响应时间 3—5 秒。

（6）系统年数据量大约为 2 万条以上记录数、5GB 以上的数据量。

（7）系统提供 7×24 小时的连续运行，平均年故障时间＜1 天，平均故障修复时间＜15 分钟。

表 1 – 2   性能指标图表

性能指标分类	性能指标名称	性能指标达标值
数据精确度	数据精确度	数据精度保留小数点后 4 位
时间特性	时间特性	页面响应时间不超过 5 秒
兼容性和扩展性		能很好地与外围系统兼容，具备很强的扩展性能够适应 IE 和 Firefox 浏览器

（四）数据安全需求

1. 数据安全防护需求

系统数据的完整性和保密性体现在数据传输过程和数据存储过程，要实现数据安全，需要从两方面进行安全防护。具体防护策略如下：

（1）数据传输过程：座席人员、营业厅、代理商通过部署 VPN 实现通信信道加密传输。

（2）数据存储过程：采用密码机制所支持的完整性校验机制，检验在系统安全计算环境中存储数据的完整性；采用密码机制所支持的保密性保护机制，对在安全计算环境中存储数据进行保密性保护。

2. 数据备份与恢复需求

具有数据备份灾难恢复机制，使用专业的数据备份存储及灾难恢复系统，可以安全、可靠、高效的对重要数据和应用系统进行整体备份、自动恢复，为业务数据和应用系统提供强有力的安全保障。因此，系统中应部署设备软件对数据进行备份，保障本系统平台的数据安全。

第二节 软件工程系统设计

某通信企业原来的客服系统全部是由各省进行独立建设，为了统一管理、协调各省的业务资源、处理各省业务的共性问题而建设的该项目，对各省业务受理、业务请求、服务请求、进行统一化管理，方便一线客服人员使用；减少资源浪费，继而节约人员管理成本及项目管理成本；

本系统设计主要是用于指导、规范系统（包括系统内各子系统）的概要设计、详细设计、编码、测试与产品发布。一体化客服项目业务受理需求进行描述，并作为后续系统开发工作的基础，为项目的测试与验收提供依据，同时也便于业务和开发方进行需求交流和评审。

一、总体设计

一体化客服项目包含 Web 工程与 App 工程，如下：

Web 工程：主要包括前台 html 页面交互，后台控制层的数据流转、数据校验、数据封装。

App 工程：为 Web 应用接入后台服务，主要完成服务提供、数据整合、数据持久化、第三方接口调用。部分系统涉及分中心操作，考虑到服务的统一管理，因此采用三层结构：第一层 Web 工程，负责页面展现；第二层 App 工程，负责服务统一管理；第三层 APP 工程的中心层，负责各中心的原子服务封装。

二、技术路线

（一）Jersey + Maven 构建 RESTful 服务

REST 描述了一个架构样式的网络系统，如 Web 应用程序，在目前主流的三种

Web 服务交互方案中，REST 相比于 SOAP（Simple Object Access Protocol，简单对象访问协议）以及 XML - RPC 更加简单明了，无论是对 URL 的处理还是对 Payload 的编码，REST 都倾向于用更加简单轻量的方法设计和实现。值得注意的是，REST 并没有一个明确的标准，而更像是一种设计的风格。

在 REST 样式的 Web 服务中，每个资源都有一个地址。资源本身都是方法调用的目标，方法列表对所有资源都是一样的。这些方法都是标准方法，包括 HTTP GET、POST、PUT、DELETE，还可能包括 HEAD 和 OPTIONS。

RESTful 的关键是定义可表示流程元素/资源的对象。在 REST 中，每一个对象都是通过 URL 来表示的，对象用户负责将状态信息打包进每一条消息内，以便对象的处理总是无状态的。

（二）采用关系型数据库

关系型数据库作为应用广泛的通用型数据库，它的突出优势主要有以下几点：

（1）保持数据的一致性（事务处理）。

（2）由于以标准化为前提，数据更新的开销很小（相同的字段基本上都只有一处）。

（3）可以进行 JOIN 等复杂查询。

目前存在很多实际成果和专业技术信息（成熟的技术），能够保持数据的一致性是关系型数据库的最大优势。在需要严格保证数据一致性和处理完整性的情况下，用关系型数据库是肯定正确的选择。

（三）Spring

Spring 框架是非侵入式的轻量级框架，允许自由选择和组装各部分功能，也提供了很多软件集成的接口。

例如，Spring 与 Hibernate，Struts 的集成。

使用 Sping 的优势：

（1）延时注入：提高系统的扩展性，灵活性，实现插件编程。

（2）利用 Aop 思想，集中处理业务逻辑，减少重复代码，构建优雅的解决方案。

（3）运用 Aop 思想，封装事务管理。

（四）Struts（见图 1 – 2）

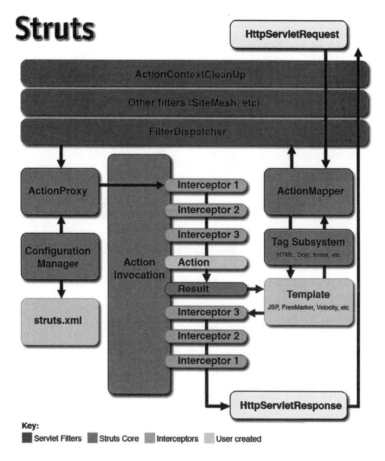

图 1 – 2　Struts

（五）MyBatis

MyBatis 是支持普通 SQL 查询，存储过程和高级映射的优秀持久层框架。MyBatis 消除了几乎所有的 JDBC 代码和参数的手工设置以及结果集的检索。MyBatis 使用简单的 XML 或注解用于配置和原始映射，将接口和 Java 的 POJOs（Plain Old Java Objects，普通的 Java 对象）映射成数据库中的记录。

每个 MyBatis 应用程序主要都是使用 SqlSessionFactory 实例的，一个 SqlSessionFactory 实例可以通过 SqlSessionFactoryBuilder 获得。

（六）Dubbo

1. 一款分布式服务框架

2. 高性能和透明化的 RPC 远程服务调用方案

3. SOA 服务治理方案（见图1-3）

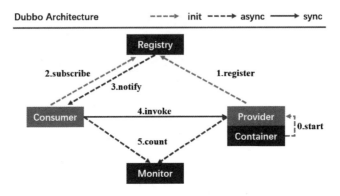

图1-3　SOA 服务治理方案

Provider：暴露服务的服务提供方。

Consumer：调用远程服务的服务消费方。

Registry：服务注册与发现的注册中心。

Monitor：统计服务的调用次数和调用时间的监控中心。

三、JAVA—WEB 体系

（一）项目框架结构（见图1-4）

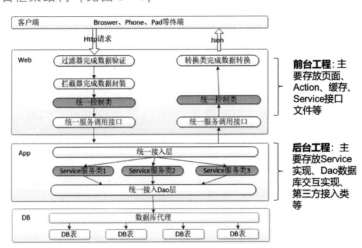

图1-4　项目框架结构图

（二）Web 工程

src/main/java 目录存放 Web 工程所有的 Java 文件，src/main/java 目录划分的原则见表 1 – 3。

表 1 – 3　　　　　　　　　　　　　　Java 文件划分原则

/src/main/java /com/ ** / **	/action		Action 存放目录
		/BaseAction. java	Action 的基类，存放 Action 类的公共调用方法，如调用 Core 工程的统一方法 getOutputObject（）、向 html 页面输出 json 的 sendJson 方法等
		/CommonAction. java	通用 Action，主要处理对基础数据的请求
	/control		框架公用处理类，开发人员无须在此包下书写代码
		/IControlService. java	调用 Core 工程服务接口类，提供 Execute 方法，由 Action 层调用，公用调用方法已在 BaseAction 中封装
		/impl/ControlRequestImpl. java	公用参数处理实现类。通过读取 XML 配置，完成参数校验
		/impl/ControlServiceImpl. java	Web 工程调用后台 Core 工程统一接入服务类，继承 IControlService，并实现调用方法 Execute
	/convertor		OutputObject 对象转换成前台 Json 的转换类
		/BaseConvertor. java	转换基类，根据配置文件 control – XXX. xml 的 output 配置对返回值中的 key 值进行转换。如果需要自行编写 Convertor 类，须继承此类
	/interceptor		拦截器存放目录
		/AuthorityInterceptor. java	框架拦截器，拦截所有 Action 请求，根据 control – XXX. xml 中的配置封装 InputObject 对象，并将 InputObject 对象存储在 ActionContext 中
	/util		Web 工程工具类文件目录
		/Constants. java	常量类
		/DateUtil. java	日期工具类。提供 Date 和 String 之间的相互转换，同时枚举多种日志类型
		/PropertisUtil. java	配置文件调用方法，默认加载 system. properties 文件，并提供 getString（String key）方法，供外部调用
		/StringUtil. java	字符串工具类。提供对字符串的基础操作，如字符串判空，切割等操作

src/main/resources 目录存放 Web 工程所有的配置文件，src/main/resources 目录划分的原则见表 1 – 4。

表 1 - 4   配置文件划分原则

/src/main/re-sources	/config		存放 control 的配置文件和变量的配置文件。在编写过程中请根据自己的中心在对应的配置文件中编写
		/control. xml	配置文件的统一管理类，通过使用 include 标签对各 control - XXX. xml 文件进行引入
		/control - common. xml	CommonAction 对应的配置文件，处理通用请求
		/control - login. xml	LoginAction 对应的配置文件，处理登录请求
		/system. properties	变量配置文件，key = value 的形式，可通过 PropertiesUtil 中的方法获取配置文件中的值
	/spring		存放 Spring 相关的配置文件
		/spring - action. xml	Action 类在 Spring 中的声明文件。如果需要新增 Action 类，需在此文件中声明
		/spring - service. xml	Service 类在 Spring 中的声明文件。如果需要新增 Service 类，需要在此文件中声明。注意：Web 层不处理业务逻辑，所以不建议在 Web 项目中创建 Service 类
		/spring - dubbo. xml	Web 层调用统一接入 App 层 rpc 服务的配置文件
	/struts		Struts 的配置文件，提供了对命名空间和 Action 的管理，以及对 Action 请求的配置。如果不增加 Action 类，可不关注此文件夹
	/log4j. properties		Log4j 的配置文件
	/struts. properties		Struts 的变量配置文件
	/struts. xml		Struts 的配置文件，提供了对拦截器和公用变量的配置，如国际化等

src/main/webapp 目录存放 Web 工程所有的前台文件，如 html、js、css 文件。

（三）后端工程

src/main/java 目录存放 core 工程所有的 Java 文件，src/main/java 目录划分的原则见表 1 - 5。

表 1 - 5   Java 文件划分原则

/src/main/java/com/ ** /XXXcore	/bean		存放 JavaBean 文件
		/Entity. java	JavaBean 实体类。提供了 toString 和 clone 等公用方法。生成的 JavaBean 需继承此类
	/control		框架公用处理类，开发人员无须在此包下书写代码

续表

/src/main/java/com/ ** /XXXcore	/bean		存放 JavaBean 文件
		/ControlServiceImpl. java	提供服务的统一接入类，并由该类对服务进行分发。同时还对公用日志、公用异常、公用对象进行封装
	/dao		对象的持久化包
		/IBaseDao. java	基类接口，声明了对数据库操作的增、删、改、查方法。Service 方法可以直接调用方法对数据持久化
		/impl/BaseDaoImpl. java	基类实现类
	/service		业务服务基类
		/impl/BaseServiceImpl. java	业务服务实现类
	/util		工程工具类文件存放目录
		/Constants. java	常量类
		/DateUtil. java	日期工具类。提供 Date 和 String 之间的相互转换，同时枚举多种日志类型
		/EncryptionUtil. java	加密工具类
		/PropertisUtil. java	配置文件调用方法，默认加载 system. properties 文件，并提供 getString（String key）方法，供外部调用
		/PropertyConfigurer. java	解密数据源的工具类
		/StringUtil. java	字符串工具类。提供对字符串的基础操作，如字符串判空，切割等操作

src/main/resources 目录存放 XXXcore 工程所有的配置文件，src/main/resources 目录划分的原则见表 1 - 6。

表 1 - 6   配置文件划分原则

/src/main/re-sources	/config		存放数据源配置文件和变量配置文件
		/jdbc. properties	数据源配置文件，文件引用在 spring/config/spring - factory. xml 文件中
		/system. properties	变量配置文件
	/orm		存放 Orm 相关的配置文件。新建表之后需要在此目录下根据表生成对应的 Orm 配置文件，然后将该配置文件配置在 Configuration. xml 中
		/Configuration. xml	Orm 的主配置文件，用于管理其他子 Orm 的配置文件
	/spring		

续表

/src/main/re-sources	/config		存放数据源配置文件和变量配置文件
		/config/spring – factory. xml	数据源配置,配置 DateSource 和 MyBatis 的 Session 工厂
		/config/spring – aop. xml	数据源事务配置文件
		/spring – dao. xml	Dao 的在 Spring 中的声明文件
		/spring – service. xml	Service 类在 Spring 中的声明文件
		/spring – dubbo. xml	Rpc 服务的声明文件
	log4j. properties		Log4j 的配置文件

(四) 框架技术选型 (见图 1 – 5)

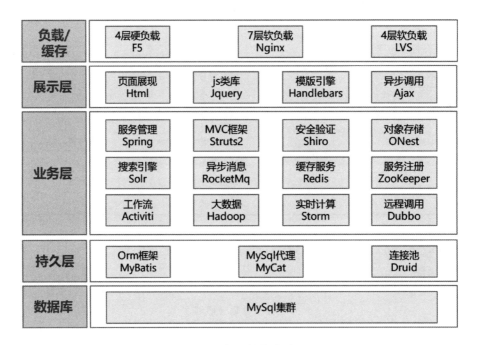

图 1 – 5　框架技术选型图

（五）框架调用流程（见图 1 - 6）

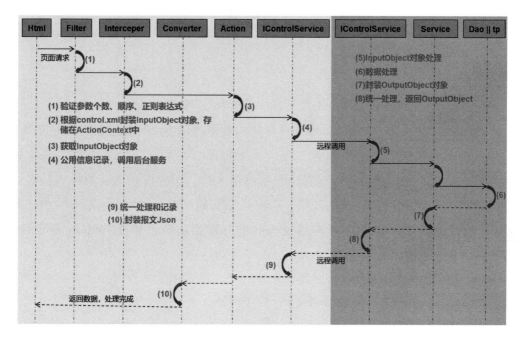

图 1 - 6 框架调用流程图

四、运行环境

（一）硬件运行环境

主机配置：内存：16G；cpu：2.13GHz 6 核；硬盘：320GB。

（二）软件运行环境（见表 1 -7）

表格 1 - 7 软件运行环境

类型	名称	版本
系统操作系统	GentOS LinuxRelease	7.2.1511
中间件	Tomcat	7.0.53
数据库	MySql	5.6

第三节　软件工程研发过程

工程简述

前台 Web 层：前台的展示，主要开发 js 和 html。通过 ajax 调用 control 层。

Control 层：主要为外系统的 csf 接口和调用外系统接口逻辑提供给本系统的接口。

Core 层：与数据库进行交互。

研发过程由浅入深地进行，首先是开发前的文件、工程方式的安装导入，对表模型的创建，以及对 Web 层、Control 层、Core 层结构的配置，这为后续的开发做好准备工作。然后是 Scf、Redis、Onest 等系统工具的开发指南与工作流 Activity 平台开发，最后是对教学任务的相关介绍。

一、自动生成 XML 和 JavaBean

为了方便大家开发，Orm 映射文件和 JavaBean 类必须自动生成。减轻开发工作量的同时，还规范化了 XML 文件。

本节提供了两种方式，即 Myibatis 文件和 JavaBean。优先使用第一种方式，部分电脑可能无法安装插件，可采用第二种方式。两种方式均为官方 jar 包生成。

（一）插件方式

Maven 插件：参考 http：//blog. csdn. net/gebitan505/article/details/44455005/。

Eclipse 插件：参考 http：//blog. csdn. net/wikijava/article/details/5647320。

（二）工程方式

将工程解压拷贝到 eclipse 的工作空间中，导入工程。

修改：src/main/resources/mybatis - generator. xml 配置文件。根据自身业务进行修改。

修改数据库信息（见图 1 - 7）：

```
<jdbcConnection driverClass="com.mysql.jdbc.Driver"
    connectionURL="jdbc:mysql://192.168.100.181:23002/ngcsspe_hl_dev" userId="ngcsspe_hl"
    password="8fE!i1^I">
</jdbcConnection>
```

图 1 - 7　修改数据库信息

修改 JavaBean 类保存的路径及包名（见图 1 - 8）：

```
<!-- javaModelGenerator是模型的生成信息,这里将指定这些Java model类的生成路径 ; -->
<javaModelGenerator targetPackage="com.cmos.ngcsspecore.bean"包
    targetProject="src/main/java">
    <property name="enableSubPackages" value="true"/>
    <property name="trimStrings" value="true"/>
</javaModelGenerator>
```

图 1 - 8 修改保存的路径及包名

修改表名和对应的类名（见图 1 - 9）：

```
<!-- table是用户指定的被生成相关信息的表,它必须在指定的jdbc连接中已经被建立。?是否可以多个 -->
<table tableName="scallspeciallist" domainObjectName="ScallSpecialList"    类名
    enableCountByExample="false" enableUpdateByExample="false"
    enableDeleteByExample="false" enableSelectByExample="false"    表名
    selectByExampleQueryId="false"></table>
<!-- <table tableName="app_bind_status" domainObjectName="AppBindStatus"
    enableCountByExample="false" enableUpdateByExample="false" enableDeleteByExample="false"
    enableSelectByExample="false" selectByExampleQueryId="false"></table> -->
```

图 1 - 9 修改表名和类名

运行：工程右键 Run As - > maven build... - > mybatis - generator：generate。

二、使用 npm 更新前台组件

总部项目前台组件是很重要的部分。将常用标签写成组件，方便大家开发。例如，select 下拉框、dialog 弹窗框、日期组件、树、tab 等。这样可以统一前台的编码方式，减轻开发工作量。由于组件和新一代客服系统在同时迭代开发，每过一段时间都会有所更新，所以需要经常更新组件版本。下面是更新组件库的方法。

安装：

（1）下载 nodejs 安装包，安装 nodejs 环境。

（2）设置 npm 仓库地址为私服地址：打开 cmd，执行如下命令，设置 npm 仓库地址为私服地址 npm set registry http：//192.168.100.10：20899。

（3）全局安装构建工具：在 cmd 中执行 npm install - g cmos - brush。

更新组件：打开 cmd，进入目录工程的 src/main/webapp 下，执行 brush compts - - update（会更新到最新的版本）或 brush compts - update［version］，可以更新到指定的版本。

更新单个组件（版本会迭代，最新版本参考 http：//192.168.100.10：20899/）：

brush compts - - install pc - editor@ 1.0.3

```
brush compts – – install pc – upload@ 1. 0. 1
brush compts – – install pc – selectTree@ 1. 0. 6
brush compts – – install pc – select@ 1. 0. 5
brush compts – – install pc – counter@ 1. 0. 0
brush compts – – install pc – buttonGroup@ 1. 0. 0
brush compts – – install pc – satisfyStar@ 1. 0. 1
brush compts – – install pc – validator@ 1. 0. 3
brush compts – – install pc – detailPanel@ 1. 0. 0
brush compts – – install pc – dialog@ 1. 0. 3
brush compts – – install pc – timer@ 1. 0. 1
brush compts – – install pc – process@ 1. 0. 0
brush compts – – install pc – tab@ 1. 0. 4
brush compts – – install pc – selectList@ 1. 0. 1
brush compts – – install pc – radios@ 1. 0. 0
brush compts – – install pc – simpleTree@ 0. 0. 4
brush compts – – install pc – voice@ 1. 0. 2
brush compts – – install pc – checkboxes@ 1. 0. 0
brush compts – – install pc – groupSearchForm@ 1. 0. 0
brush compts – – install pc – list@ 1. 0. 14
brush compts – – install pc – loading@ 1. 0. 0
brush compts – – install pc – date@ 1. 0. 6
```

三、项目工程介绍

项目工程分为三层结构（统一接口平台除外），前台展示层，主要编写 js 和 html 代码，中间 Control 层，编写对外提供的 csf 接口服务和调用外系统接口逻辑，Core 层主要和数据库进行交互。Control 层主要负责与外系统进行交互，专门提取出来是为了网络方面考虑。这样便不会让数据库暴露出来。

由于技术框架要求各工程名称不能重复，所以工程名称总部统一化命名。在开发、配置过程中，工程名称必须规范化。否则，将无法部署或覆盖其他工程配置。命名如下：

个性化：

Web 层：nglocal_hl （黑龙江）

Control 层：nglocalcontrol_hl（黑龙江）

Core 层：nglocalcore_hl（黑龙江）

服务请求：

Web 层：ngwf_hl（黑龙江）

Control 层：ngwfcontrol_hl（黑龙江）

Core 层：ngwfcore_hl（黑龙江）

业务受理：

Web 层：ngbusi_hl（黑龙江）

Control 层：ngbusicontrol_hl（黑龙江）

Core 层：ngbusicore_hl（黑龙江）

统一接口平台：

Web 层：ngcrmpf_hl（黑龙江）

Mq 层：ngcrmpfmq_hl（黑龙江）

Esb 层：ngcrmpfesb_hl（黑龙江）

Core 层：ngcrmpfcore_hl（黑龙江）

以下是黑龙江客服接续个性化工程样例：

（一）前台 Web 层（见图 1-10）

图 1-10　前台 Web 层

（二）Control 层（见图 1 – 11）

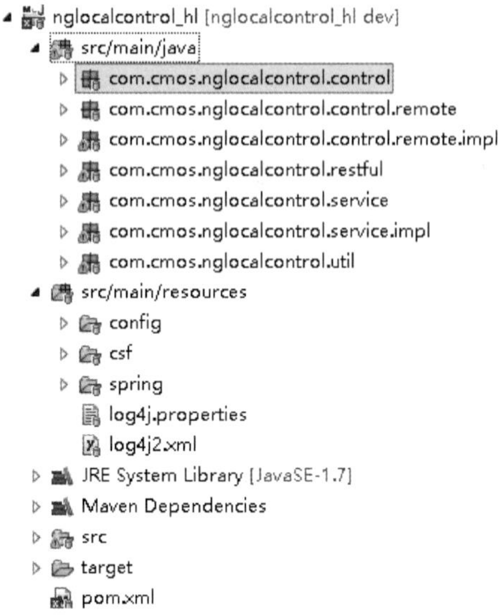

图 1 – 11　Control 层

（三）Core 层（见图 1 – 12）

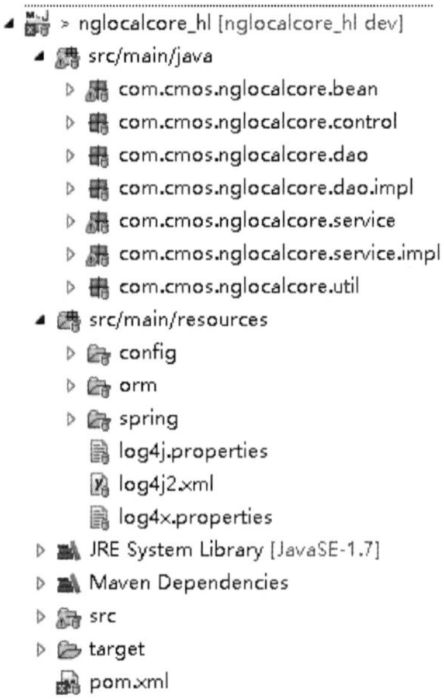

图 1 – 12　Core 层

四、表模型创建

所有数据模型通过 DA 软件创建。主要由模块负责人进行创建。

五、开发第一个模块

（一）前台

1. 在目录

/nglocal_hl/src/main/webapp/src/js/csspe 写一个 js

/nglocal_hl/src/main/webapp/src/module/csspe 写一个 html

/nglocal_hl/src/main/webapp/src/ java /com/cmos/ngcsspe/action/写一个 Action 类

/nglocal_hl/src/main/resources/config 写一个配置 Control 文件，将配置文件配置在 /nglocal_hl/src/main/resources/config/control. xml 中

2. 配置

/nglocal_hl/src/main/resources/spring/spring – action. xml

/nglocal_hl/src/main/resources/struts/struts – share. xml

（二） Control 层

/nglocalcontrol_hl/src/main/java/com/cmos/ngcsspecontrol/service/写接口类

/nglocalcontrol_hl/src/main/java/com/cmos/ngcsspecontrol/service/impl 写实现类

修改配置文件

/nglocalcontrol_hl/src/main/resources/spring/spring – services. xml

（三） Core 层

/nglocalcore_hl/src/main/java/com/cmos/ngcsspecore/bean 写 JavaBean

/nglocalcore_hl/src/main/java/com/cmos/ngcsspecore/service 写接口类

/nglocalcore_hl/src/main/java/com/cmos/ngcsspecore/service/impl 写实现类

修改配置文件

/nglocalcore_hl/src/main/resources/spring/spring – services. xml

/nglocalcore_hl/src/main/resources/orm 创建数据库映射文件，将映射文件配置在/

nglocalcore_hl/src/main/resources/orm/Configuration. xml 中。

六、Log4j 打印 SQL 调试信息

在开发过程中，需要打印 SQL 信息，便于调试程序，需要在 Core 层进行配置：

mybatis 配置文件中 namespace 建议大家按下面命名 com. cmos. ngwfcore. xxxx 如下：请使用《6. 1 Myibatis 文件自动生成》步骤自动生成，此步会自动完成。所以，建议不要手动生成 orm 映射文件。

< mapper namespace = " com. cmos. ngwfcore. wf219" >

然后在 log4j. properties 文件中增加如下配置（放到自己的包名），后台即可打印输出查询日志。

log4j. logger. com. cmos. ngwfcore = TRACE

输出日志格式见图 1 – 13。

```
WARN  - Property value.serializer is not valid
DEBUG - ==>  Preparing: SELECT COUNT(1) FROM T_WF_PTRASHB001HIS T, T_WF_SPUBCODELIST T1, T_WF_SPUBCODELIST T2, T_WF_SREGIONCODE A WHERE T.SMS_TYPE = T2.CODE_ID AN
DEBUG - ==> Parameters: 2017-3-01 00:00:00(String), 2017-3-29 10:06:17(String), 02(String)
TRACE - <==    Columns: COUNT(1)
TRACE - <==        Row: 0
DEBUG - <==      Total: 1
m broker id:2,host:192.168.100.107,port:9092 with correlation id 0 for 1 topic(s) Set(cmos-logger-test1)
100.107:9092 for producing
```

图 1 – 13　输出的日志格式

七、Csf 服务开发指南

按照规范，接口发起和调用都统一写在 Control 层。所以，以下配置和修改需要在 Control 层进行。

（一）发布前准备

1. 第一步先导入依赖的 jar 包，通过 Maven 自动导入

pom. xml 增加：

```
<! - - 服务暴露 ：引入 cmos - esbclient 和 json 依赖 jar 包 - - >
<dependency>
    <groupId>com. cmos</groupId>
    <artifactId>cmos - esbclient</artifactId>
```

```
        < version > 0.6.0 - SNAPSHOT < /version >
    < /dependency >
    < dependency >
        < groupId > net. sf. json - lib < /groupId >
        < artifactId > json - lib < /artifactId >
        < classifier > jdk15 < /classifier >
        < version > 2.4 < /version >
    < /dependency >
    <! - - 服务调用：引入 csf - client 依赖（服务调用时需要） - - >
    < dependency >
        < groupId > com. cmos < /groupId >
        < artifactId > csf - client < /artifactId >
        < version > 1.0.1 - SNAPSHOT < /version >
    < /dependency >
    <! - - javax. ws. rs - - >
    <! - - https：//mvnrepository. com/artifact/javax. ws. rs/javax. ws. rs - api - - >
    < dependency >
        < groupId > javax. ws. rs < /groupId >
        < artifactId > javax. ws. rs - api < /artifactId >
        < version > 2.0 < /version >
    < /dependency >
```

2. 配置（见图 1 - 14）

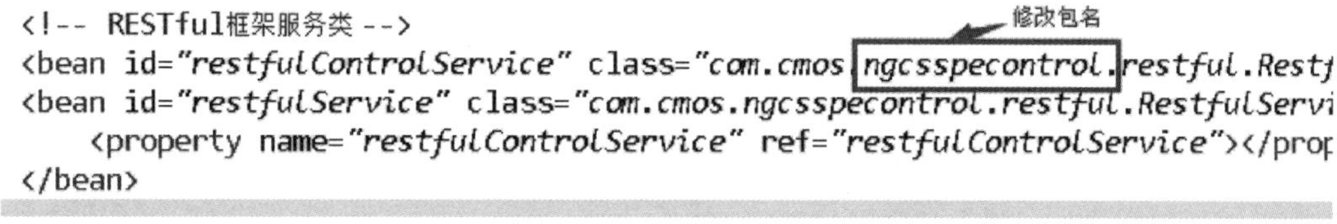

```
<!-- RESTful框架服务类 -->
<bean id="restfulControlService" class="com.cmos.ngcsspecontrol.restful.Restf
<bean id="restfulService" class="com.cmos.ngcsspecontrol.restful.RestfulServi
    <property name="restfulControlService" ref="restfulControlService"></prop
</bean>
```
修改包名

图 1 - 14 类和配置文件

在 spring/spring - services. xml 中配置：

　　<! - - RESTful 框架服务类 - - >

<bean id = " restfulControlService" class = " com. cmos. ngcsspecontrol. restful. RestfulControlService"
/ >

< bean id = " restfulService" class = " com. cmos. ngcsspecontrol. restful. RestfulService" >
< property name = " restfulControlService" ref = " restfulControlService" > </property >

 </bean >

将 control. xml 配置文件放到 config 下，已有此文件，请进行合并（源码见附件）。

将 csf 文件夹放到 resources 下

将 web. xml 增加如下配置：

< servlet >

 < servlet – name > Jersey Web Application </servlet – name >

 < servlet – class > org. glassfish. jersey. servlet. ServletContainer </servlet – class >

 < init – param >

  < param – name > javax. ws. rs. Application </param – name >

  < param – value > com. cmos. nganocecontrol. restful. RestfulRegister </param – value >

 </init – param >

 < load – on – startup > 1 </load – on – startup >

</servlet >

< servlet – mapping >

 < servlet – name > Jersey Web Application </servlet – name >

 < url – pattern >/ws/ * </url – pattern >

</servlet – mapping >

将附件中所有 . java 文件放到 src 中。

注意：所有涉及的类和配置文件注意修改包名称。

3. 启动 Core 层和 Control 层

（二）发布 RESTful 服务

可以新写，也可以直接将原有 Service 发布成 RESTful 服务。修改 control. xml 文件，同 Web 层的 Control 类似，见图 1 – 15。

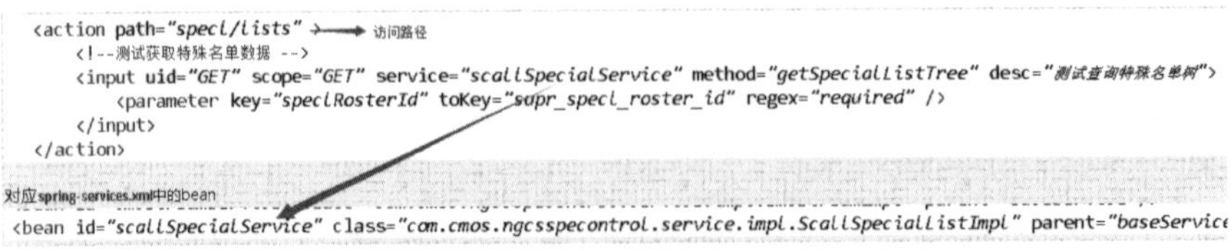

图 1 – 15　发布 RESTful 服务

（三）调用测试

通过 ServerTest 调用（见图 1 - 16）：

```
private static String serverUri = "http://localhost:28076/ngcsspecontrol/ws/specl/lists";

public static void main(String[] args) throws Throwable {
    try {
        String input = "{\"params\":{\"speclRosterId\":\"0\"}}";
        MessageInfo messageInfo = new MessageInfo(serverUri, "com.cmos.esb.user.test", input,
        String result = RestClientUtil.invoke(messageInfo);
        System.out.println(result);
    } catch (Exception e) {
        System.out.println(e.getMessage());
    }
```

图 1 - 16　Server Test 调用

也可以通过浏览器进行调用测试：

http：//localhost：28076/ngcsspecontrol/ws/specl/lists/ ｛" params"：｛" speclRos-terId"：" 0"｝｝

调用成功（见图 1 - 17）：

{"rtnCode":"0","rtnMsg":"成功","bean":{},"beans":[{"colNm":"","secdCharAttrVal":"","incallHintDesc":"","thrdCharAttrVal":"","rosterDesc":"备注","isParent":"true","suprSpeclRosterId":"0","fstCharAttrVal":"","speclRosterId":"01","jsCode":"","delFlag":"N","speclRosterNm":"黑名单"},{"colNm":"","secdCharAttrVal":"","incallHintDesc":"","thrdCharAttrVal":"","rosterDesc":"备注","isParent":"true","suprSpeclRosterId":"0","fstCharAttrVal":"","speclRosterId":"k4","jsCode":"JSCODE","delFlag":"N","speclRosterNm":"红名单"},{"colNm":"","secdCharAttrVal":"","incallHintDesc":"","thrdCharAttrVal":"","rosterDesc":"增加白名单","isParent":"false","suprSpeclRosterId":"0","fstCharAttrVal":"","speclRosterId":"p1","jsCode":"JSCODE","delFlag":"N","speclRosterNm":"白名单"}],"object":null}

图 1 - 17　调用成功图

Core 后台打印日志（见图 1 - 18）：

```
inputObject====={beans=[], service=scallSpecialService, logParams={supr_specl_roster_id=0}, method=getSpecialListTree, params={su
03-17 16:29:19.648 [DubboServerHandler-172.19.170.134:28080-thread-22] DEBUG - ==> Preparing: select SPECL_ROSTER_ID, SPECL_RO
==> Preparing: select SPECL_ROSTER_ID, SPECL_ROSTER_NM, SUPR_SPECL_ROSTER_ID, ROSTER_DESC, INCALL_HINT_DESC, COL_NM, FST_CHAR_
03-17 16:29:19.648 [DubboServerHandler-172.19.170.134:28080-thread-22] DEBUG - ==> Parameters: 0(String)
==> Parameters: 0(String)
03-17 16:29:19.652 [DubboServerHandler-172.19.170.134:28080-thread-22] TRACE - <==    Columns: SPECL_ROSTER_ID, SPECL_ROSTER_NM
<==    Columns: SPECL_ROSTER_ID, SPECL_ROSTER_NM, SUPR_SPECL_ROSTER_ID, ROSTER_DESC, INCALL_HINT_DESC, COL_NM, FST_CHAR_ATTR_VAL
03-17 16:29:19.652 [DubboServerHandler-172.19.170.134:28080-thread-22] TRACE - <==    Row: 01, 黑名单, 0, 备注, , , null, null
<==    Row: 01, 黑名单, 0, 备注, , , null, null, null, true, N,
03-17 16:29:19.655 [DubboServerHandler-172.19.170.134:28080-thread-22] TRACE - <==    Row: k4, 红名单, 0, 备注, null, null, nu
<==    Row: k4, 红名单, 0, 备注, null, null, null, null, null, true, N, JSCODE
03-17 16:29:19.655 [DubboServerHandler-172.19.170.134:28080-thread-22] TRACE - <==    Row: p1, 白名单, 0, 增加白名单, null, nul
<==    Row: p1, 白名单, 0, 增加白名单, null, null, null, null, null, false, N, JSCODE
03-17 16:29:19.655 [DubboServerHandler-172.19.170.134:28080-thread-22] DEBUG - <==    Total: 3
<==    Total: 3
```

图 1 - 18　后台打印日志

注意：入参为 json 格式。

其他事项：目前采用直连的方式调用。正式上线后，客服域的应用，会通过 zk - > csf - > 接口应用方。

zk 调用只需要一个编码即可进行调用（见图 1 – 19）：

```
input.setServiceCode("dGVzdF9nZXRfd3MvaW50ZXhhY3Rpb24vdXNlcmM=");

CsfOutObject out = CsfServiceESBCaller.call(input);
System.out.println("Result from Get : " + out);
```

图 1 – 19　zk 调用

详情参阅 Csf 集成方案文档：

http：//192. 168. 100. 10/ngcsDoc/traindoc/blob/master/CSF/control%　20%′　E5%
B1% 82restful% E9% 9B% 86% E6% 88% 90% E6% 96% B9% E6% A1% 88_1. 0. 4. docx

补充一下，Control 层项目的根路径和端口可以在 pom. xml 中查看。

八、Redis 开发指南

（一）引入依赖

在项目的 pom. xml 中添加依赖，导入 cmos – cache 的 jar 包，包中已引入所需的依赖 jar 包。

< dependency >

　　< groupId > com. cmos < /groupId >

　　< artifactId > cmos – cache < /artifactId >

　　< version > 1. 3. 1 – SNAPSHOT < /version >

< /dependency >

（二）加入 Spring 管理配置

在 spring – services. xml 中设置 cmos – cache. jar 的组件扫描基础包，Spring 容器启动后，完成 redisCacheService 缓存服务 bean 的注册。

< ? xml version = " 1. 0" encoding = " UTF – 8"？ >

< beans xmlns = " http：//www. springframework. org/schema/beans"

xmlns：context = " http：//www. springframework. org/schema/context"

　　xmlns：xsi = " http：//www. w3. org/2001/XMLSchema – instance " xmlns：
p = " http：//www. springframework. org/schema/p"

　　　xsi：schemaLocation = " http：//www. springframework. org/schema/beans http：//www. springframework. org/schema/beans/spring－beans－3. 0. xsd

　　　　http：//www. springframework. org/schema/context http：//www. springframework. org/schema/context/spring－context－4. 1. xsd"　>

　　<context：component－scan base－package ="　com. cmos. cache"　/ >

　　…

　　</beans >

（三）配置 **Redis** 环境信息

在 resource/config 文件夹下添加 redis. properties，cmos－cache. jar 包会自动加载该配置。

#最大空闲连接数，默认 8 个

MaxIdle = 8

#最大连接数，默认 8 个

MaxTotal = 8

#获取连接时的最大等待毫秒数（如果设置为阻塞时 BlockWhenExhausted），如果超时就抛异常，小于零：阻塞不确定的时间，默认－1

MaxWaitMillis = －1

#最小空闲连接数，默认 0

MinIdle = 0

#设置连接超时时间，单位是毫秒

ConnectionTimeout = 2000

#会话超时时间，单位是毫秒

SoTimeout = 3000

#最大节点调转次数，默认是 8 次，经过试验建议设置为 12

MaxRedirections = 12

#缓存切面键值的生存时间，单位是秒

LiveTime = 3600

#Redis 缓存中间件配置地址，集群多台服务器地址通过逗号进行分隔

redisAddress = 192. 168. 100. 105：7000，192. 168. 100. 105：7001

（四）服务基类缓存依赖注入

服务基类实现缓存服务的依赖注入。

```
< bean id = "baseService" class = "com. cmos. ngdemocore. service. impl. BaseServiceImpl"
abstract = "true" >
        < property name = " baseDao" ref = " baseDao" / >
        < property name = " redisCacheService" ref = " redisCacheService" / >
    < /bean >
```

代码实现

```
/ * *
* 服务基类
* /
public class BaseServiceImpl {
    private BaseDaoImpl baseDao;
        private ICacheService redisCacheService;
    public BaseDaoImpl getBaseDao ( ) {
        return baseDao;
    }
    public void setBaseDao ( BaseDaoImpl baseDao) {
        this. baseDao = baseDao;
    }
    public ICacheService getRedisCacheService ( ) {
        return redisCacheService;
    }
    public void setRedisCacheService ( ICacheService redisCacheService) {
        this. redisCacheService = redisCacheService;
    }}
```

调用 Redis 缓冲代码示例:

```
/ *
* 查询码表值
* paramType: 码表类型
* condition: 查询条件
* /
@ Override
public void getParamConfig ( InputObject inputObject, OutputObject outputObject)
```

```
    throws Exception {
Map map = new HashMap < String, Object > ();
map. put ("paramType", inputObject. getValue ("paramType"));
//设置 Redis 缓冲 key 值
String key = "NGWFCORE_HL_SERVICEREQ_CODETABLE_" + inputOb-
ject. getValue ("paramType") . toUpperCase ();
List < Map < String, Object > > list = null;
try {
    if (getRedisCacheService () . getObject (key) = = null) {
       list = getBaseDao () . queryForList ("com. cmos. ngwfcore. common. find-
ParamConfig", map);
       if (list. size () > 0) {
          //压入 Redis 缓冲
          getRedisCacheService () . setObject (key, list);
       }
    } else {
       list = (List < Map < String, Object > >) getRedisCacheService (). getOb-
ject (key);
    }
} catch (Exception e) {
    e. printStackTrace ();
    getRedisCacheService (). del (key);
}
outputObject. setBeans (list);
}
```

重点把握服务的两种方式：直连方式和服务路由方式，在配置文件 csf. xml 中。

如果配置为直连方式，csf. develop. xml 配置文件生效，里面需要配置对应服务编码及主机。

详情可参参阅：http://192.168.100.10/ngcsDoc/traindoc/tree/master/缓存下最新的项目集成文档。

九、oNest 开发指南

（一）oNest 介绍（见图 1 - 20）

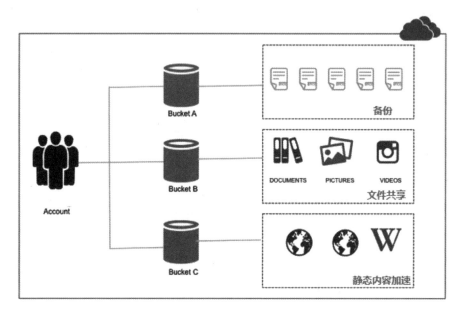

图 1 - 20   oNest 的存储概念

某通信企业研究院产品。

一个用于存储和管理海量对象的存储系统，V6.0 版本是基于业界主流分布式文件系统 ceph，其设计宗旨是为了给用户提供可扩展、高可靠、高性能的云存储平台，在任何时候从网络的任意地方存储和获取任何大小的数据。oNest 对象存储系统为用户提供了兼容 Amazon 的 S3 类型和 Openstack 的 swift 类型的访问接口。

oNest 主要功能：

➢用户管理：认证、配额、访问权限；

➢容器管理：创建、删除、遍历；

➢对象管理：上传、下载、删除；

➢访问控制：设置或获取 ACL；

➢系统管理：用户控制、日志、统计、运维等；

➢多种访问接口：REST，Java、C + +、Python、PHP SDK、导入导出工具等。

我们使用到的功能：容器管理（遍历）和对象管理。

（二）oNest 开发

附件上传、下载及解析

（1）前台使用 jquery. fileuploader 组件，参考 wf307 _ impExecl. js 和 wf307 _ impExecl. html。

（2）后台使用 Struts 文件解析类 MultiPartRequestWrapper 来读取文件，最终转换为流进行上传。

配置步骤如下：

（1）Web 层 pom. xml 中增加依赖包：

```
< dependency >
    < groupId > org. apache. poi < /groupId >
    < artifactId > poi < /artifactId >
    < version > 3. 9 < /version >
< /dependency >
< dependency >
  < groupId > commons − io < /groupId >
  < artifactId > commons − io < /artifactId >
  < version > 2. 5 < /version >
< /dependency >
< dependency >
  < groupId > commons − fileupload < /groupId >
  < artifactId > commons − fileupload < /artifactId >
  < version > 1. 3. 2 < /version >
< /dependency >
< dependency >
  < groupId > com. cmos < /groupId >
  < artifactId > cmos − onest < /artifactId >
  < version > 0. 0. 1 − SNAPSHOT < /version >
< /dependency >
```

（2）com. cmos. ngwf. action 目录新增 AttachmentAction. java 文件上传下载解析类，提供如下方法：

uploadFileStruts 方法上传文件到 oNest

importFileStruts 导入 Execl 文件通过 poi 解析，以 list 形式保存到 imputObject 的 params中

exportFile 文件下载功能，通过 key 从 oNest 下载文件

（3）覆盖日期工具类 com. cmos. ngwf. util 包下面的 DateUtil. java

（4）spring – action. xml 中增加 bean

< bean id = " AttachmentAction" class = " com. cmos. ngwf. action. AttachmentAction" parent = " commonAction" scope = " prototype" / >

（5）增加 control – attachment. xml 文件并配置到 control. xml

< include file = " config/control – attachment. xml" / >

（6）system. properties 中增加 oNest 配置

\#accesskey

ONEST_ACCESS_KEY = 9IN73C82F66T2257RW7T

\#secretkey

ONEST_SECRET_KEY = K7kZsaKq5u3BrQbLaOvhl7CZE2UNjWX97G3AlDJF

\#uid

UID = test_create_user110

\#displayName

DISPLAY_NAME = TestCreateUser110

\#endpoint

ONEST_ENDPOINT = http：//192. 168. 100. 134

\#bucketname

ONEST_BUCKETNAME = ngwf – hl

详情可参阅：http：//192. 168. 100. 10/ngcsDoc/traindoc/tree/master/oNest 下最新的接入文档。

十、BC – ETL 开发指南

（一）BC – ETL 是什么

ETL（Extraction，Transformation，Loading）是一个数据抽取、转换和装载工具，是通用型的数据仓库工具。

BC – ETL 是某通信企业研究院的产品。

通过 BC – ETL，可以将分散在不同业务系统数据库中的数据集成到统一的数据仓库中，实现数据集中化管理，同时为数据挖掘和商业智能应用提供数据输入（见图 1 – 21）。

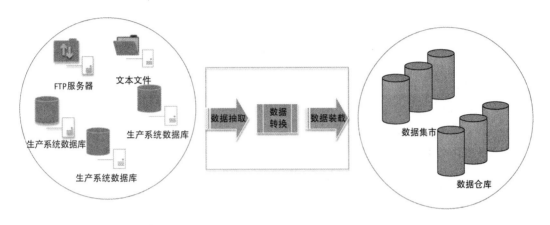

图 1 – 21　BC – ETL

（二）　BC – ETL 能做什么

➢元数据管理

➢设计开发

➢控制流监控

➢运行概况

➢用户管理

（三）　我们如何使用 BC – ETL

BC – ETL 已经是一个成熟的产品，目前已经运行在生产系统。我们不涉及 BC – ETL 的开发工作，所有的开发工作统一由用户的 ETL 工程师完成。

省端客服主要涉及的业务由数据文件接口。需要将我们的业务需求按照出（入）接口模板提交的申请即可。

十一、RocketMQ 开发指南

省端系统中只有统一接口平台用于记录调用日志，其他暂未使用。可参阅：http：//192.168.100.10/ngcsDoc/traindoc/tree/master/消息下的接入手册。

十二、SSO 统一认证开发指南

省端系统中如果有内嵌系统通过 SSO 认证方式访问，由于总部框架的变更，集成需要使用总部的 SSO 系统，目前已知华为知识库、WFO 使用。

十三、统一日志开发指南

省端系统要全部按照规范接入统一日志平台。

可 参 阅：http：//192.168.100.10/ngcsDoc/traindoc/tree/master/日 志 下 的 集 成文档。

备注：统一接口平台的 Esb 配置在 web.xml 中

十四、统一调度平台开发指南

统一调度平台就是定时运行任务，用于替代我们的 Quartz 定时任务，Spring 定时任务，Crontab 定时任务等所有定时任务。我们只需要按照 Csf 开发指南开发 Csf 服务，将服务按照统一调度平台的申请手册进行申请。配置完成后即可执行调度任务。

注意：Csf 服务默认需要携带参数，统一接口会自动在结尾拼接 ｛ ｝，所以我们提供给统一接口平台的地址不需要带参数。

十五、工作流 Activity 平台开发

（一）启动任务

post 提交 http：//192.168.100.57：8088/workflow/task/start

入参

```
{
"params"：
{
"systemId"："hlj_1001"，
"loginStaffId"："admin"，
```

" processId"：" wf_hlj"
｝，
" beans"：［］，
" object"： " vars"： ｛

｝
｝
｝

出参

｛" rtnCode"：" 0"，" rtnMsg"：""，" bean"： ｛" taskId"：""，" operDate"：" 2017 –
02 – 21 13：27：18"，" person"：" admin"，" lastTaskId"：""，" operCode"：" 000"，" process-
InstId"：""，" activityId"：" startevent1"，" lastPerson"：""，" operName"：" 启动"，" process-
DefId"：""，" group"：""，" activityName"：" Start"，" lastActivityId"：""｝，" beans"： ［ ｛"
taskId"：" 2113271795046791D14T02H170201"，" activityId"：" CaseAccept"，" person"：""，"
processDefId"：" wf_hlj：3：2112563056130389D14TH"，" group"：""，" processInstId"："
2113271792635606D14T02H170201"，" activityName"：" 工单生成"｝］，" object"：""｝

（二）工单处理

put 提交 http：//192.168.100.57：8088/workflow/task/finish

入参

｛
" params"：
｛
" systemId"：" hlj_1001"，
" loginStaffId"：" admin"，
" taskId"：" 2113271795046791D14T02H170201"
｝，
" beans"：［］，
" object"：
｛
" vars"：

```
{
        " opcode":" WF193"
    }
}
}
```

出参

{"rtnCode":"0","rtnMsg":"","bean":{"taskId":"2113271795046791D14T02H170201","operDate":"2017 − 02 − 21 13:29:28","person":"admin","lastTaskId":"","operCode":"004","processInstId":"2113271792635606D14T02H170201","activityId":"CaseAccept","lastPerson":"admin","operName":"任 务 审 批","processDefId":"wf _ hlj:3:2112563056130389D14TH","group":"","activityName":"工单生成","lastActivityId":"startevent1"},"beans":〔{"taskId":"2113292870615340D14T02H170201","activityId":"CaseHandle","person":"","processDefId":"wf _ hlj:3:2112563056130389D14TH","group":"","processInstId":"2113271792635606D14T02H170201","activityName":"工单处理"}〕,"object":""}

（三）工单处理（自环）

put 提交

入参

```
{
"params":
{
    " systemId":" hlj_1001",
    " loginStaffId":" admin",
    " taskId":" 2113292870615340D14T02H170201"
},
" beans": [ ],
" object":
{
    " vars":
    {
        " opcode":" WF193"
```

```
        }
    }
}
```

出参

{"rtnCode":"0","rtnMsg":"","bean":{"taskId":"2113292870615340D14T02H170201","operDate":" 2017 － 02 － 21 13：31：13","person":"admin","lastTaskId":"2113271795046791D14T02H170201","operCode":"004","processInstId":"2113271792635606D14T02H170201","activityId":"CaseHandle","lastPerson":"admin","oper-Name":"任务审批","processDefId":"wf_hlj：3：2112563056130389D14TH","group":"","activityName":"工单处理","lastActivityId":"CaseAccept"},"beans":[{"taskId":"2113311370913280D14T02H170201","activityId":"CaseHandle","person":"","process-DefId":"wf ＿ hlj：3：2112563056130389D14TH","group":"","processInstId":"2113271792635606D14T02H170201","activityName":"工单处理"}],"object":""}

再次自环，线路未红，但是生成了新的 taskId

{"rtnCode":"0","rtnMsg":"","bean":{"taskId":"2113311370913280D14T02H170201","operDate":" 2017 － 02 － 21 13：32：58","person":"admin","lastTaskId":"2113292870615340D14T02H170201","operCode":"004","processInstId":"2113271792635606D14T02H170201","activityId":"CaseHandle","lastPerson":"admin","oper-Name":"任务审批","processDefId":"wf_hlj：3：2112563056130389D14TH","group":"","activityName":"工单处理","lastActivityId":"CaseHandle"},"beans":[{"taskId":"2113325818868144D14T02H170201","activityId":"CaseHandle","person":"","process-DefId":"wf ＿ hlj：3：2112563056130389D14TH","group":"","processInstId":"2113271792635606D14T02H170201","activityName":"工单处理"}],"object":""}

（四）上报总部

{
"params":
{
    "systemId":"hlj_1001",
    "loginStaffId":"admin",
    "taskId":"2113325818868144D14T02H170201"
},

"beans"：［］,

"object"：

｛

　　"vars"：

　　　｛

　　　　"opcode"："WF124"

　　　｝

　　　｝

｝

　　｛"rtnCode"："0","rtnMsg"："","bean"：｛"taskId"："2113325818868144D14T02H170201",
"operDate"："2017－02－21 13：34：10","person"："admin","lastTaskId"："
2113311370913280D14T02H170201","operCode"："004","processInstId"："
2113271792635606D14T02H170201","activityId"："CaseHandle","lastPerson"："admin","oper-
Name"："任务审批","processDefId"："wf_hlj：3：2112563056130389D14TH","group"："","
activityName"："工单处理","lastActivityId"："CaseHandle"｝,"beans"：［｛"taskId"："
2113341090712986D14T02H170201","activityId"："CsvcHandle","person"："","process-
DefId"："wf_hlj：3：2112563056130389D14TH","group"："","processInstId"："
2113271792635606D14T02H170201","activityName"："一级客服处理"｝],"object"：""｝

　　｛"rtnCode"："0","rtnMsg"："","bean"：｛"taskId"："2113325818868144D14T02H170201",
"operDate"："2017－02－21 13：34：10","person"："admin","lastTaskId"："
2113311370913280D14T02H170201","operCode"："004","processInstId"："
2113271792635606D14T02H170201","activityId"："CaseHandle","lastPerson"："admin","oper-
Name"："任务审批","processDefId"："wf_hlj：3：2112563056130389D14TH","group"："","
activityName"："工单处理","lastActivityId"："CaseHandle"｝,"beans"：［｛"taskId"："
2113341090712986D14T02H170201","activityId"："CsvcHandle","person"："","process-
DefId"："wf_hlj：3：2112563056130389D14TH","group"："","processInstId"："
2113271792635606D14T02H170201","activityName"："一级客服处理"｝],"object"：""｝

（五）退单总部

　　　｛

"params"：

｛

"systemId"："hlj_1001"，

"loginStaffId"："admin"，

"taskId"："2113325818868144D14T02H170201"

}，

"beans"：［］，

"object"：

{

"vars"：

{

"opcode"："WF126"

}

}

}

{"rtnCode"："0"，"rtnMsg"：""，"bean"：{"taskId"："2113341090712986D14T02H170201"，"operDate"："2017－02－21 13：35：26"，"person"："admin"，"lastTaskId"："2113325818868144D14T02H170201"，"operCode"："004"，"processInstId"："2113271792635606D14T02H170201"，"activityId"："CsvcHandle"，"lastPerson"："admin"，"operName"："任务审批"，"processDefId"："wf_hlj：3：2112563056130389D14TH"，"group"：""，"activityName"："一级客服处理"，"lastActivityId"："CaseHandle"}，"beans"：［{"taskId"："2113352604816683D14T02H170201"，"activityId"："CaseHandle"，"person"：""，"processDefId"："wf＿hlj：3：2112563056130389D14TH"，"group"：""，"processInstId"："2113271792635606D14T02H170201"，"activityName"："工单处理"}］，"object"：""}

（六）拍 EMOS

{

"params"：

{

"systemId"："hlj_1001"，

"loginStaffId"："admin"，

"taskId"："2113352604816683D14T02H170201"

}，

"beans"：［］，

"object":
{
    "vars":
     {
        "opcode":"WF118"
     }
     }
}
{"rtnCode":"0","rtnMsg":"","bean":{"taskId":"2113352604816683D14T02H170201","operDate":"2017 - 02 - 21 13:36:27","person":"admin","lastTaskId":"21133341090712986D14T02H170201","operCode":"004","processInstId":"2113271792635606D14T02H170201","activityId":"CaseHandle","lastPerson":"admin","operName":"任务审批","processDefId":"wf_hlj:3:2112563056130389D14TH","group":"","activityName":"工单处理","lastActivityId":"CsvcHandle"},"beans":[{"taskId":"2113362726936572D14T02H170201","activityId":"EmosHandle","person":"","processDefId":"wf_hlj:3:2112563056130389D14TH","group":"","processInstId":"2113271792635606D14T02H170201","activityName":"EMOS处理"}],"object":""}

（七）EMOS 回单

     {
"params":
{
    "systemId":"hlj_1001",
    "loginStaffId":"admin",
    "taskId":"2113362726936572D14T02H170201"
},
"beans":[],
"object":
{
    "vars":
     {
        "opcode":"WF121"

```
        }
    }
}
```

{"rtnCode":"0","rtnMsg":"","bean":{"taskId":"2113362726936572D14T02H170201","operDate":" 2017 － 02 － 21 13：37：29 "," person ":" admin "," lastTaskId ":"2113352604816683D14T02H170201 "," operCode ":" 004 "," processInstId ":"2113271792635606D14T02H170201","activityId":"EmosHandle","lastPerson":"admin","operName":"任务审批","processDefId":"wf_hlj：3：2112563056130389D14TH"," group":"","activityName":" EMOS 处理"," lastActivityId":" CaseHandle}," beans": [{" taskId":"2113372977214611D14T02H170201 "," activityId ":" CaseReply "," person ":""," processDefId ":" wf ＿ hlj：3：2112563056130389D14TH "," group ":""," processInstId ":"2113271792635606D14T02H170201"," activityName ":" 工单反馈"}," object":""}

Finall 工单归档

{ " rtnCode ":" 0 "," rtnMsg ":""," bean ": { " taskId ":"2113372977214611D14T02H170201 "," operDate ":"2017 － 02 － 21 13：38：37"," person ":" admin "," lastTaskId ":" 2113362726936572D14T02H170201 "," operCode ":"004"," processInstId ":"2113271792635606D14T02H170201","activityId":"CaseReply","lastPerson":" admin "," operName ":" 任 务 审 批 "," processDefId ":" wf ＿ hlj：3：2112563056130389D14TH "," group":""," activityName ":" 工 单 反 馈 "," lastActivityId":" EmosHandle}," beans": [{" taskId":""," activityId":" endevent1"," person":""," processDefId":" wf ＿ hlj：3：2112563056130389D14TH "," group":""," processInstId ":" 2113271792635606D14T02H170201 "," activityName ":" 结 束"}]," object":""}

十六、教学目标

提高流程分析与业务分析水平，并掌握其相关方法。

第四节　软件工程测试过程

接口集成测试案例指导软件工程师以及相关运维管理人员进行接口集成。

一、目标

保证各个分支的功能代码同步；
保证各个环境的正常登录；
保证各个环境的功能页面正常展示；
保证各个分支的功能代码正常运行。

二、测试环境

硬件环境：
IP：172. 22. 128. 242
OS：Linux
JDK：jdk_1. 8
数据库：MySql – 5. 6

三、接口测试范围（见表 1 – 8）

表 1 – 8　　　　　　　　　　接口测试范围

一级	二级	三级	接口测试编号	需求规格编号
业务受理	业务类查询	话费查询	YSL	RF001
业务受理	业务类查询	个人客户视图	SMRZ	RF002
业务受理	业务类查询	个人结存查询	ZYQR	RF030
业务受理	业务类查询	PUK 码查询	XSPXZ	RF003
业务受理	业务类查询	业务暂停恢复	ZJD	RF004
业务受理	业务类查询	使用量查询	YCXFYJF	RF005

续表

一级	二级	三级	接口测试编号	需求规格编号
业务受理	业务类查询	数据业务详单查询	YCXFYXG	RF006
业务受理	业务类查询	充值卡查询	CRMDDSF	RF007
业务受理	业务类查询	交费记录查询	KDXF	RF008
业务受理	业务类查询	VOLTE 用户升级	SFYM	RF009
业务受理	业务类查询	VOLTE 用户取消	MHZYPD	RF010
业务受理	业务类查询	月结发票查询	ZP	RF011
业务受理	业务类查询	强制开关机	JD	RF012
业务受理	业务类查询	申请停复机	HD	RF013
业务受理	业务类查询	指定号码呼转	YSLCX	RF014
业务受理	业务类查询	积分计划申请	YSLZZ	RF015
业务受理	业务类查询	宽带基本资料查询	SFYM	RF016
业务受理	业务办理	亲情号码变更与查询	XZYM	RF017
业务受理	业务办理	催缴记录查询	ZTGD	RF029
业务受理	业务办理	销号用户信息查询	XZYMJS	RF018
业务受理	业务办理	二代证服务密码重置	XZYMJY	RF019
业务受理	业务办理	宽带用户密码重置	DDTJ	RF020
业务受理	业务办理	融合客户	YYSJ	RF021
业务受理	业务办理	集团交费记录查询	OSSHC	RF022
业务受理	业务办理	调账查询	YZF	RF023
业务受理	业务办理	一键退费	XSPHG	RF024
业务受理	业务办理	业务冲正（班长）	RHTC	RF025
业务受理	业务办理	用户使用地查询登记	RHTC	RF026
业务受理	业务办理	添加用户受限	RHTC	RF027
业务受理	业务办理	删除用户受限	RHTC	RF028

四、测试策略（见表 1-9）

表 1-9　　　　　　　　　　接口测试

目标	接口测试
方法	使用 Postman 测试 RESTful 接口、SoapUI 测试策略等
完成标准	在计划时间内完成测试
需考虑的特殊事项	测试只应在安全的环境中使用已知的、受控的数据库来执行

五、进入与退出准则

（一）接收测试的条件

要求必须单元测试通过，允许进入集成测试阶段。

（二）测试通过标准

页面打开无异常

功能测试无异常

六、接口测试设计说明

接口测试功能测试用例设计（见表 1 – 10）

表 1 – 10   接口测试功能测试用例设计

编号	2019 – CMOCCMCC_HQ_Uditf		编制人	冯可可、王明伟
版本	1.0		审定人	黄超亚
测试用例编号			测试名称	接口测试功能测试
测试目的	测试接口功能			
测试条件说明	测试用例			
测试步骤	设计测试用例 执行测试 记录测试结果			
期待输出结果	接口能正常调用，返回结果			
实际输出结果	接口能正常调用，返回结果			
测试结果	☑ 通过 □ 不通过 □ 无法测试			
备注				
测试人员	冯可可、宋丽敏、王明伟、邹锟、韩晨希		测试日期	2021 年 9 月 13 日
审查人员	黄超亚		审查时间	
审查结果	□ 合格 □ 不合格 原因：			

七、测试数据的准备和管理

（一）测试数据的准备

所需要的数据包括现有系统中所有的业务数据，其中主要是：

全部生产库参数数据：测试环境下的数据库表，从生产机导出真实数据，导入测试环境；

各业务所需数据：针对各测试用例设计的测试数据保存为文件和数据库记录，包括手工输入的数据和从实际测试库中提取的数据；

接口数据：按照规定数据格式，形成数据文件或者数据库表，放在配置库指定目录或者插入指定库表；

静态数据：除非针对静态数据的测试，否则静态数据由项目组统一初始化。

（二）测试数据的管理

静态数据：系统初始化完成后定期做备份并更新开发环境的数据库和测试环境的数据库；

生产数据：定期从生产系统中导入；

测试过程中手工生成的数据，全部以脚本的形式保存一份存入配置库或是为测试用生成的输入输出数据全部入数据库保存，并定期备份。

八、测试过程监控

（一）测试计划进度安排（见表 1 – 11）

表 1 – 11　　　　　　　　　　测试计划进度安排

任务名称	责任人	预计开始时间	预计完成时间	需要工时（MD）
制订测试计划	杜华伟	2021 年 01 月 24 日	2021 年 01 月 28 日	25
评审测试计划	徐海昕	2021 年 01 月 28 日	2021 年 01 月 31 日	20
编写测试用例	黄超亚	2021 年 09 月 4 日	2021 年 09 月 7 日	25
评审测试用例	杜华伟	2021 年 09 月 8 日	2021 年 09 月 8 日	5
搭建测试环境	王明伟	2021 年 09 月 8 日	2021 年 09 月 10 日	5

续表

任务名称	责任人	预计开始时间	预计完成时间	需要工时（MD）
执行测试	冯可可	2021 年 09 月 11 日	2021 年 09 月 22 日	5
……				

（二）需交付文档（见表 1 - 12）

表 1 - 12   需交付文档

文档名称	创建人员	交付对象	交付时间
接口集成测试方案	韩晨希	黄超亚、冯可可、王明伟、韩晨希	2021 年 9 月 25 日

（三）测试过程控制

在项目实施阶段，定期组织项目参与人员进行测试 Review，每位测试人员介绍各自的测试情况，并听取开发人员的反馈意见，以掌握测试进度、测试完成情况，及时调整测试重点。

测试活动开始前，需要由测试组长等相关人员对测试准备工作进行检查，当检查通过方准予测试。

通过测试组长及相关的人员对测试执行情况进行检查与评估。核实测试结果、调查意外原因等，包括对测试中发现缺陷的记录情况等。

（四）Bug 管理

在开发者 OP 中录入 Bug，并分配 Bug；对 Bug 状态修改过程进行跟踪。

（五）测试版本控制

测试过程中，配置管理员须协调做好对版本的有效控制。

测试阶段，项目组和测试组均通过配置管理员从指定位置获取源码与可执行文件，配置管理员凭测试申请、《配置项变更申请》等严格控制对代码、文档的修改，并建立源码与可执行文件版本间的对应关系，以避免版本混乱。

在测试完成后，配置管理员及时进行测试最终版本的备份与归档。同时，对相应的文档与资料进行归档。

（六）风险分析与应对（见表 1 – 13）

表 1 – 13   风险分析与应对

序号	风险描述	解决方法	责任者
1	需求分析不全面	评估没有完成的功能，从重要性和时间允许两方面考虑是否放弃	杨珂萍
2	开发不能按期完成	跟踪开发进度，及时调整测试时间安排	李星燕
3	系统的可测性差	提高系统可测性	黄超亚
4	模块功能改变	积极与开发人员沟通，重新进行测试任务的分配	杜华伟
5	测试环境与开发环境不同步	加强版本管理，数据库版本管理，定期进行测试数据的更新	韩晨希
6	新人的上手时间	在项目前期加强对新人的培训，测试人员尽早熟悉产品	黄超亚
……			

九、评价准则

（一）接口测试的范围和标准

接口测试的要求：

接口测试用例的功能覆盖率：98% 以上。

控制功能的正确性与失败性达到：95% 以上、5% 以下。

（二）接口测试技术和数据整理

自动测试在接口测试所占比例：50%。

手工测试在接口测试所占比例：50%。

测试数据统计的手段：自动统计和手动统计。

（三）接口测试特殊要求和尺度

接口测试结果的实际输出提示允许文字上的差异：10% 以内。

功能的输出结果与实际输出允许偏差：5% 以内。

第五节　软件工程配置管理案例

一、安装部署准备

（一）操作系统安装及要求说明（见表 1 – 14）

表 1 – 14　　　　　　　　　　　　操作系统安装及要求说明

名称		前台应用服务器	后台应用服务器	后台应用服务器
主机名		ngbusi	ngbusicontrol	ngbusicore
IP 地址		172.19.47.201 172.19.47.202	172.19.47.207 172.19.47.208	172.19.47.213 172.19.47.214
操作系统版本		CentOS Linux release 7.2.1511	CentOS Linux release 7.2.1511	CentOS Linux release 7.2.1511
操作系统登录用户		4A 管控	4A 管控	4A 管控
操作系统登录用户密码		4A 管控	4A 管控	4A 管控
数据库版本		无	无	Mysql 5.6
Sid				
数据库登录用户		无	无	ngbusi_ah
应用程序 （如杀毒软件等）		Tomcat	Tomcat	Tomcat
远程控制程序		华为云桌面	华为云桌面	华为云桌面
远程控制登录用户		操作系统账号	操作系统账号	操作系统账号
远程控制登录用户密码				
机器配置 情况	机型	云服务器	云服务器	云服务器
	CPU	四核	四核	四核
	内存	16G	16G	16G
	硬盘	320G	320G	320G
	硬盘分区情况			
	磁盘阵列			
备注				

由用户提供环境。

（二）应用及 Web 服务器所部署的相关软件及应用程序（见表 1-15）

表 1-15　　　　　　　　　Web 服务器所部署的相关软件及应用程序

Tomcat 安装目录	
安装目录	/home/zyzx_test/ngbusi/tomcat1
安装目录	/home/zyzx_test/ngbusicontrol/tomcat1
安装目录	/home/zyzx_test/ngbusicore/tomcat1

二、本系统安装步骤说明

- 安装数据库服务器 Mysql
- 初始化数据库
- 安装 Jdk1.8 运行环境
- 安装应用服务器 Tomcat
- 部署一体化客服系统代码到 Tomcat
- 配置环境变量、启动端口
- 启动应用服务器 Tomcat
- 测试通过，完成

三、系统初始化步骤说明

初始化数据库

四、安装配置情况

系统安装情况

（一）软件安装（见表 1-16）

表 1-16　　　　　　　　　软件安装情况

系统模块名称	是否安装	数量	运行情况
一体化客服系统	是	3	正常

（二）交付产品（见表 1 −17）

表 1 −17   交付产品

名称	内容说明	数量
一体化客服系统—用户操作手册	版本号：V1.1	1

五、安装调试报告确认

安装调试情况（请确认以上内容安装完毕，符合规定要求）：

已安装完毕，系统均正常运行

第六节　软件工程系统维护

为了清除系统运行中发生的故障和错误，软、硬件维护人员要对系统进行必要的修改与完善；为了使系统适应用户环境的变化，满足新提出的需要，也要对原系统做些局部的更新，这些工作称为系统维护。系统维护的任务是改正软件系统在使用过程中发现的隐含错误，扩充在使用过程中用户提出的新的功能及性能要求，其目的是维护软件系统的"正常运作"。这阶段的文档是软件问题报告和软件修改报告，它记录发现软件错误的情况以及修改软件的过程。

一、约定

如果在故障发生后 1 小时内能够解决故障，则建议进入故障解决流程，在故障修复后，执行后续流程；如果 1 小时内无法解决故障，建议进入应急回退流程。

二、验证过程

参照上线加载时使用的测试用例执行。

三、出错及纠正方法

错误信息设计包括错误信息编号、错误信息描述、错误输出对象、信息输出形式和错误输出位置等信息。

四、专门维护过程

如果在故障发生后 1 小时内能够解决故障，则建议进入故障解决流程，在故障修复后，执行后续流程；如果 1 小时内无法解决故障，建议进入应急回退流程。

五、程序清单和流程图（见图 1－22）

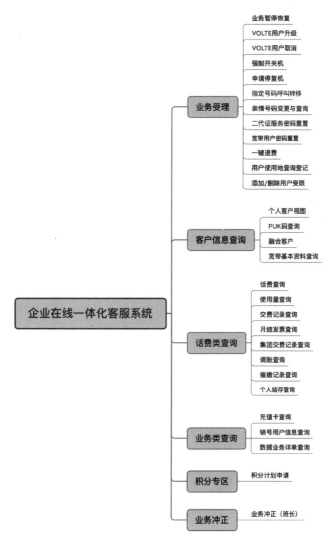

图 1－22　程序清单和流程图

第二章

金融业务流程分析与实践案例集

　　本章主要介绍金融业务流程开发案例，包括金融战略管控流程开发、金融风险职能流程开发、金融汇票债券流程开发、信贷业务主线流程开发、投资与融资业务流程开发、人力资源管理主线流程开发和企业业务流程总体建设的重点。

第一节　金融战略管控流程开发案例

一、金融业务流程分析与实践的现状

云计算、互联网和移动技术等创新科技所引领的数字化转型，正推动着金融业务流程和模式的颠覆式变革。金融科技的创新和应用需要稳定、灵活、安全可控的 IT 架构。必须将数据驱动理念贯穿金融业务全流程。

随着移动互联网的快速发展，传统金融机构的客户群呈现从线下向线上快速迁移的趋势，对线上产品的诉求也越来越高。面对新挑战，如何运用新兴科技让金融业务变得更智慧，让获客、风控、贷后等核心环节兼具智能化、自动化、实时化等特性，成为众多金融机构亟待解决的难题。

二、金融业务流程建设综述（见图 2 - 1）

纵向明晰职责权限	横向划分前中后台	专项建立业务体系
• 必须正视总行和分行之间的沟通不畅问题，通过梳理流程和组织结构，明确总行与分行之间的职责权限以及汇报指导关系 • 到总行与各支行以及未来新设分行之间的层级汇报关系和职能定位需重新规划和安排 • 明确总分支行的层级定位和功能定位构建银行未来更多跨区经营的坚实基础	• 围绕中小企业客户、银行间市场和投资业务三条核心业务线，进一步明确银行前中后台的业务流程和组织结构模式 • 建议采用试点推行的办法，逐步调整各条业务主线的业务流程和组织模式，以便调整不会影响业务发展的速度和规划 • 结合各核心业务的特点和业务流程，设计资源配置的基本原则和思路，实现各项业务均衡发展	• 将中小企业客户、银行间市场和投资业务分别组建事业部，开始试点事业部管理体制 • 业务管理体系以明确的总分支行管理层级以及通畅的前中后台业务模式为基础，充分发挥资源整合和运筹的优势 • 业务管理体系将结合员工的薪酬和绩效等激励保障机制和管理制度，调动全员的积极性和业务技能，服务银行的发展

图 2 - 1　金融业务流程建设综述图

纵向明晰职责权限—解决总行与分行之间的职责权限明确以及汇报指导关系。

横向划分前中后台—突出中小企业客户、银行间市场和投资业务三个核心业务的业务流程和组织模式，带动全行前中后台流程体系的组织方式。

专项建立业务体系—先期试点建立中小企业、银行间、投资三个事业部。重点建立客户经理制、全员营销体系和全面风险管理体系等。

三、金融机构典型组织架构（见图 2-2）

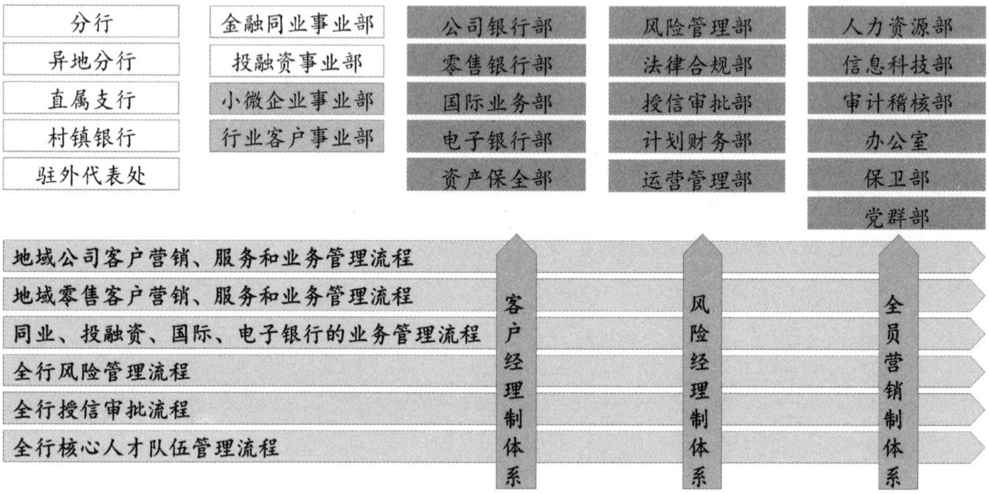

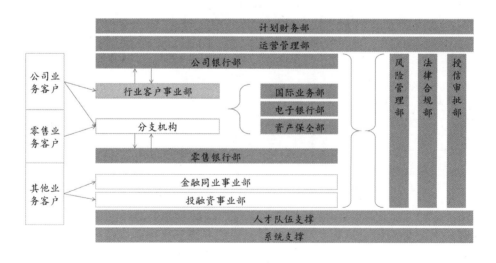

图 2-2 金融机构典型组织架构

四、银行核心业务流程示意（见图 2-3）

图 2-3 银行核心业务流程示意图

五、流程设计在企业管理中的关系（见图 2 - 4）

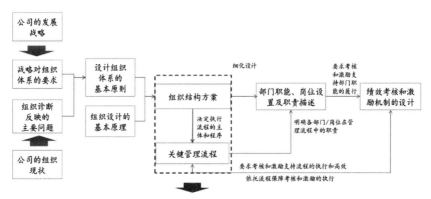

图 2 - 4　流程设计在企业管理中的关系图

六、银行流程梳理和优化基本思路（见图 2 - 5）

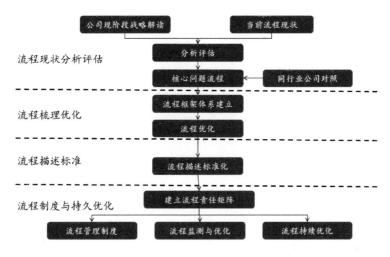

图 2 - 5　银行流程梳理和优化基本思路图

七、流程优化设计的原则

对于银行流程银行建设流程优化设计的原则说明：

原则一：从价值创造的核心入手

关键流程首先是创造价值的流程，而各个板块所处阶段不同，因此要害也不同。在整体把控核心价值创造的情况下，对于成功核心要害的把握是通过保证核心流程来实现的（如三大事业部的流程配合问题）。

原则二：从问题、短板以及空白入手

当目前的业务模式对经营核心价值造成了阻力，造成了业务进一步发展的瓶颈时，就必须通过明确流程来解决此类短板（如客户性质不同、产品不同、地域不同，对应的业务模式也不同，必需制定出不同的核心业务流程）。

原则三：从战略定位与组织调整入手

要落实银行战略，实现组织优化，除细化落地战略行动计划，明确组织调整和岗位职责外，更重要的是明确分行、各支行及核心业务部门的重要经营权限，并通过流程明确、清晰其他职能部门对其的支持责任，使其工作能够顺利开展，真正成为业务部门的主动思考者和关键经营事项的发起者。

八、核心流程优化清单（见表 2 – 1）

表 2 – 1　　　　　　　　　　　　　核心流程优化清单

编号	所属类型	流程名称	核心子流程	入选原因
1	前台流程	公司业务流程	对公贷款审批流程（支行）	原则一
			对公贷款审批流程（分行）	
			对公贷款审批流程（总行）	
2		零售业务流程	零售贷款审批流程（支行）	原则一
			零售贷款审批流程（分行）	
			零售贷款审批流程（总行）	
3		营销、贷后管理流程	公司、零售营销流程	原则一
			公司、零售贷后管理流程	原则二
4		金融同业流程	汇票贴现流程	原则一
			债券业务流程	
		投融资业务流程	投资业务流程	原则二
			融资业务流程	
		国际业务流程	贸易融资审批流程（分行）	原则三
			贸易融资审批流程（总行）	
		电子银行业务流程	电子银行推广流程	
5	中台流程	风险管理流程	全面风险管理流程	原则二
6		授信审批流程	授信审批流程（分行）	原则三
7			授信审批流程（总行）	
8	后台流程	核心人才队伍管理流程	核心人才队伍建设流程	原则二
			培训管理流程	

九、银行流程设计图示说明（见图 2 - 6）

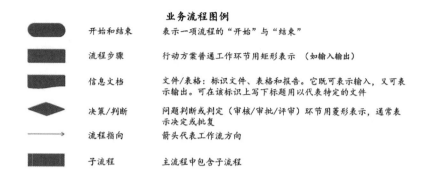

业务流程图例

▬	开始和结束	表示一项流程的"开始"与"结束"
▬	流程步骤	行动方案普通工作环节用矩形表示（如输入输出）
▬	信息文档	文件/表格：标识文件、表格和报告。它既可表示输入，又可表示输出。可在该标识上写下标题用以代表特定的文件
◆	决策/判断	问题判断或判定（审核/审批/评审）环节用菱形表示，通常表示决定或批复
→	流程指向	箭头代表工作流方向
▬	子流程	主流程中包含子流程

图 2 - 6 业务流程图例

业务流程是按先后排列或并行的一整套活动或任务，它们基于指令完成特定的工作。这些工作将输入的指令转变为一个或多个输出的结果，从而达到共同的目的。

十、银行基本业务流程图（部分）

（一）单位结算账户开户（见图 2 - 7）

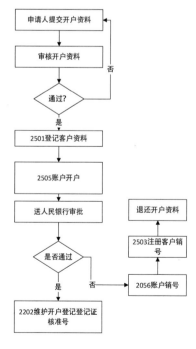

图 2 - 7 单位结算账户开户流程图

（二）准贷记卡业务流程（见图 2 - 8）

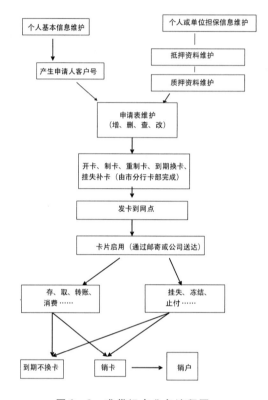

图 2 - 8　准贷记卡业务流程图

（三）借记卡业务流程（见图 2 - 9）

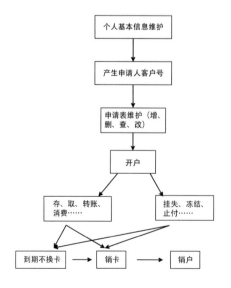

图 2 - 9　借记卡业务流程图

（四）公司贷款发放流程（见图 2 – 10）

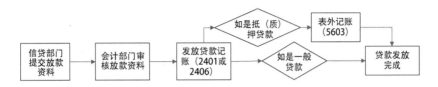

图 2 – 10　公司贷款发放流程图

（五）公司贷款联机归还流程（见图 2 – 11）

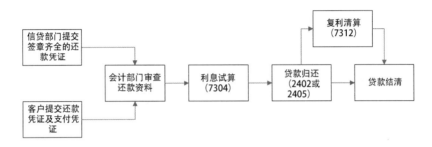

图 2 – 11　公司贷款联机归还流程图

（六）公司贷款批量归还流程（见图 2 – 12）

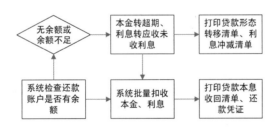

图 2 – 12　公司贷款批量归还流程

（七）单位定期存单换单及质押（见图 2 – 13）

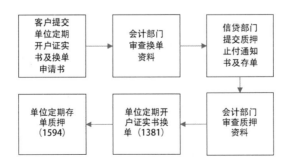

图 2 – 13　单位定期存单换单及质押

（八）单笔代收业务基本流程（见图 2 - 14）

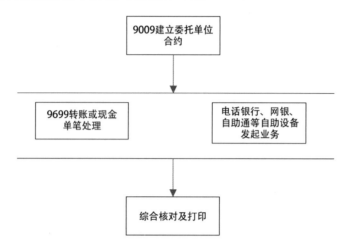

图 2 - 14　单笔代收业务基本流程图

（九）批量代理业务基本流程（见图 2 - 15）

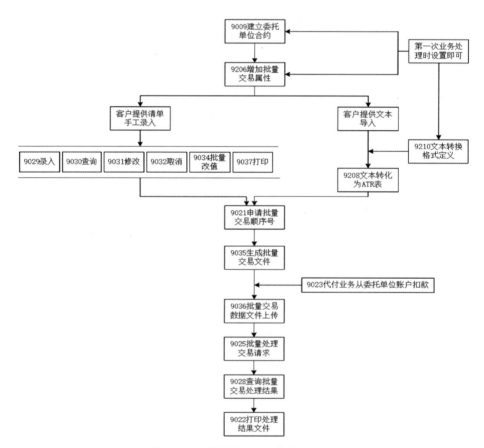

图 2 - 15　批量代理业务基本流程图

第二节　金融风险职能流程开发案例

信贷风险是一个渐进的过程，且可能受多种因素的影响逐步积累进而爆发。商业银行将资金借贷给借款人，因其财务状况发生不利变化等而导致信贷资金损失的可能性。如企业自身经济不善、投资决策失误，国家产业政策调整、淘汰生产线，借款人主观逃避债务等。对于商业银行而言，信贷业务与信贷风险是并存的，无法消除、只能规避。

商业银行的公司信贷业务占比较多，一旦大规模出现风险，导致信贷资金难以收回，不仅影响银行的收益与经营，而且还可能导致银行走向倒闭。公司信贷业务是由贷前、贷中、贷后多个环节共同组成，并非孤立存在的，而是环环相扣，从操作层面实施信贷风险管理，能够将风险控制到最低。

一、全面风险管理流程

（一）银行业金融机构全面风险管理基本原则

匹配性原则。全面风险管理体系应当与风险状况和系统重要性等相适应，并根据环境变化予以调整。

全覆盖原则。全面风险管理应当覆盖各项业务线，本外币、表内外、境内外业务；覆盖所有分支机构、附属机构，部门、岗位和人员；覆盖所有风险种类和不同风险之间的相互影响；贯穿决策、执行和监督全部管理环节。

独立性原则。银行业金融机构应当建立独立的全面风险管理组织架构，赋予风险管理条线足够的授权、人力资源及其他资源配置，建立科学合理的报告渠道，与业务条线之间形成相互制衡的运行机制。

有效性原则。银行业金融机构应当将全面风险管理的结果应用于经营管理，根据风险状况、市场和宏观经济情况评估资本和流动性的充足性，有效抵御所承担的总体风险和各类风险。

（二）银行业金融机构全面风险管理要素（见图2－16）

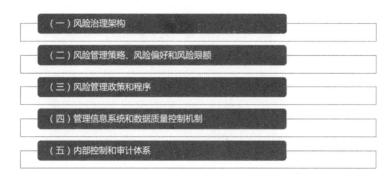

图2－16　银行业金融机构全面风险管理要素

（三）银行业金融机构全面风险管理要求

风险文化：银行业金融机构应当在全行层面推行稳健的风险文化，形成与本行相适应的风险管理理念、价值准则、职业操守，建立培训、传达和监督机制，推动全行人员理解和执行。

责任主体：银行业金融机构应当承担全面风险管理的主体责任，建立全面风险管理制度，保障制度执行，对全面风险管理体系自我评估，健全自我约束机制。

监督管理：银行业监督管理机构依法对银行业金融机构全面风险管理实施监管。

披露要求：银行业金融机构应当按照银行业监督管理机构的规定，向公众披露全面风险管理情况。

（四）全面风险管理流程（见图2－17）

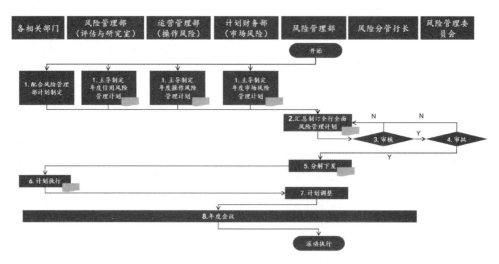

图2－17　全面风险管理流程图

流程说明（见表2－2）。

表2－2 全面风险管理流程说明

目标	进一步规范银行全面风险管理流程，提高全行的全面风险防范意识，促进各业务的健康发展
范围	本程序适用于银行的全行全面风险管理的过程管理
流程修订者	风险管理部
流程参与者	各相关部门，风险管理部、计划财务部、运营管理部、分管行长、风险管理委员会
关键控制点说明	风险管理部、计划财务部和运营管理部对风险计划的制定和分解下发

步骤	工作内容的简要描述	子流程	重要输入	重要输出	相关表单
1	风险管理部、运营管理部和计划财务部分别主导信用风险、操作风险和市场风险管理计划的制定，各相关部门配合风险管理部计划制定		公司战略计划 银行业国家政策 巴塞尔协议	信用风险管理计划 操作风险管理计划 市场风险管理计划	《信用风险管理计划》 《操作风险管理计划》 《市场风险管理计划》
2	风险管理部负责汇总制定全行全面风险管理计划		信用风险管理计划 操作风险管理计划 市场风险管理计划	全面风险管理计划	《全面风险管理计划》
3	分管行长对全行的风险管理计划进行审核，审核不通过返回步骤2，审核通过进入步骤4		全面风险管理计划	审核意见	
4	行长最终对修改后的全行全面风险管理计划进行审批，审批不通过返回步骤2，审批通过进入步骤5		全面风险管理计划	审批意见	
5	风险管理部将最终确定全行全面风险管理计划的进行目标分解和下发		全面风险管理计划	计划分解下发	《全面风险分解计划》
6	各分支行、总行各个科室，严格按照分解的目标执行	分解计划		风险管理计划执行反馈表	《风险管理计划执行反馈表》
7	在执行过程中，风险管理部不断调整和修订风险管理计划	分解计划		计划调整	
8	召开年度会议，对该年度全行执行的风险管理计划进行总结和新一年计划的制定	计划完成情况		总结并规划：下一年全行风险管理计划	

（五）银行业金融机构全面风险管理体系之银行董事会的责任体系

建立风险文化；

制定风险管理策略；

设定的风险偏好和风险限额；

审批风险管理政策和程序；

监督高级管理层开展全面风险管理；

审议全面风险管理报告；

审批全面风险和各类重要风险的信息披露；

聘任风险总监（首席风险官）或其他高级管理人员，牵头负责全面风险管理；

其他与风险管理有关的职责。

（六）银行业金融机构全面风险管理体系之银行管理层的责任体系

建立适应全面风险管理的经营管理架构，明确全面风险管理职能部门、业务部门以及其他部门在风险管理中的职责分工，建立部门之间有效制衡、相互协调的运行机制；

制定清晰的执行和问责机制，确保风险偏好、风险管理策略和风险限额得到充分传达和有效实施；

对董事会设定的风险限额进行细化并执行，包括但不限于行业、区域、客户、产品等维度；

制定风险管理政策和程序，定期评估，必要时调整；

评估全面风险和各类重要风险管理状况并向董事会报告；

建立完备的管理信息系统和数据质量控制机制；

对突破风险偏好、风险限额以及违反风险管理政策和程序的情况进行监督，根据董事会的授权进行处理；

风险管理的其他职责。

（七）银行业金融机构全面风险管理体系之风险管理部的责任体系

牵头履行全面风险的日常管理，包括但不限于以下职责：

实施全面风险管理体系建设，牵头协调各类具体风险管理部门；

识别、计量、评估、监测、控制或缓释全面风险和各类重要风险，及时向高级管理人员报告；

持续监控风险偏好、风险管理策略、风险限额及风险管理政策和程序的执行情况，对突破风险偏好、风险限额以及违反风险管理政策和程序的情况及时预警、报告并提出处理建议。

组织开展风险评估，及时发现风险隐患和管理漏洞，持续提高风险管理的有效性。

（八）银行业金融机构全面风险管理体系之分支机构的责任体系

银行业金融机构应当采取必要措施，保证全面风险管理的政策流程在基层分支机构得到理解与执行，建立与基层分支机构风险状况相匹配的风险管理架构。

在境外设有机构的银行业金融机构应当建立适当的境外风险管理框架、政策和流程。

二、统一授信管理流程

（一）统一授信管理的定义与作业

统一授信管理是指商业银行对单一法人客户或地区统一确定最高授信额度，并加以集中统一控制的信用风险管理制度。

当企业经营的地域不断扩大，银行业在多个城市对一个企业同时开展授信业务时，银行所面临的企业风险就越来越大。由于统一授信管理建立在以量化指标为主，同时充分考虑定性分析特点的风险识别和风险评价体系基础之上，银行在实施过程中可通过客户信用等级、最高风险限额、已占用风险额度等一系列风险量化指标，对客户信用状况、客户对银行授信的承受能力、客户担保对银行授信的风险锁定程度及银行授信的风险度，进一步提供授信的可行性等进行全面评价，从而对银行授信业务的潜在风险起到有效预警作用，达到强化内部风险控制，防范和化解金融风险的目的。

（二）统一授信管理的总体价值

客户统一授信制度的实施，有助于建立银行一致对外的整体意识，在一定程度上抑制对客户的多头授信、盲目授信 。

由于授信业务品种多且分散在各部门操作和管理，各机构、各部门间信息不顺畅，授信管理缺乏统一性，有些客户在多家银行机构甚至一家机构的多个部门多头申请授信，其获得的授信已远远超过其自身的承受能力，加大了银行的授信风险。商业银行根据职责分明、权责对称的原则建立的客户授信制度，有助于银行从内部管理上控制授信风险。

客户统一授信制度的实施，为银行重新评价客户质量确定了合理的标准，有利于银行授信管理部门做出科学决策，调整授信客户结构，优化授信资金投向。

以集团性企业为例，统一授信机制的建立，客观上对这些客户海内外的整体经营、信用状况进行定期评价，为调整集团客户结构、授信品种结构，集中资金择优扶持重点客户和促进业务发展奠定了基础。

有利于发挥银行整体优势，加强服务，提高工作效率。

巩固和发展基本客户对优良客户可实行公开授信管理，在对其信用状况、经营情况、需求、偿债能力等进行一次性审查后，确定最高授信额度，签订公开授信协议。在信用业务发生时，不再按原程序重复审查，大大简化了手续，提高了工作效率。同时，它既是一个信用承诺，又是一个合作约束，有利于双方长期合作。

三、授信审批流程（分行权限）（见图 2-18）

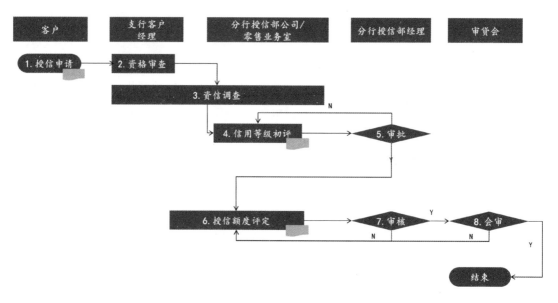

图 2-18　授信审批流程图（分行权限）

流程说明见表 2-3。

表 2 – 3 　　　　　　　　　　授信审批流程说明（分行权限）

目标	通过对单一法人及自然人客户或关联客户资信状况、授信风险和信用需求等因素，在信用风险限额的基础上核定最高授信额度，用以集中统一控制融资总量进而控制风险总量	
范围	本程序适用于银行总行及下辖各分行、支行提供的各类信贷业务	
流程修订者	授信审批部	
流程参与者	支行客户经理、分行授信部公司/零售业务室、分行授信部经理、审贷会	
关键控制点说明	信用评级客观，真实，有效	

步骤	工作内容的简要描述	子流程	重要输入	重要输出	相关表单
1	客户与支行接触，提出授信申请。客户经理负责业务的受理		客户基本情况、财务状况、资信状况	授信额度认定申请书、信用等级评定申请表	《授信申请书》《信用等级评定申请表》
2	客户经理判断该业务是否符合受理条件，对于符合条件的，进入步骤3；对不符合受理条件的，将材料退回申请人，并做好解释工作		授信额度认定申请书、信用等级评定申请表	审查意见	
3	支行客户经理连同有权审批分行授信审批部授信审查员对客户进行资信调查		客户基本情况、财务状况、资信状况	审查意见	
4	分行授信审查员对客户信息进行录入，完成初始的客户信用评级并形成客户评级报告		客户基本情况、财务状况、资信状况信用等级评定申请表	客户信用评级报告	《客户信用评级报告》
5	分行授信审查员将客户评级报告提交授信审批部经理审批。如通过审批，则完成最终的信用等级评定并进入步骤6；如审批不通过，则返回步骤4		客户信用评级报告	审批意见	
6	分行授信审查员依据客户的经营情况，法人的信用水平等信息提出建议授信量		客户基本情况、财务状况、资信状况客户信用评级报告	授信额度评定	《客户授信确认书》

续表

步骤	工作内容的简要描述	子流程	重要输入	重要输出	相关表单
7	分行授信经理应根据所掌握的信息和经验，在认真研究的基础上，对授信审查员提交的建议授信量进行审核，并对授信审查员提出调整意见。如审核通过则进入步骤8；如审核不通过则返回步骤6		客户基本情况、财务状况、资信状况 客户授信确认书	审核意见	
8	分行审贷会收到授信审批部提交的授信资料后，对建议授信量进行审批。如通过审批，则形成最终授信额度；如审批未能通过则返回步骤6进行重新提交		客户基本情况、财务状况、资信状况 客户授信确认书	会审意见	

四、授信审批流程（总行权限）（见图 2 – 19）

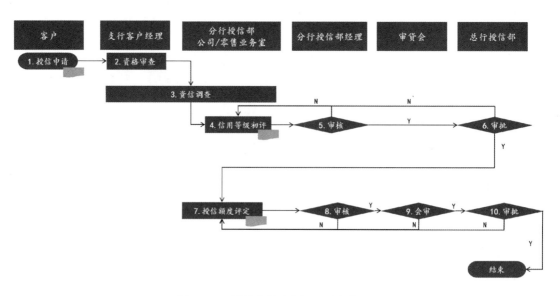

图 2 – 19　授信审批流程图（总行权限）

流程说明见表 2 – 4。

表 2 - 4 授信审批流程说明（总行权限）

目标	通过对单一法人及自然人客户或关联客户资信状况、授信风险和信用需求等因素，在信用风险限额的基础上核定最高授信额度，用以集中统一控制融资总量进而控制风险总量
范围	本程序适用于银行总行及下辖各分行、支行提供的各类信贷业务
流程修订者	授信审批部
流程参与者	支行客户经理、分行授信部公司/零售业务室、分行授信部经理、审贷会、总行授信部
关键控制点说明	信用评级客观，真实，有效

步骤	工作内容的简要描述	子流程	重要输入	重要输出	相关表单
1	客户与支行接触，提出授信申请。客户经理负责业务的受理		客户基本情况、财务状况、资信状况	授信额度认定申请书、信用等级评定申请表	《授信申请书》《信用等级评定申请表》
2	客户经理判断该业务是否符合受理条件，对于符合条件的，进入步骤3；对不符合受理条件的，将材料退回申请人，并做好解释工作		授信额度认定申请书、信用等级评定申请表	审查意见	
3	支行客户经理连同有权审批分行授信审批部授信审查员对客户进行资信调查		客户基本情况、财务状况、资信状况	审查意见	
4	分行授信审查员对客户信息进行录入，完成初始的客户信用评级并形成客户评级报告		客户基本情况、财务状况、资信状况信用等级评定申请表	客户信用评级报告	《客户信用评级报告》
5	分行授信审查员将客户评级报告提交授信审批部经理审批。如通过审批，则完成最终的信用等级评定并进入步骤6；如审批不通过，则返回步骤4		客户信用评级报告	审批意见	
6	总行授信部对分行授信部的信用等级初评进行评审，审批通过进入步骤7，审批不通过返回步骤4		客户基本情况、财务状况、资信状况客户信用评级报告	审批意见	
7	分行授信审查员依据客户的经营情况，法人的信用水平等信息提出建议授信量		客户基本情况、财务状况、资信状况客户信用评级报告	授信额度评定	《客户授信确认书》

续表

步骤	工作内容的简要描述	子流程	重要输入	重要输出	相关表单
8	分行授信经理应根据所掌握的信息和经验，在认真研究的基础上，对授信审查员提交的建议授信量进行审核，并对授信审查员提出调整意见。如审核通过则进入步骤8；如审核不通过则返回步骤6		客户基本情况、财务状况、资信状况 客户授信确认书	审核意见	
9	审贷会收到授信审批部提交的授信资料后，对建议授信量进行审批。如通过审批，则形成最终授信额度；如审批未能通过则返回步骤6进行重新提交		客户基本情况、财务状况、资信状况 客户授信确认书	会审意见	
10	总行授信部对分行授信部的授信额度评定进行评审，审批不通过返回步骤7，审批通过则结束客户授信流程		客户基本情况、财务状况、资信状况 客户授信确认书	审批意见	

第三节　金融汇票债券流程开发案例

一、汇票的功能介绍

汇票（Money Order）是最常见的票据类型之一，我国《票据法》第十九条规定："汇票是出票人签发的，委托付款人在见票时，或者在指定日期无条件支付确定的金额给收款人或者持票人的票据。"汇票是国际结算中使用最广泛的一种信用工具。它是一种委付证券，基本的法律关系最少有三个人物：出票人、受票人和收款人。

汇票是一种无条件支付的委托，有三个当事人：出票人、受票人、收款人。

出票人（Drawer）：是开立票据并将其交付给他人的法人、其他组织或者个人。出票人对持票人及正当持票人承担票据在提示付款或承兑时必须付款或者承兑的保证责任。收款人及正当持票人一般是出口方，因为出口方在输出商品或劳务的同时或稍后，向进口商付出此付款命令责令后者付款。

受票人（Drawee/Payer）：又叫"付款人"，是指受出票人委托支付票据金额的人、接受支付命令的人。进出口业务中，通常为进口人或银行。在托收支付方式下，一般为买方或债务人；在信用证支付方式下，一般为开证行或其指定的银行。

收款人（Payee）：是凭汇票向付款人请求支付票据金额的人。是汇票的债权人，一般是卖方，是收钱的人。

二、汇票的类别介绍

（一）按付款人的不同——银行汇票、商业汇票

银行汇票（Banker's Draft）是签发人为银行，付款人为其他银行的汇票。

商业汇票（Commercial Draft）是签发人为商号或者个人，付款人为其他商号、个人或银行的汇票。

（二）按有无附属单据——光票汇票、跟单汇票

光票（Clean Bill）汇票本身不附带货运单据，银行汇票多为光票。

跟单汇票（Documentary Bill）又称信用汇票、押汇汇票，是需要附带提单、仓单、保险单、装箱单、商业发票等单据，才能进行付款的汇票。商业汇票多为跟单汇票。

（三）按付款时间——即期汇票、远期汇票

即期汇票（Sight Bill，Demand Bill，Sight Draft）指持票人向付款人提示后对方立即付款的汇票，又称见票或即付汇票。

远期汇票（Time Bill，Usance Bill）是在出票一定期限后或特定日期付款的汇票。

（四）按流通地域——国内汇票、国际汇票

三、汇票的发展历史

汇票是随着国际贸易的发展而产生的。国际贸易的买卖双方相距遥远，所用货币

各异，不能像国内贸易那样方便地进行结算。

从出口方发运货物到进口方收到货物，中间有一个较长的过程。在这段时间一定有一方向另一方提供信用，不是进口商提供货款，就是出口商赊销货物。若没有强有力的中介人担保，进口商怕付了款收不到货，出口商怕发了货收不到款，这种国际贸易就难以顺利进行。

后来银行参与国际贸易，作为进出口双方的中介人，进口商通过开证行向出口商开出信用证，向出口商担保：货物运出后，只要出口商按时向议付行提交全套信用证单据就可以收到货款；议付行开出以开证行为付款人的汇票发到开证行，开证行保证见到议付行汇票及全套信用证单据后付款，同时又向进口商担保，能及时收到他们所进口的货物单据，到港口提货。

四、银行的汇票处理

汇票有多种，就银行汇票而言常见的有两种，一般企业间用得较多的是银行汇票和银行承兑汇票，前者是要企业在银行有全款才能申请开出相应金额的汇票（即如果你要在开户行开 100 万元的银行汇票，则你在该行账户上必须要有 100 万元以上的存款），后者要看银行给企业的授信额度，一般情况是企业向银行交一部分保证金，余额可以使用抵押等手段（如开 100 万元银行承兑汇票，企业向银行交 30% 保证金 30 万元，其他 70 万元企业可以用土地、厂房、货物仓单等抵押，如果企业信誉好，也可以只交部分保证金就可以开出全额）。

如果你是收款人，收到他人给你的银行汇票，可以立即向银行提示付款，银行即把相应的款转入你的账户。

如果你收到的是银行承兑汇票，可以到了上面的期限向银行提示付款，也可以在期限之前向银行申请贴现（银行会扣除相应的利息），也可以把票支付给你的下家。

五、汇票的相关行为

汇票使用过程中的各种行为，都由票据法加以规范。主要有出票、提示、承兑和付款。

● 出票（Draw/Issue）。出票人签发汇票并交付给收款人的行为。出票后，出票人即承担保证汇票得到承兑和付款的责任。如汇票遭到拒付，出票人应接受持票人的追索，清偿汇票金额、利息和有关费用。

● 提示（Presentation）是持票人将汇票提交付款人要求承兑或付款的行为，是持票人要求取得票据权利的必要程序。提示又分付款提示和承兑提示。

● 承兑（Acceptance）指付款人在持票人向其提示远期汇票时，在汇票上签名，承诺于汇票到期时付款的行为。具体做法是付款人在汇票正面写明"承兑（Accepted）"字样，注明承兑日期，于签章后交还持票人。付款人一旦对汇票作承兑，即成为承兑人以主债务人的地位承担汇票到期时付款的法律责任。

● 付款（Payment）。付款人在汇票到期日，向提示汇票的合法持票人足额付款。持票人将汇票注销后交给付款人作为收款证明。汇票所代表的债务债权关系即告终止。

六、汇票贴现流程（金融同业事业部授权内）（见图 2 – 20）

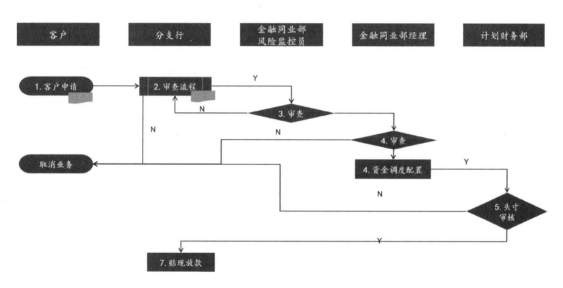

图 2 – 20　汇票贴现流程图（金融同业事业部授权内）

流程说明见表 2 – 5。

表 2 – 5　　　　　　　　汇票贴现流程说明（金融同业事业部授权内）

目标	为了加强和规范商业汇票贴现业务的管理，有效防范商业汇票贴现业务的风险，推动商业汇票贴现业务的长期、稳固、健康地发展
范围	本程序适用于银行总行及所辖各分支机构的商业汇票贴现审批流程过程管理（金融同业事业部权限内）
流程修订者	金融同业部
流程参与者	客户、分支行、金融同业部、计划财务部
关键控制点说明	金融同业部负责对分支行申请贴现票据的真伪、合法有效性以及贴现利率进行审查

续表

步骤	工作内容的简要描述	子流程	重要输入	重要输出	相关表单
1	持票人申请办理商业汇票贴现，并提供相关资料			客户申请资料	《银行商业汇票贴现申请书》
2	分支行对企业提供相关材料真实性、合法性和有效性进行审查，审查不通过结束，审查通过进入步骤3	审查流程	客户申请资料	审查意见	《银行商业汇票贴现审批书》
3	金融同业部负有再审查责任，审查不通过返回步骤2，审查通过进入步骤4；同时负责资金调度配置	同业审查流程	客户申请资料	风险合规初审	
4	风险管理部对票据的风险负有再审查责任，审查不通过返回步骤2，审查通过进入步骤5		客户申请资料	风险合规审查意见	
5	计划财务部进行头寸审核，审核不通过则取消业务，审核通过进入步骤6			头寸审核意见	
6	分管行长对总行相关部门审查合格的票据及资料进行审核，审核不通过返回步骤2，审核通过进入步骤7		客户申请资料 同业、计财、风险审查意见	审核意见	
7	行长对审查合格的票据及资料进行审批批示，审批不通过结束，审批通过进入步骤8		客户申请资料 同业、计财、风险审查意见	审核意见 贴现放款	

七、汇票贴现流程（金融同业事业部授权外）（见图2−21）

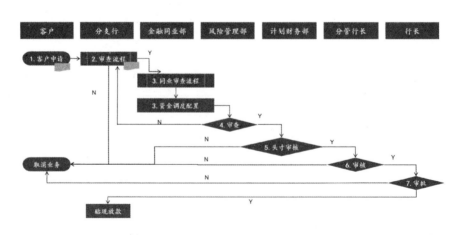

图 2−21　汇票贴现流程图（金融同业事业部授权外）

流程说明见表 2 - 6。

表 2 - 6　　　　　　　　汇票贴现流程说明（金融同业事业部授权外）

目标	为了加强和规范商业汇票贴现业务的管理，有效防范商业汇票贴现业务的风险，推动商业汇票贴现业务的长期、稳固、健康地发展
范围	本程序适用于银行总行及所辖各分支机构的商业汇票贴现审批流程过程管理（金融同业事业部授权外）
流程修订者	金融同业部
流程参与者	分支行、金融同业部、风险管理部、计划财务部、分管行长、行长
关键控制点说明	金融同业部负责对分支行申请贴现票据的真伪、合法有效性以及贴现利率进行审查

步骤	工作内容的简要描述	子流程	重要输入	重要输出	相关表单
1	持票人申请办理商业汇票贴现，并提供相关资料			客户申请资料	《银行商业汇票贴现申请书》
2	分支行对企业提供相关材料真实性、合法性和有效性进行审查，审查不通过结束，审查通过进入步骤3	审查流程	客户申请资料	审查意见	《银行商业汇票贴现审批书》
3	金融同业部负有再审查责任，审查不通过返回步骤2，审查通过进入步骤4；同时负责资金调度配置	同业审查流程	客户申请资料	风险合规初审	
4	风险管理部对票据的风险负有再审查责任，审查不通过返回步骤2，审查通过进入步骤5		客户申请资料	风险合规审查意见	
5	计划财务部进行头寸审核，审核不通过则取消业务，审核通过进入步骤6			头寸审核意见	
6	分管行长对总行相关部门审查合格的票据及资料进行审核，审核不通过返回步骤2，审核通过进入步骤7		客户申请资料 同业、计财、风险审查意见	审核意见	
7	行长对审查合格的票据及资料进行审批批示，审批不通过结束，审批通过进入步骤8		客户申请资料 同业、计财、风险审查意见	审核意见 贴现放款	

八、债券贴现流程（金融同业事业部授权内）（见图 2 - 22）

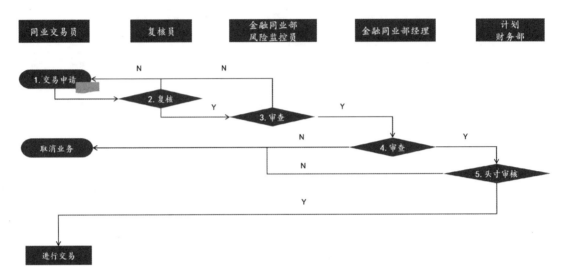

图 2 - 22　债券贴现流程图（金融同业事业部授权内）

流程说明见表 2 - 7。

表 2 - 7　　　　　　　　债券贴现流程说明（金融同业事业部授权内）

目标	为规范和指导在全国银行间债券市场的交易行为，防范金融风险，维护合法权益，保证债券资产的安全运作
范围	本流程适用于银行总行债券业务交易流程的过程管理（金融同业事业部权限内）
流程修订者	金融同业部
流程参与者	金融同业部、计划财务部
关键控制点说明	金融同业部负责债券业务交易的合理高效运营

步骤	工作内容的简要描述	子流程	重要输入	重要输出	相关表单
1	交易员填写《银行债券业务审批书》并签字		交易申请	银行债券业务申请表	《银行债券业务申请表》
2	复核员对该笔债券交易进行复核，复核不通过结束，复核通过进入步骤3		交易申请	银行债券业务审批单	《银行债券业务审批单》
3	金融同业部风险监控员对该笔交易风险负有再审查责任，审查不通过返回步骤2，审查通过进入步骤4		交易申请	风险合规审查意见	

续表

步骤	工作内容的简要描述	子流程	重要输入	重要输出	相关表单
4	金融同业部经理同意对该笔业务则进行审查，审查不通过则取消业务，审查通过进入步骤5		交易申请	审查意见	
5	计划财务部对该笔债券业务进行头寸审核，审核不通过取消业务，审核通过进行交易		交易申请	头寸审核意见达成交易	

九、债券贴现流程（金融同业事业部授权外）（见图2−23）

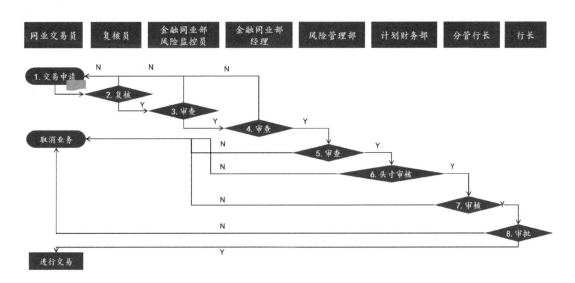

图2−23 债券贴现流程图（金融同业事业部授权外）

流程说明见表2−8。

表2−8　　　　　　　　　债券贴现流程说明（金融同业事业部授权外）

目标	为规范和指导在全国银行间债券市场的交易行为，防范金融风险，维护合法权益，保证债券资产的安全运作
范围	本流程适用于银行总行债券业务交易流程的过程管理（金融同业事业部授权外）
流程修订者	金融同业部
流程参与者	金融同业部、风险管理部、计划财务部、分管行长、行长
关键控制点说明	金融同业部负责债券业务交易的合理高效运营

续表

步骤	工作内容的简要描述	子流程	重要输入	重要输出	相关表单
1	交易员填写《银行债券业务审批书》并签字		交易申请	银行债券业务申请表	《银行债券业务申请表》
2	复核员对该笔债券交易进行复核,复核不通过结束,复核通过进入步骤3		交易申请	银行债券业务审批单	《银行债券业务审批单》
3	金融同业部风险监控员对该笔交易风险负有再审查责任,审查不通过返回步骤2,审查通过进入步骤4		交易申请	风险合规审查意见	
4	金融同业部经理同意对该笔业务进行审查,审查不通过取消业务,审查通过进入步骤5		交易申请	审查意见	
5	风险管理部对债券交易负有法律合规的再审查责任,审查不通过取消业务,审查通过进入步骤6		交易申请	风险合规审查意见	
6	计划财务部对该笔债券业务进行头寸审核,审核通过进入步骤7,审核不通过则取消业务		交易申请	头寸审核意见	
7	分管行长对总行相关部门审查合格的债券交易进行审核		交易申请 同业、风险、计财审查意见	审核意见	
8	行长对审查合格的债券交易进行审批批示		交易申请 同业、风险、计财审查意见	审批意见 达成交易	

第四节　信贷业务主线流程开发案例

一、公司业务贷款审批流程（支行权限）（见图2-24）

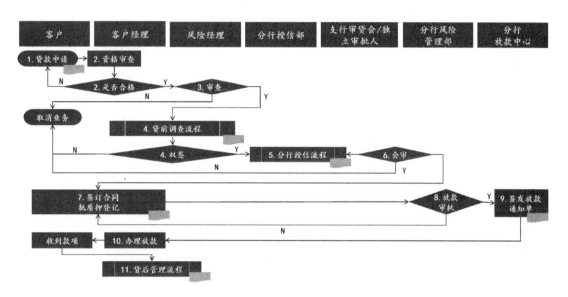

图2-24　公司业务贷款审批流程图（支行权限）

流程说明见表2-9。

表2-9　　　　　　　　　公司业务贷款审批流程说明（支行权限）

目标	规范银行对公贷款审批操作流程，提高效率，有效防范信贷风险，为客户提供满意的服务				
范围	本程序适用于银行各支行的法人客户贷款过程管理				
流程修订者	分行公司银行部				
流程参与者	支行客户经理、风险经理、分行授信部、支行审贷会/独立审批人、分行风险管理部、分行放款中心				
关键控制点说明	贷前调查、支行审贷会/独立审批人的审核				
步骤	工作内容的简要描述	子流程	重要输入	重要输出	相关表单
1	客户与支行接触、提出贷款申请。客户经理负责业务的受理			客户基本资料、相关信贷需求资料、借款申请书	《申请表》

续表

步骤	工作内容的简要描述	子流程	重要输入	重要输出	相关表单
2	判断该业务是否符合受理条件，对于符合条件的，进入步骤3；对不符合受理条件的，则将材料退回申请人，并做好解释工作		客户基本资料、相关信贷需求资料、借款申请书		
3	支行风险经理负责对客户经理进行合规性审查，并对客户资质进行复审。如审核通过，进入步骤4；如审核未通过，则返回步骤3		客户基本资料、相关信贷需求资料、借款申请书	业务风险意见	
4	客户经理与风险经理通过对借款申请人提供的信贷资料进行审查，并结合信贷政策对借款人基本情况、信贷需求情况、信贷担保情况等深入企业进行认真调查评价。由客户经理撰写贷前调查报告。贷前调查报告，实行客户经理、风险经理双签字。只有双方均签字同意，则进入步骤6；否则结束该业务	贷前调查流程	相关信贷资料	贷前调查报告	《贷前调查评价报告》
5	由客户经理将贷前调查报告以及客户资料提交至有权审批行的授信部门进行信用等级评定及授信	分行授信流程	贷前调查报告	授信额度认定申请书	《客户信用评级报告》《客户授信确认书》
6	授信额度确定后，支行召开审贷会，就某笔业务进行审批，审贷会由客户经理、风险经理、市场部主管、支行行长组成。如审批通过，进入步骤8；如审批未通过，则结束该业务		信贷业务申报材料	上会审批意见	
7	审批通过后，由客户经理、风险经理负责合同登记、抵押物登记等手续，并提交有权审批行风险管理部做放款前审批		上会审批意见	借款合同、抵质押登记手续	《银行贷款合同书》《抵质押申请书》《抵质押登记协议》
8	收到支行提交的信贷资料后，分行风险管理部需对支行完善的信贷资料进行放款前审批。如审批通过进入步骤10；对于存在疑义的信贷资料，返回步骤9，由支行落实完善		借款合同、抵质押登记手续	合规审核	
9	收到风险管理部的通知后，签发放款通知单至支行		审核意见	放款通知单	《放款通知单》

续表

步骤	工作内容的简要描述	子流程	重要输入	重要输出	相关表单
10	支行客户经理持放款通知单及时与本行营业部门办理信贷业务发放手续		放款通知单	发放贷款	
11	信贷业务发放后，支行信贷人员应在规定的时间做好贷后检查，形成检查记录、检查报告。并按期催缴借款，若贷款到期不能按时归还，及时转入不良贷款，并按不良贷款管理办法进行管理	贷后管理流程	贷款发放	归还贷款不良资产处理	《贷后检查报告》《到期贷款催收通知书》

二、公司业务贷款审批流程（分行权限）（见图 2－25）

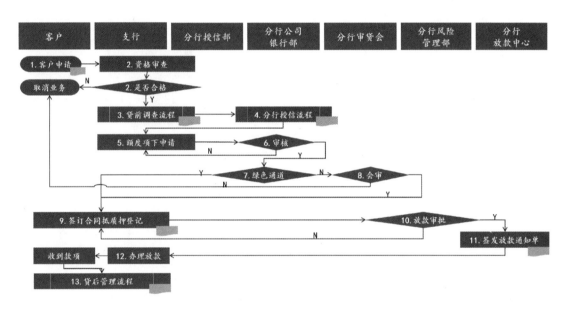

图 2－25　公司业务贷款审批流程图（分行权限）

流程说明见表 2－10。

表 2－10　　　　　　　　　　公司业务贷款审批流程说明（分行权限）

目标	规范银行对公贷款审批操作流程，提高效率，有效防范信贷风险，为客户提供满意的服务
范围	本程序适用于银行支行权限外且分行权限内的法人客户贷款过程管理
流程修订者	分行公司银行部
流程参与者	支行、分行授信部、分行公司银行部、分行审贷委员会、分行风险管理部、分行放款中心
关键控制点说明	支行贷前调查、分行绿色通道和审贷会会审

续表

步骤	工作内容的简要描述	子流程	重要输入	重要输出	相关表单
1	客户与支行接触，提出贷款申请。客户经理负责业务的受理			客户基本资料、相关信贷需求资料、借款申请书	《申请表》
2	判断该业务是否符合受理条件，对于符合条件的，进入步骤3；对不符合受理条件的，则将材料退回申请人，并做好解释工作		客户基本资料、相关信贷需求资料、借款申请书		
3	支行通过对借款申请人提供的信贷资料进行审查，并结合的信贷政策对借款人基本情况、信贷需求情况、信贷担保情况等深入企业进行认真调查评价	贷前调查流程	相关信贷资料	贷前调查报告	《贷前调查评价报告》
4	对客户进行信用等级评定以及授信额度确认	分行授信流程	贷前调查报告	授信额度认定申请书	《客户信用评级报告》《客户授信确认书》
5	客户经理就某笔信贷业务向有权审批行提出申请		贷前调查报告、相关信贷资料	业务审批判定	
6	公司业务部管行员通过信贷风险管理系统收到支行上报的信贷业务申报材料后，应先进行支行申报材料的合规性审查，包括借款申请书、借款人基本资料、项目相关信息等。如审核通过，进入步骤7，审核未通过，返回步骤5		信贷业务申报材料	审核意见	
7	对客户进行判定，如属于优质客户，可通过率色通道直接进入步骤8，如不属于优质客户，则进入步骤7；对于审核不通过的业务，返回步骤5		审核意见	优质客户判定	
8	分行审贷会听取支行信贷人员对贷款项目的陈述并针对项目提出问题。最终对项目进行审批。如审批通过，则进入步骤8；如审批未能通过，如有复议的机会，要提出具体复议意见并通知支行客户经理。客户经理针对复议意见落实完善后重新提交。如无复议机会，则结束该业务		信贷业务申报材料	上会审批意见	

续表

步骤	工作内容的简要描述	子流程	重要输入	重要输出	相关表单
9	审批通过后，由客户经理、风险经理负责合同登记、抵押物登记等手续，并提交分行风险管理部做放款前审批。支行要确保信贷资料的合法，有效和完整	上会审批意见	借款合同、抵质押登记手续	《银行贷款合同书》《抵质押申请书》《抵质押登记协议》
10	收到支行提交的信贷资料后，风险管理部需对支行完善的信贷资料进行放款前审批。如审批通过进入步骤10；对于存在疑义的信贷资料，返回步骤8，由支行落实完善		借款合同、抵质押登记手续	合规审核	
11	收到风险管理部的通知后，签发放款通知单至支行		审核意见	放款通知单	《放款通知单》
12	支行客户经理持放款通知单及时与本行营业部门办理信贷业务发放手续		放款通知单	发放贷款	
13	信贷业务发放后，支行信贷人员应在规定的时间做好贷后检查，形成检查记录、检查报告。并按期催缴借款，若贷款到期不能按时归还，及时转入不良贷款，并按不良贷款管理办法进行管理	贷后管理流程	贷款发放	归还贷款 不良资产处理	《贷后检查报告》《到期贷款催收通知书》

三、公司业务贷款审批流程（总行权限）（见图 2－26）

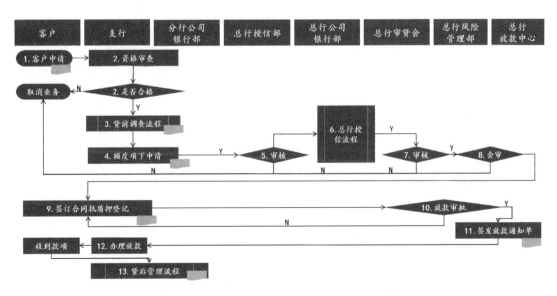

图 2－26　公司业务贷款审批流程图（总行权限）

流程说明见表 2–11。

表 2–11　　　　　　　　公司业务贷款审批流程说明（总行权限）

目标	规范银行对公贷款审批操作流程，提高效率，有效防范信贷风险，为客户提供满意的服务
范围	本程序适用于银行总行及所辖各分支机构的法人客户贷款过程管理
流程修订者	总行公司银行部
流程参与者	支行、分行公司部银行部、分行授信部、总行授信部、总行公司银行部、总行审贷会、总行风险管理部、总行放款中心
关键控制点说明	支行贷前调查、总行审贷会会审

步骤	工作内容的简要描述	子流程	重要输入	重要输出	相关表单
1	客户与支行接触，提出贷款申请。客户经理负责业务的受理			客户基本资料、相关信贷需求资料、借款申请书	《申请表》
2	判断该业务是否符合受理条件，对于符合条件的，进入步骤3；对不符合受理条件的，则将材料退回申请人，并做好解释工作		客户基本资料、相关信贷需求资料、借款申请书		
3	支行通过对借款申请人提供的信贷资料进行审查，并结合的信贷政策对借款人基本情况、信贷需求情况、信贷担保情况等深入企业进行认真调查评价	贷前调查流程	相关信贷资料	贷前调查报告	《贷前调查评价报告》
4	客户经理就某笔信贷业务向有权审批行提出申请		贷前调查报告、相关信贷资料	业务审批判定	
5	分行公司业务部收到支行提交的业务申请后对该笔业务进行审核。如审核通过进入步骤6；如审核未通过，则返回步骤4		信贷业务申报材料	审核意见	
6	对客户进行信用等级评定以及授信额度确认	总行授信流程	贷前调查报告、授信额度认定申请书	客户信用评级报告、客户授信确认书	《客户信用评级报告》《客户授信确认书》
7	总行公司部管行员通过信贷风险管理系统收到支行上报的信贷业务申报材料后，应先进行支行申报材料的合规性审查，包括借款申请书、借款人基本资料、项目相关信息等。如审核通过进入步骤8，如需要补充资料的，返回步骤4，由发起行落实后重新提交；如审核不通过的，结束该业务		信贷业务申报材料	审核意见	

续表

步骤	工作内容的简要描述	子流程	重要输入	重要输出	相关表单
8	总行审贷会听取支行信贷人员对贷款项目的陈述并针对项目提出问题。最终对项目进行审批。如审批通过，则进入步骤8；如审批未能通过，如有复议的机会，要提出具体复议意见并通知支行客户经理。客户经理针对复议意见落实完善后重新提交。如无复议机会，则结束该业务		信贷业务申报材料	上会审批意见	
9	审批通过后，由客户经理、风险经理负责合同登记、抵押物登记等手续，并提交分行风险管理部做放款前审批。支行要确保信贷资料的合法、有效和完整		上会审批意见	借款合同、抵质押登记手续	《银行贷款合同书》《抵质押申请书》《抵质押登记协议》
10	收到支行提交的信贷资料后，风险管理部需对支行完善的信贷资料进行放款前审批。如审批通过进入步骤10；对于存在疑义的信贷资料，返回步骤8，由支行落实完善		借款合同、抵质押登记手续	合规审核	
11	收到风险管理部的通知后，签发放款通知单至支行		审核意见	放款通知单	《放款通知单》
12	支行客户经理持放款通知单及时与本行营业部门办理信贷业务发放手续		放款通知单	发放贷款	
13	信贷业务发放后，支行信贷人员应在规定的时间做好贷后检查，形成检查记录、检查报告。并按期催缴借款，若贷款到期不能按时归还，及时转入不良贷款，并按不良贷款管理办法进行管理	贷后管理流程	贷款发放	归还贷款 不良资产处理	《贷后检查报告》《到期贷款催收通知书》

四、零售业务贷款审批流程（支行权限）（见图 2-27）

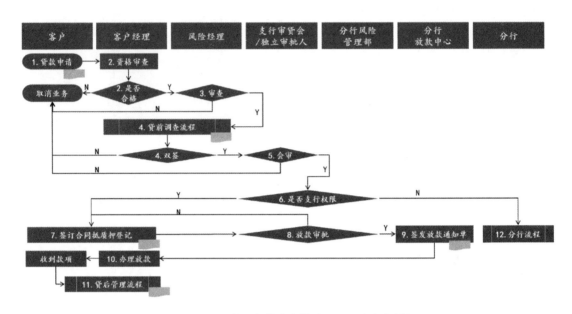

图 2-27　零售业务贷款审批流程图（支行权限）

流程说明见表 2-12。

表 2-12　　　　　　　　　　零售业务贷款审批流程说明（支行权限）

目标	规范银行零售贷款业务管理的操作过程和控制要点，有效防范信贷风险，提高信贷资产质量，提高运作效率，降低业务成本，并为客户提供优质的服务				
范围	本程序适用于银行支行零售贷款过程的管理				
流程修订者	分行零售银行部				
流程参与者	客户经理、风险经理、支行审贷会/独立审批人、分行风险管理部、放款中心				
关键控制点说明	贷前调查、支行审贷会/独立审批人的审核				
步骤	工作内容的简要描述	子流程	重要输入	重要输出	相关表单
1	客户与支行接触，提出贷款申请。客户经理负责业务的受理			客户基本资料、相关信贷需求资料、借款申请书	《申请表》
2	判断该业务是否符合受理条件，对于符合条件的，进入步骤3；对不符合受理条件的，将材料退回申请人，并做好解释工作		客户基本资料、相关信贷需求资料、借款申请书		

续表

步骤	工作内容的简要描述	子流程	重要输入	重要输出	相关表单
3	支行风险经理负责对客户经理进行合规性审查，并对客户资质进行复审。如审核通过，进入步骤4；如审核未通过，返回步骤3		客户基本资料、相关信贷需求资料、借款申请书	业务风险意见	
4	客户经理与风险经理通过对借款申请人提供的信贷资料进行审查，并结合信贷政策对借款人基本情况、信贷需求情况、信贷担保情况等深入企业进行认真调查评价，并由客户经理撰写贷前调查报告。贷前调查报告实行客户经理、风险经理双签制，只有双方均签字同意，则进入步骤5，否则结束该业务	贷前调查流程	相关信贷资料	贷前调查报告	《贷前调查评价报告》
5	支行审贷会/独立审批人就某笔业务进行审批。如审批通过，进入步骤6；如审批未通过则结束该业务		信贷业务申报材料	上会审批意见	
6	审贷会审批通过后进行权限判定，如为支行权限内业务则进入步骤7；如在支行权限外则进入步骤11		上会审批意见	支行权限判定	
7	审批通过后，由客户经理、风险经理负责合同登记、抵押物登记等手续，并提交有权审批行风险管理部做放款前审批		上会审批意见	借款合同、抵质押登记手续	《银行贷款合同书》《抵质押申请书》《抵质押登记协议》
8	收到支行提交的信贷资料后，风险管理部需对支行完善的信贷资料进行放款前审批。如审批通过进入步骤9；对于存在疑义的信贷资料，返回步骤7，由支行落实完善		借款合同、抵质押登记手续	合规审核	
9	收到风险管理部的通知后，签发放款通知单至支行		审核意见	放款通知单	《放款通知单》
10	支行客户经理持放款通知单及时与本行营业部门办理信贷业务发放手续		放款通知单	发放贷款	
11	信贷业务发放后，支行信贷人员应在规定的时间做好贷后检查，形成检查记录、检查报告。并按期催缴借款，若贷款到期不能按时归还，及时转入不良贷款，并按不良贷款管理办法进行管理	贷后管理流程	贷款发放	归还贷款不良资产处理	《贷后检查报告》《到期贷款催收通知书》
12	支行权限外的零售业务贷款，将进入下一流程；零售业务贷款审批（分行权限）	分行流程			

五、零售业务贷款审批流程（分行权限）（见图2－28）

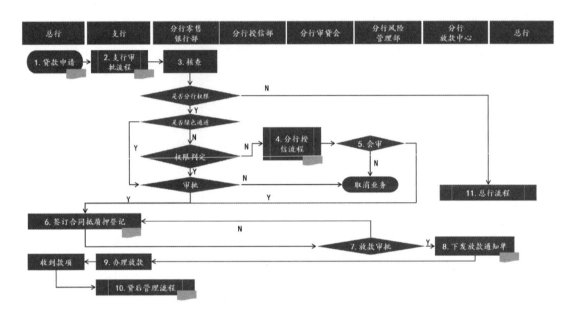

图2－28　零售业务贷款审批流程图（分行权限）

流程说明见表2－13。

表2－13　　　　　　　　零售业务贷款审批流程说明（分行权限）

目标	规范银行零售贷款业务管理的操作过程和控制要点，有效防范信贷风险，提高信贷资产质量，提高运作效率，降低业务成本，并为客户提供优质的服务
范围	本程序适用于银行支行零售贷款过程的管理
流程修订者	分行零售银行部
流程参与者	客户经理、风险经理、支行审贷会/独立审批人、分行授信部、分行风险管理部、放款中心
关键控制点说明	贷前调查、分行审贷会的会审

步骤	工作内容的简要描述	子流程	重要输入	重要输出	相关表单
1	客户提出零售贷款申请			客户基本资料、相关信贷需求资料、借款申请书	《申请表》
2	支行、风险经理等协助客户经理进行资格审查，贷前调查等环节，超出支行权限的进入分行贷款审批环节	支行审批流程	相关信贷资料	贷前调查报告	《贷前调查评价报告》

续表

步骤	工作内容的简要描述	子流程	重要输入	重要输出	相关表单
3	分行零售银行部对该笔贷款进行审查，不合格则取消，合格则判定是否分行权限内，不是分行权限进入总行审批流程；是分行权限则判定是否是绿色通道，是绿色通道则进入审批环节；不是绿色通道则判定是否本部门权限，超出本部门权限进入步骤4，属于本部门权限则进入审批环节，审批不通过业务取消并结束，审批通过进入步骤6		信贷业务申报材料	审核意见	
4	分行授信审批部对该笔业务进行授信	分行授信流程	贷前调查报告、授信额度认定申请书	客户信用评级报告、客户授信确认书	《客户信用评级报告》《客户授信确认书》
5	分行审贷会对该笔业务进行会审，其中一票不通过则该业务判定是否复议，不复议则该笔业务取消，复议且通过的进入步骤6，复议不通过则该业务取消；会审全票通过则进入步骤6		信贷业务申报材料	上会审批意见	
6	审批通过后，由客户经理、风险经理负责合同登记、抵押物登记等手续，并提交有权审批行风险管理部做放款前审批		上会审批意见	借款合同、抵质押登记手续	《银行贷款合同书》《抵质押申请书》《抵质押登记协议》
7	分行风险管理部对该笔业务进行放款审批，不通过则返回步骤6修改合同，通过则进入步骤9		借款合同、抵质押登记手续	合规审核	
8	分行风险管理部放款中心下发放款通知单		审核意见	放款通知单	《放款通知单》
9	支行接到放款通知单对借款人放款		放款通知单	发放贷款	
10	信贷业务发放后，支行信贷人员应在规定的时间做好贷后检查，形成检查记录、检查报告。并按期催缴借款，若贷款到期不能按时归还，及时转入不良贷款，并按不良贷款管理办法进行管理	贷后管理流程	贷款发放	归还贷款不良资产处理	《贷后检查报告》《到期贷款催收通知书》
11	分行权限外的零售业务贷款，将进入下一流程；零售业务贷款审批（总行权限）	总行流程			

六、零售业务贷款审批流程（总行权限）（见图 2-29）

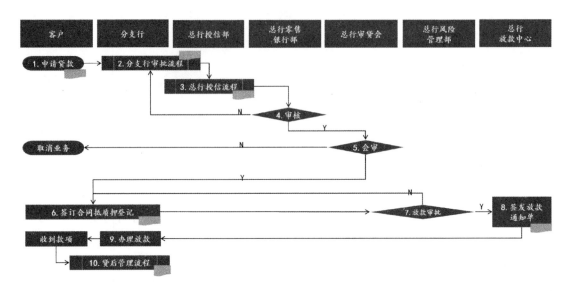

图 2-29　零售业务贷款审批流程图（总行权限）

流程说明见表 2-14。

表 2-14　　　　　　　零售业务贷款审批流程说明（总行权限）

目标	规范银行零售贷款业务管理的操作过程和控制要点，有效防范信贷风险，提高信贷资产质量，提高运作效率，降低业务成本，并为客户提供优质的服务				
范围	本程序适用于银行总行零售贷款过程的管理				
流程修订者	总行零售银行部				
流程参与者	分支行、分行授信部、总行授信部、总行零售银行部、总行审贷会、总行风险管理部、总行放款中心				
关键控制点说明	贷前调查、总行审贷会会审				

步骤	工作内容的简要描述	子流程	重要输入	重要输出	相关表单
1	客户与支行接触，提出贷款申请。客户经理负责业务的受理			客户基本资料、相关信贷需求资料、借款申请书	《申请表》
2	支行、风险经理等协助客户经理进行资格审查、贷前调查等环节，超出支行权限的进入分行贷款审批环节	分支行审批流程	相关信贷资料	贷前调查报告分行审核意见	《贷前调查评价报告》

续表

步骤	工作内容的简要描述	子流程	重要输入	重要输出	相关表单
3	对客户进行信用等级评定以及授信额度确认	总行授信流程	贷前调查报告、授信额度认定申请书	客户信用评级报告、客户授信确认书	《客户信用评级报告》《客户授信确认书》
4	总行公司部管行员通过信贷风险管理系统收到支行上报的信贷业务申报材料后，应先进行支行申报材料的合规性审查，包括借款申请书、借款人基本资料、项目相关信息等。如审核通过进入步骤4，如需要补充资料的，返回步骤4，由发起行落实后重新提交；如审核不通过的，结束该业务		信贷业务申报材料	审核意见	
5	总行审贷会听取支行信贷人员对贷款项目的陈述并针对项目提出问题。最终对项目进行审批。如审批通过，则进入步骤5，否则结束该业务		信贷业务申报材料	上会审批意见	
6	审批通过后，由客户经理、风险经理负责合同登记、抵押物登记等手续，并提交分行风险管理部做放款前审批。支行要确保信贷资料的合法、有效和完整		上会审批意见	借款合同、抵质押登记手续	《银行贷款合同书》《抵质押申请书》《抵质押登记协议》
7	收到支行提交的信贷资料后，风险管理部需对支行完善的信贷资料进行放款前审批。如审批通过进入步骤7；对于存在疑义的信贷资料，返回步骤5，由支行落实完善		借款合同、抵质押登记手续	合规审核	
8	收到风险管理部的通知后，签发放款通知单至支行		审核意见	放款通知单	《放款通知单》
9	支行客户经理持放款通知单及时与本行营业部门办理信贷业务发放手续		放款通知单	发放贷款	
10	信贷业务发放后，支行信贷人员应在规定的时间做好贷后检查，形成检查记录、检查报告。并按期催缴借款，若贷款到期不能按时归还，及时转入不良贷款，并按不良贷款管理办法进行管理	贷后管理流程	贷款发放	归还贷款 不良资产处理	《贷后检查报告》《到期贷款催收通知书》

第五节　投资与融资业务流程开发案例

一、银行投资业务

（一）业务概述

商业银行投资业务又称证券投资业务，是指银行购买有价证券的活动。投资是商业银行一项重要的资产业务，是银行收入的主要来源之一。

按照对象的不同，可分为国内证券投资和国际证券投资。国内证券投资大体可分为三种类型，即政府证券投资、地方政府证券投资和公司证券投资。

国家政府发行的证券，按照销售方式的不同可以分为两种，一种是公开销售的证券，另一种是不公开销售的证券。

商业银行购买的政府证券，包括国库券、中期债券和长期债券三种。

国库券。国库券是政府短期债券，期限在一年以下。

中长期债券。中长期债券是国家为了基建投资资金的需要而发行的一种债券，其利率一般较高，期限也较长，是商业银行较好的投资对象。

（二）示例—某银行投资业务概况

1. 债券投资

邮储银行债券投资组合主要包括国债、地方政府债、政策性银行债、商业银行债、非银行金融机构债、企业债、公司债和非金融企业债务融资工具等品种，基本覆盖在银行间和交易所市场上市的各类债券品种，交易活跃，交易对手覆盖市场各种机构类型。

凭借着出色的业绩和优异的债券市场业务投资管理能力，本行多次获得"优秀承销商""优秀交易成员""优秀自营机构""优秀结算成员""银行间本币市场交易100强"等荣誉称号，在银行间市场同业中拥有良好的品牌形象和市场影响力。

2. 同业投资

同业投资业务是指邮储银行根据投资策略和风险偏好，以邮储银行自营资金投资

（或委托其他金融机构投资）同业金融资产或特定目的载体（包括但不限于商业银行理财产品、信托投资计划、证券投资基金、证券公司资产管理计划、基金管理公司及子公司资产管理计划、保险资产管理机构资产管理产品等）的投资行为。坚持回归本源，着力推进标准化业务转型发展，合理调整久期、优化资产组合。

同业投资业务开展至今，发展规范，保持合理规模，提高综合收益水平。同时，按照监管要求，严守合规底线，努力做到更加有效的服务实体经济，提升可持续发展能力。

（三）投资业务流程（见图 2 - 30）

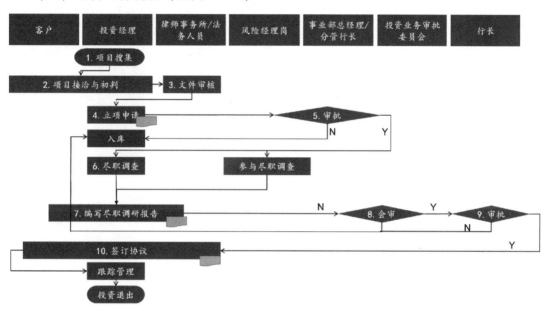

图 2 - 30　投资业务流程图

流程说明见表 2 - 15。

表 2 - 15　　　　　　　　　　　　　　投资业务流程说明

目标	规范银行投资业务的规范化管理，加强投资业务的管理、监督和指导，合理分工，协调发展，建立科学、规范、高效的业务管理体制，提高审批效率，控制经营风险，降低业务成本，并为客户提供优质的服务
范围	本程序适用于银行投融资事业部所涉及的主要业务，主要包括国家规定的且本行资质允许的投资业务及与其相关的创新业务
流程修订者	投融资事业部
流程参与者	投资管理、律师事务所、风险控制官、投资业务审批委员会、投融资事业部总经理/分管行长、行长
关键控制点说明	尽职调查的专业性；合同签订环节的法律合规审查

续表

步骤	工作内容的简要描述	子流程	重要输入	重要输出	相关表单
1	投资经理对目标项目进行搜集			确定目标项目	
2	投资经理与目标客户进行接洽，在接到项目介绍后对项目进行初步调查，提出可否投资初审意见		项目资料	初审意见	
3	受委托律师事务所对投资项目相关文件进行审查，审查不合格给予反馈意见，审查合格则进入步骤4		项目相关资料	法律反馈意见	
4	投资经理填写立项申请表，进行立项申请		项目资料 相关文件	立项申请表	《立项审批表》
5	投融资事业部总经理/分管行长对投资项目进行立项审批，审批未通过则项目取消并入库，审核通过进入步骤6		立项申请表 项目资料	投资业务审批单	《投资业务审批单》
6	投资业务风控官（或其委托人）负责与投资经理一起对投资项目进行考察。未通过项目则取消并入库，通过进入步骤7		项目资料		
7	投资经理编写尽职调查报告		项目资料	尽职调查报告	《尽职调查报告》
8	投资业务审批委员会通过会签形式对每笔业务进行审批，每笔业务需全体委员（或其授权人）的4/5以上（含）签署意见方为有效；会议审议不通过则项目取消并入库，通过则进入步骤9		项目资料 立项申请 尽职调查报告	上会审批意见	
9	行长对会议审议结果最终审批，不通过则项目取消并入库，通过则进入步骤10		项目相关资料上会审批意见	审批意见	
10	项目经理在法务人员的协助下与客户签订投资协议，法务人员对合同进行法律合规审查		相关附件	投资协议	《投资协议》

二、国际贸易融资业务

（一）业务概述

贸易融资是指将融资与贸易紧密结合，为贸易行为的顺利开展提供所需资金的一系列融通服务的金融行为。在贸易融资中，贸易货物被用作对融资机构（银行和公司）的抵押品，这样信用不足的企业因此也可提高信贷价值，增加获得资金的信贷能力。与一般的资金融通行为相比，贸易融资的资金提供主体范围大为扩大。

参与贸易融资的资金提供方通常包括：商业银行、生产企业、官方进出口信贷机构、各类国际多边发展银行、政策性银行、保险公司等非银行金融机构和专业融资服务公司等。

贸易融资可通过多种形式实现资金融通行为，一般包括直接融资和间接融资两种类型。直接融资行为主要有：购买者提前付款、销售方延期支付以及进货贷款；间接融资行为则主要是来自保险和担保机构的各种担保承诺与借款，这些保证和借款建立在以应收账款作为抵押的基础上，如融资租赁、信用证业务、保理业务（应收账款购买），各种形式的信保融资以及以贸易现金流为基础的债券。

（二）融资业务流程（见图 2 – 31）

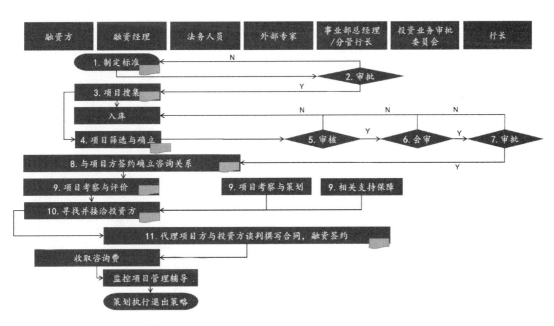

图 2 – 31　融资业务流程图

流程说明见表 2 – 16。

表 2 – 16　　　　　　　　　　融资业务流程说明

步骤	工作内容的简要描述	子流程	重要输入	重要输出	相关表单
1	制定融资项目选择标准和项目评价体系			融资业务手册	《融资业务标准文件》

续表

步骤	工作内容的简要描述	子流程	重要输入	重要输出	相关表单
2	投融资事业部总经理对制定的选择标准和评价体系进行审批，不通过重新制定，通过进入步骤3		融资业务标准文件	审批意见	
3	寻找有咨询和融资需求且符合标准的项目公司，确定项目方的真实需求，判断是否能提供有关服务并入库		客户资料 项目选择标准	项目登记表	《项目登记表》
4	就是否接受委托进行事业部内部论证，以判断服务难易程度，并最终内部达成一致，确立项目		项目登记表 客户资料	项目申请表	《项目申请表》
5	投融资事业部总经理/分管行长进行审核，通过后上会，由投资委员会成员对该项目进行会审，会审成员4/5通过则由行长最终审批，审批通过进入步骤8，其中任一环节不通过，项目取消并入库		项目申请表	审批意见	
6					
7					
8	以合同形式达成商业关系，明确双方责权、周期、价格及支付方式，终止条件，使客户明确下一阶段工作内容和步骤，收取部分咨询费（每笔费用具体比例双方洽谈确定）		客户资料 项目申请表 审批意见	融资代理合同	《融资代理合同》
9	投融资事业部组织相关专家与项目经理对项目的可行性、难易程度、人文因素进行全面考察，发现可能阻碍融资成功的项目深层次问题；明确项目目标的动作策略、市场策略、融资策略、财务管理、管理体系、风险规避策略等		客户资料	项目可研报告 项目商业计划	《项目可研报告》 《项目商业计划》
10	策划方案寻找投资方，并与之接洽		投资项目建议书 投资价值分析表		《投资项目建议书》
11	投融资事业部总经理，相关专家，法务人员，投资经理与投资、融资方，三方共同参与撰写合同		支持型文件	融资合同	《融资合同》

（三）国际贸易融资业务审批流程（分行权限）（见图 2 – 32）

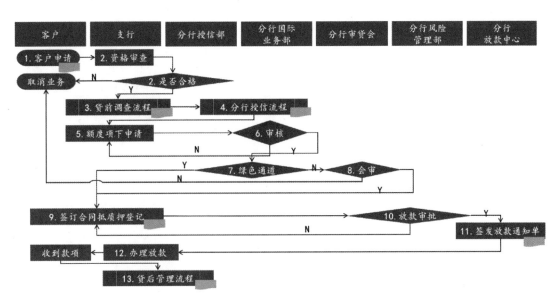

图 2 – 32　国际贸易融资业务审批流程图（分行权限）

流程说明见表 2 – 17。

表 2 – 17　　　　　　　国际贸易融资业务审批流程说明（分行权限）

目标	规范银行国际贸易融资产品的操作流程，提高效率，促进国际贸易融资业务的健康发展，防范国际贸易融资业务风险				
范围	本程序适用于银行总行及所辖各分支机构的国际贸易融资业务审批流程过程管理（分行权限内）				
流程修订者	国际业务部				
流程参与者	客户、支行、分行授信部、分行国际业务部、分行审贷会、分行风险管理部				
关键控制点说明	国际业务部对国际业务的审查				
步骤	工作内容的简要描述	子流程	重要输入	重要输出	相关表单
1	客户提出国际贸易融资业务的申请，并提供相关资料			客户基本资料、相关国际贸易融资需求资料、融资申请书	《申请表》
2	支行客户经理对该笔贸易融资业务进行前期资格审查，审查不合格结束，审查合格进入步骤3		客户基本资料、相关国际贸易融资需求资料、融资申请书		

续表

步骤	工作内容的简要描述	子流程	重要输入	重要输出	相关表单
3	支行客户经理、风险经理进行贷前调查，双签调查报告，风险经理给出风险意见	贷前调查流程	相关国际贸易融资资料	贷前调查报告	《贷前调查评价报告》
4	分行授信部对该笔国际贸易融资业务进行信用等级评定和授信额度的确定	分行授信流程	贷前调查报告	授信额度认定申请书	《客户信用评级报告》《客户授信确认书》
5	客户经理就某笔信贷业务向有权审批行提出申请		贷前调查报告、相关信贷资料	业务审批判定	
6	分行国际业务部审核： 1. 对贸易融资项下的国际结算业务进行技术性审查，出示审核意见 2. 对贸易融资业务合规性进行审核。审核不通过返回步骤5，审核通过进入步骤7		国际贸易融资业务申报材料	审核意见	
7	分行审贷会对国际业务部审核合格的非绿色通道下的融资业务进行会审，会审不通过结束，会审通过进入步骤8		审核意见	优质客户判定	
8	分行审贷会听取支行信贷人员对贷款项目的陈述并针对项目提出问题。最终对项目进行审批。如审批通过，则进入步骤8；如审批未能通过，如有复议的机会，要提出具体复议意见并通知支行客户经理。客户经理针对复议意见落实完善后重新提交。如无复议机会，则结束该业务		国际贸易融资业务申报材料	上会审批意见	
9	审批通过后，由客户经理、风险经理负责合同登记、抵押物登记等手续，并提交分行风险管理部做放款前审批。支行要确保信贷资料的合法，有效和完善		上会审批意见	国际贸易融资合同、相关登记手续	《银行贷款合同书》《抵质押申请书》《抵质押登记协议》
10	收到支行提交的信贷资料后，风险管理部需对支行完善的信贷资料进行放款前审批。如审批通过进入步骤10；对于存在疑义的信贷资料，返回步骤8，由支行落实完善		贷款合同、抵质押登记手续	合规审核	

续表

步骤	工作内容的简要描述	子流程	重要输入	重要输出	相关表单
11	收到风险管理部的通知后，签发放款通知单至支行		审核意见	放款通知单	《放款通知单》
12	支行客户经理持放款通知单及时与本行营业部门办理信贷业务发放手续		放款通知单	发放贷款	
13	信贷业务发放后，支行信贷人员应在规定的时间做好贷后检查，形成检查记录、检查报告。并按期催缴借款，若贷款到期不能按时归还，及时转入不良贷款，并按不良贷款管理办法进行管理	贷后管理流程	贷款发放	归还贷款 不良资产处理	《贷后检查报告》《到期贷款催收通知书》

（四）国际贸易融资业务审批流程（总行权限）（见图 2 – 33）

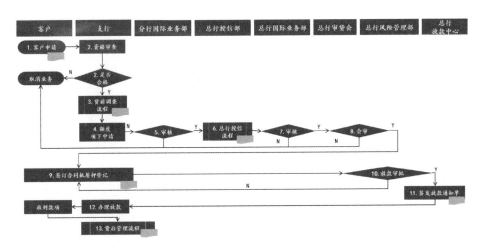

图 2 – 33　国际贸易融资业务审批流程图（总行权限）

流程说明见表 2 – 18。

表 2 – 18　　　　国际贸易融资业务审批流程说明（总行权限）

目标	规范银行国际贸易融资产品的操作流程，提高效率，促进国际贸易融资业务的健康发展，防范国际贸易融资业务风险
范围	本程序适用于银行总行及所辖各分支机构的国际贸易融资业务审批流程过程管理（总行权限内）
流程修订者	国际业务部
流程参与者	客户、支行、分行国际业务部、总行授信部、总行国际业务部、总行审贷会、总行风险管理部
关键控制点说明	国际业务部对国际业务的审查

续表

步骤	工作内容的简要描述	子流程	重要输入	重要输出	相关表单
1	客户与支行接触，提出国际贸易融资申请。客户经理负责业务的受理			客户基本资料、相关信贷需求资料、借款申请书	《申请表》
2	支行客户经理对该笔贸易融资业务进行前期资格审查，审查不合格结束，审查合格进入步骤3		客户基本资料、相关国际贸易融资需求资料、融资申请书		
3	支行客户经理、风险经理进行贷前调查，双签调查报告，风险经理给出风险意见	贷前调查流程	相关国际贸易融资资料	贷前调查报告	《贷前调查评价报告》
4	客户经理就某笔信贷业务向有权审批行提出申请		贷前调查报告、相关信贷资料	业务审批判定	
5	分行国际业务部审核： 1. 对贸易融资项下的国际结算业务进行技术性审查，出示审核意见 2. 对贸易融资业务合规性进行审核。审核不通过返回步骤5，审核通过进入步骤7		国际贸易融资业务申报材料	审核意见	
6	总行授信部对该笔国际贸易融资业务进行信用等级评定和授信额度的确定	总行授信流程	贷前调查报告	授信额度认定申请书	《客户信用评级报告》《客户授信确认书》
7	总行国际业务部对该笔贸易融资业务进行二审，审核不通过结束，审核通过进入步骤8		国际贸易融资业务申报材料	审核意见	
8	总行审贷会对审核通过的贸易融资业务进行会审，会审不通过结束，会审通过进入步骤9		国际贸易融资业务申报材料	上会审批意见	
9	审批通过后，由客户经理、风险经理负责合同登记、抵押物登记等手续，并提交分行风险管理部做放款前审批。支行要确保信贷资料合法、有效和完整		上会审批意见	国际贸易融资合同、相关登记手续	《银行贷款合同书》《抵质押申请书》《抵质押登记协议》
10	收到支行提交的信贷资料后，风险管理部需对支行完善的信贷资料进行放款前审批。如审批通过进入步骤10；对于存在疑义的信贷资料，返回步骤8，由支行落实完善		贷款合同、抵质押登记手续	合规审核	

续表

步骤	工作内容的简要描述	子流程	重要输入	重要输出	相关表单
11	收到风险管理部的通知后，签发放款通知单至支行		审核意见	放款通知单	《放款通知单》
12	支行客户经理持放款通知单及时与本行营业部门办理信贷业务发放手续		放款通知单	发放贷款	
13	信贷业务发放后，支行信贷人员应在规定的时间做好贷后检查，形成检查记录、检查报告。并按期催缴贷款，若贷款到期不能按时归还，及时转入不良贷款，并按不良贷款管理办法进行管理	贷后管理流程	贷款发放	归还贷款 不良资产处理	《贷后检查报告》 《到期贷款催收通知书》

第六节　人资管理主线流程开发案例

一、我国银行人力资源需求

（一）我国银行人力资源的特点

1. 能动性

人有思想、有感情、具有主观能动性，能有意识有目的地进行活动。在我国银行经营中，人是最能动的因素，它的开发培养利用是通过自身活动来完成的，开发得好，就能创造出超过自身价值多倍的效益。

2. 动态性

我国银行人力资源如果不被及时利用、投入或不被定时定位利用，就会随着时间的流逝而降低或丧失作用，人才培养开发若不及时或开发培养出来长期闲置，损失是无法弥补的。

（二）人力资源的重要性

最有价值的投资是对人的投资—1979 年诺奖者西奥多·W. 舒尔茨。

1945 年第二次世界大战结束以后，战败国德国和日本受了很大的创伤。很多人认为，这两个国家的经济恐怕要很久才能恢复到原有的水平。但实际上，大约只用了 15 年，德国和日本的经济就奇迹般地恢复了，而且 20 世纪 60 年代以后，这两个国家继续以强大的发展势头赶超美国、苏联，并最终使经济实力上升为世界第二位和第三位。这其中的原因让许多人迷惑不解，人们开始探究传统经济学的不足。

一般而言，国民财富的增长与土地、资本等要素的耗费应该是同时进行的，但统计资料却显示，第二次世界大战以后，国民财富增长速度远远大于那些要素的耗费速度，这是一个难解之谜。

经济领域中这些难以解释的特殊现象的出现，引起了西方经济理论界的高度重视，经济学家们纷纷提出自己的观点。舒尔茨的人力资本理论就是在这样的背景下应运而生的。他提出了著名的观点：在影响经济发展诸因素中，人的因素是最关键的，经济发展主要取决于人的质量的提高，而不是自然资源的丰瘠或资本的多寡。以此来解释上述的经济领域的疑难问题就很简单了。

舒尔茨认为，人力资本是体现在劳动者身上的一种资本类型，它以劳动者的数量和质量，即劳动者的知识程度、技术水平、工作能力以及健康状况来表示，是这些方面价值的总和。人力资本是通过投资而形成的，像土地、资本等实体性要素一样，在社会生产中具有重要的作用。

（三）人力资本理论的核心观点

人力资源是一切资源中最主要的资源，人力资本理论是经济学的核心问题。

在经济增长中，人力资本的作用大于物质资本的作用。人力资本投资与国民收入成正比，比物质资源增长速度快。

人力资本的核心是提高人口质量，教育投资是人力投资的主要部分。不应当把人力资本的再生产仅仅视为一种消费，而应视同为一种投资，这种投资的经济效益远大于物质投资的经济效益。教育是提高人力资本最基本的手段，所以也可以把人力投资视为教育投资问题。生产力三要素之一的人力资源显然还可以进一步分解为具有不同技术知识程度的人力资源。高技术知识程度的人力带来的产出明显高于技术程度低的人力。

（四）我国银行人力资源的需求

21 世纪什么最贵？人才—《天下无贼》。

我们说：没有资金，可以融通；没有形象，可以重新塑造，没有人才，将一事无成。

中国新一届政府：坚持以人为本的管理思想。

二、我国银行人力资源结构与素质要求

（一）我国银行人力资源结构

1. 早期我国银行的人员构成：单一性、封闭性

从人员的才能和素质来看，主要由价值鉴定商（现在的资产评估师）、保卫人员、贸易专家等组成。

人员构成上是以出资人为核心，主要在血缘、地缘、亲缘关系的基础上加以扩展形成的。

2. 现代我国银行的人员构成：丰富性、开放性

现代我国银行拥有了比较健全的现代金融人才体系，有大批真正懂经营、会管理的管理专家，专门的法律顾问、金融分析师、资产评估师、信息管理人员、证券保险人才（华尔街精英）。

（二）我国银行人员的基本素质

➤品德素质（四无：贿赂、胁迫、欺骗、歧视）

➤智力素质（获取知识、运用知识）

➤心理素质（情商、逆商）

➤知识素质（学历、资历）

➤身体素质

（三）我国银行领导人员素质

➤决策能力

➤组织协调能力

➤领导艺术

➤业务素质

（四）我国银行一般员工素质

➤责任心（以集体利益为重，实现个人利益与集体利益的完美结合）

➤业务能力（专业知识、协调、应变、创造）

三、我国银行的人力资源开发

（一）我国银行的人员培训

1. 新员工培训

银行文化培训（信念、价值观）

银行业务培训（课堂教学、模实习、案例研究等）

2. 在职人员培训（进修、自学、轮岗、锻炼、交流）

（二）我国银行人才开发中的激励机制

1. 激励的分类

精神激励与物质激励

正激励与负激励

外激励与内激励

2. 主要激励方式：奖励、惩罚

四、我国银行人力资源成本管理

（一）我国银行人力资源成本

获取成本、维护成本、开发成本、运用成本

（二）人力资源成本管理的目标

➤我国银行人力资源成本管理的目标是什么？

➤成本管理的具体评价指标应如何设置？

（三）人力资源成本的测定、控制欲评价

➤我国银行人力资源成本的测定（定性与定量）

➤我国银行人力资源成本的控制（全面、全程、全员、全方位。决定因素：经营管理水平、经营规模、范围）

➤ 我国银行人力资源成本的评价（人力资源成本占比）

（四）我国银行人力资源成本优化的标志

➤ 优化人力资源投入
➤ 提高人力资源效益
➤ 实现以人为本的管理思想

五、我国银行团队建设与管理

（一）团队的内涵与外延

➤ 团队的构成要素
目标（为团队成员导航）
人员（构成团队的基础，发挥协同效应）
定位（团队、个人的定位）
权限（带头人与成员的关系）
计划（行动方案）

（二）我国银行团队的类型

➤ 银行管理团队
➤ 银行专业项目团队
➤ 银行工作团队

（三）我国银行团队的建设与发展阶段

➤ 创立期
➤ 动荡期
➤ 稳定期
➤ 高产期
➤ 调整期

（四）实例——民生银行的团队建设

➤ 团队建设是我国银行经营的灵魂 。

> 我国银行开展经营活动是依靠团队进行的，没有人不行，人少了也不行。

> 民生银行是第一家把分行行长送到美国脱产读 MBA 的国内银行。早在 2002 年，就派遣 6 位高级管理人员前往美国西弗吉尼亚大学，接受了为期一年半的工商管理硕士培训。目前在美国沃顿商学院、英国剑桥大学及新加坡、中国香港等地都开办了培训班，着力培养核心团队。据了解，每期大约 80 余人参加学习，每年举办数期。这样，民生 1500 人的核心团队大约两到三年就可以全部轮训一次。

六、核心人才队伍建设流程（见图 2-34）

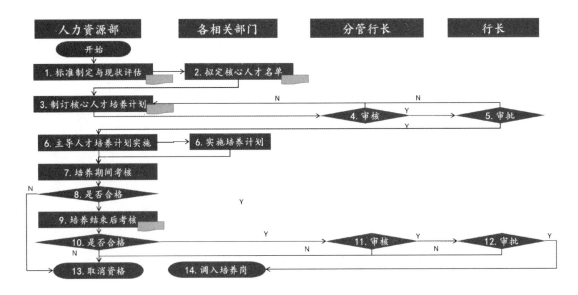

图 2-34　核心人才队伍建设流程图

流程说明见表 2-19。

表 2-19　　　　　　　　　　　　核心人才队伍建设流程说明

目标	规范银行核心人才队伍建设流程，提高效率，促进核心人才队伍建设的快速发展
范围	本程序通用于银行全行核心人才队伍建设的流程管理
流程修订者	人力资源部
流程参与者	全行各相关部门、人力资源部、分管行长、行长
关键控制点说明	人才资源部核心人才队伍建设的计划的制定与培养

续表

步骤	工作内容的简要描述	子流程	重要输入	重要输出	相关表单
1	人力资源部针对目前全行核心人才队伍的建设进行现状评估并制定统一的标准		核心人才队伍建设相关文件	核心人才队伍标准现状评估结果	《核心人才队伍建设现状评估》《核心人才队伍建设规划》
2	各相关部门结合人力资源部出台的标准和文件，拟定本部门的核心人才队伍名单		核心人才队伍建设规划	核心人才队伍名单	《核心人才队伍名单》
3	汇总人才队伍名单，人力资源部制订全行核心人才队伍培养计划		核心人才队伍建设规划 核心人才队伍名单	核心人才培养计划	《核心人才培养计划》
4	人力资源部分管行长对拟定的全行核心人才队伍培养计划进行审核，审核不通过返回步骤3，审核通过进入步骤5		核心人才培养计划	审核意见	
5	行长对该培养计划进行最终审批，审批不通过返回步骤3，审批通过进入步骤6		核心人才培养计划	审核意见	
6	人力资源部主导进行该核心人才队伍培养计划的实施，各相关部门参与配合		核心人才培养计划		
7	对核心人才队伍在培养期间进行考核		核心人才培养	核心人才队伍培养期间考核	
8	培养期间考核不通过进入步骤14，考核通过则继续培养，进入步骤9		核心人才队伍培养期间考核		
9	人力资源部对培养期间考核通过的核心人才，进行培养结束前的最终考核		通过培养期间考核的人才	核心人才考核结果报告	《核心人才考核结果报告》
10	最终考核不通过进入步骤13，考核通过进入步骤11		核心人才考核结果报告		
11	分管行长对最终考核通过的核心人才队伍进行审核，审核不通过进入步骤13，审核通过进入步骤12		核心人才培养计划	审核	

续表

步骤	工作内容的简要描述	子流程	重要输入	重要输出	相关表单
12	行长对通过考核的核心人才队伍进行最终的审批，审批通过进入步骤14		核心人才培养计划	审核	
13	对于培养期间考核不能够通过的人才则取消其作为重点人才进行培养的资格		考核不通过的人才	取消资格	
14	对考核和领导审批通过的人才，则顺利调入培养岗进行进一步的锻炼		考核通过人才	新岗位锻炼	

第七节　信保公司业务流程综合案例

一、业务流程总体建设背景

（一）精细化管理愈发迫切

随着信息化建设的逐步深入，以业务级应用为核心的信息化（如财务信息化、办公信息化等）存在着与其他业务衔接困难、资源重复建设、与业务运营的匹配性不足等各种问题；同时，根据信息化建设的"诺兰六阶段模型"，当前国内外大部分企业信息化已进入企业资源协同与集成阶段，这要求企业一方面从战略高度重新审视现有的信息化建设，切实将信息化与企业的战略运营与生产活动进行紧密结合，防止"两张皮"现象；另一方面，树立以运营流程和数据资产为中心的管理思想，推进端到端流程的打通及跨单位、跨部门的协同，以整合企业内部横向和纵向的资源，支撑企业战略目标的实现。

在管理方式上，业务架构梳理及流程优化力求打破组织边界，将直线职能式的纵向传递为主的模式转化成一种较少层次的扁平组织结构和管理模式。传统的企业业务流程以手工方式为主，以分阶段和串行化业务处理为特点，信息无法连续流动和充分共享，业务流程中存在大量重复录入的数据和一些无效的业务处理环节，业务处理效率低下。而信息系统的流程和信息能够跨越组织和层次界限，连续快速流转。不断改进企业信息系统，能够真正帮助企业实现业务并行处理，彻底消除业务流程的无效环节和劳动，实现业务流程优化的最佳目标。

（二）信息化建设不断深入

目前，企业现有的业务架构在很多方面存在无法适应信息化管理的地方，如果不进行必要的梳理、分析和优化，就无法充分发挥信息系统的作用，甚至会使业务架构变得更加复杂，降低处理效率和速度，产生令人失望的效果。即使现有业务流程运转正常，没有明显与信息化管理相悖的地方，进行业务流程管理也是必要的，因为简单复制手工业务流程的信息系统，其灵活性和可扩展性都比较差，而企业由于市场和政策的变化又无法对组织架构、管理方式或运作模式进行改动，对信息系统也要进行相应的改进。

企业流程管理的各层次均有相对独立的、特定的方法，但层次之间也有着密切的联系。第一，高层的管理目标最终要通过低层的业务活动来实现；第二，当低层的管理解决不了实际问题时，就需要引入高层的管理，如当运作层的调度无法解决资源的配置问题时，就说明分配给该流程的资源数目需要修改，此时需要引入计划层的管理，重新进行资源能力计划的计算；第三，低层的数据为高层的管理决策提供依据，企业的策略管理和战略管理中的模型和参数来自对企业实际经营活动统计数据的积累。因此，从整个企业流程管理的角度来看，有必要将这四个层面上的流程管理统一到一个框架下，并和企业的信息系统联系起来。

从企业信息系统的角度来看，办公自动化系统、事务处理系统和决策支持系统等系统并没有加入流程的因素，只是用来帮助员工更好地完成某些特定的任务。工作流系统的出现使得整个流程的自动流转或自动执行成为可能，但是工作流一般只解决生产流程层的问题，与企业的计划和战略决策还存在一定的脱节。另外，随着企业业务流程向企业外部（供应商和客户）延伸，传统的工作流系统无力解决跨企业的流程集成问题。

缺乏灵活性和可扩展性的信息系统进行改造的代价非常大，甚至会无法完成，从而导致信息系统的失败。因此，企业信息化与业务架构改进及优化是相辅相成、相得益彰的关系，两者的结合才是提升企业管理层次、实现企业目标的根本途径。但与此同时，核心业务运营流程尚未进行梳理，核心业务之间、核心业务与其他业务之间的往来关系尚不明朗，现有业务信息化仍处于粗放式管理阶段，相关业务与信息化的契合程度还有待提高，这些问题的解决需要我们从战略高度进一步审视现有的流程、制度及职责，理清现有的业务关系和数据关系，深化现有核心业务与信息化的结合，不断推进精细化管理，有效支撑集团公司业务发展目标的实现。

（三）企业战略发展的需要

中国出口信用保险公司是由国家出资设立、支持中国对外经济贸易发展与合作、具有独立法人地位的国有政策性保险公司，于 2001 年 12 月 18 日正式挂牌运营，服务网络覆盖全国。产品服务包括中长期出口信用保险、海外投资保险、短期出口信用保险、国内贸易信用保险、与出口信用保险相关的担保、应收账款管理及信息咨询等。

随着该信保公司各类业务的不断发展壮大，外部经营环境日趋复杂化，企业内部业务架构暴露出一些与业务发展目标及经营形势发展不相适应的矛盾和问题，急需对组织、岗位、数据、流程、功能、产品服务等进行梳理，实现对组织、岗位、授权、绩效、制度等管理要素和业务管理、财务管理、风险管理、法律合规、内部控制等管理体系的建模，推进精细化和规范化管理。

该信保公司通过为对外贸易和对外投资合作提供保险等服务，促进对外经济贸易发展，重点支持货物、技术和服务等出口，特别是高科技、附加值大的机电产品等资本性货物出口，促进经济增长、就业与国际收支平衡。主要产品及服务包括：中长期出口信用保险、海外投资保险、短期出口信用保险、国内信用保险、与出口信用保险相关的信用担保和再保险、应收账款管理、商账追收、信息咨询等出口信用保险服务。

该信保公司以"履行政策性职能，服务开放型经济"为己任，积极扩大出口信用保险覆盖面，为我国货物、技术、服务出口，以及海外工程承包、海外投资项目提供全方位风险保障，在支持"一带一路"建设、促进国际产能合作、培育国际经济合作和竞争新优势、推动经济结构优化等方面发挥了不可替代的作用。

该信保公司在信用风险管理领域深耕细作，成立了专门的国别风险研究中心和资信评估中心，资信数据库覆盖 5000 万家中国企业数据、超过一亿家海外企业数据、3.4 万家银行数据，拥有海内外资信信息渠道超过 300 家，资信调查业务覆盖全球所有国别、地区及主要行业。截至 2018 年年末，该信保公司累计支持的国内外贸易和投资规模超过 4 万亿美元，为超过 11 万家企业提供了信用保险及相关服务，累计向企业支付赔款 127.9 亿美元，累计带动 200 多家银行为出口企业融资超过 3.3 万亿元人民币。根据国际伯尔尼协会统计，2015 年以来，该信保公司业务总规模连续在全球同业机构中排名第一。

作为适应经济全球化和我国对外经贸与投资合作发展需要而成立的信用保险机构，该信保公司紧紧围绕服务国家战略目标，努力把公司建设成为功能突出、技术领先、服务优良、治理规范、内控严密、运营安全、具备可持续发展能力、综合实力全球领先的信用保险公司。该信保公司不断开拓创新，超越自我，在推动形成我国全面开放新格局、保障国家经济安全、促进经济增长、就业和国际收支平衡等方面，发挥更加有力的作用。为推动企业战略目标的实现，需要深入推进信息化，通过业务架构梳理，提高信息化建设与业务需求的结合，从而为企业经营发展提供更好的支撑。

二、业务流程总体建设需求

（一）业务流程梳理

全面覆盖该信保公司业务量大、有代表性的主要产品，包括贸易险（综合险、中小企业保单、小微企业信保易、银行保单）、项目险（中长期、海投、租赁险、再融资）、特险、资信评估、担保、再保险等，并在一套流程基础上支撑组织、岗位、授权、绩效、制度等管理要素和业务管理、财务管理、风险管理、法律合规、内部控制等管理体系。

通过业务流程梳理，建立包括流程、组织、数据、服务、功能的五位一体的全局1—3级高阶业务架构视图，输出全局及各业务板块业务能力组件视图、业务组织视图、高阶业务流程架构视图和业务流程清单、业务服务清单、业务流程度量指标清单、数据资产清单、应用支撑需求，并通过 ARIS 企业架构建模工具形成业务架构资产库。

（二）建模规范和管理办法

该信保公司管理体系"孤岛"现象较为严重，对同一活动的管理要求分散在各种自成一体和管理体系文档中，造成管理体系"各自为政"的局面。不同的管理体系，因为管理对象的不同，一般由不同的归口管理部门负责不同体系的运行工作，造成企业体系要求同管理流程两张皮的现象。管理要素无法标准化和流程化管理，业务流程与管理要素无法匹配，流程更没有精细化到岗位，造成部分流程空转或成为摆设。同时在跨部分的业务运转与衔接问题上，存在流程衔接的"扯皮"现象，流程没有找到流程"主人"的问题，尚未理清流程与流程之间的关联关系。

因此，需要借鉴当前已经形成的理赔业务架构规范并逐步统一兼容，建立业务架构建模规范，并形成公司统一的业务架构资产，指导和规范业务架构建模工作。

制订业务架构管理办法，明确业务架构治理的组织、流程和职责，保障公司业务架构运维迭代良好，有效衔接公司业务战略和信息化项目建设。

（三）流程报告及制度

通过梳理相关管理制度和业务流程，分析现有管理制度和业务流程方面存在的问题，并提出优化建议。

三、业务流程总体建设约束

（一）总体原则

（1）先进性：在研究分析企业业务及产品服务基础上，站在战略高度去审视现有的业务架构，结合最新的信息技术方法和工具进行业务架构梳理，以精确展现业务架构现状，明确管理要素。

（2）规范性：业务架构梳理过程中将按照以流程为中心的企业架构建模 ARIS 方法进行梳理、美国生产力与质量中心 APQC 流程分类框架 PCF 方法等标准进行，确保业务架构梳理的标准性和规范性。

（3）全面性：业务架构梳理过程中将从织架构、产品服务、业务数据、业务流程、业务功能等角度全面分析企业业务现状，按照企业架构 TOGAF 方法进行顶层设计，推进信息化与业务的紧密结合。

（4）可操作性：业务架构梳理过程中将借助 ARIS 工具进行建模，通过操作 ARIS 工具设计的业务流程模型，帮助用户更好地理解分析业务流程，使企业对业务架构具有更为清晰的了解。

（5）可控性：业务架构梳理过程中采用的工具、方法和过程要在双方认可的范围之内，服务的进度要符合工期表的安排，保证企业对于评估工作的可控性。

（6）安全性：业务架构梳理过程中将严格遵守企业的安全保密规定，统筹考虑实施人员、用户资料、敏感数据等方面的安全要求，加强日常监督自查，确保项目实施的安全性。

（二）理论方法

1. APQC 流程分类框架 PCF 方法

流程分类框架（Process Classification FrameworkSM，PCF），是由 APQC（美国生产力与质量中心）开发设计的一个通用的公司业务流程模型，是一个通过流程管理与标杆分析，不分行业、规模与地理区域，用来改善流程绩效的公开标准。流程分类框架将运营与管理等流程汇成 12 项企业级流程类别，每个流程类别包含许多流程群组，总计超过 1500 个作业流程与相关作业活动。

流程分类框架开发的目的是创建高水准、通用的公司模型，该模型从跨行业的流程观点来审视其业务活动，而不是从狭窄的业务职能的观点来看待业务活动。目前，很多企业已经开始在实践中使用流程分类框架，以便更好地理解和管理他们的流程，实现跨行业的沟通和信息共享。流程分类框架用一套架构和语汇，来展示主流程与子流程，而不是来展现职能划分。架构中没有列出一些特殊组织中的所有流程。同样，并不是架构中的每个流程都可以在每个组织中找到。

流程分类框架最初是在 1991 年由美国质量管理协会设计为业务流程的分类方法而提出的。此设计流程涉及了 80 个以上的组织，这些组织都有着强烈的兴趣，在美国和全世界推广标杆瞄准。当时他们面临的问题，而且今天仍然存在的主要问题就是：如何能使跨行业的流程标杆标准足够成熟而成为可能？Clearinghouse 的发起成员相信，不依赖于特定行业的通用语汇，就是根据流程进行信息分类，以及帮助公司超越"内部"术语的限制。代表行业和 APQC 的小型团队，在 1992 年早期举行了初始设计会议。同年晚期，APQC 发表了该框架的第一版。很多其他来自不同行业的 Clearinghouse 成员也对本框架的开发做出了贡献。美国生产力与质量中心根据一定的规则不断地对流程分类框架进行提高和改进。也欢迎来自各界的专业人士的评论、改善建议以及从该框架在组织应用所获得的体会。

流程分类框架（PCF）作为高级别的、一般的企业模型或分类法，给众多的企业进行流程管理提供了指导，重点在企业流程"完备性"提供了一整套完整的框架模型，鼓励企业从跨越产业流程的视角而不是狭隘的功能视角来审视企业行为，可帮助企业高层管理人员从流程角度通览企业，从水平流程视角来理解各项业务和管理，而不是垂直职能视角。PCF 支持企业从通用参考版本出发，与实际情况进行比照，快速形成一份企业自己的流程式花名册。PCF 为不同行业、不同企业提供了沟通流程的通用语言，流程清单可把各行业、各企业的管理模式从繁杂的专业术语中突围出来，清晰简洁地呈现不同企业的流程异同，为跨行业、跨企业的管理经验交流提供很大的方便。

APQC 的流程分类框架（PCF）包括流程类别（Category）、流程群组（Process Group）、作业流程（Process）、作业活动（Activity），其中流程类别为第一层级，是流程分类框架中最高阶的分类项目，由整数标示；流程群组是第二层级，隶属于流程类别下的特定流程领域，以第一个小数点后的数字为编码方式；作业流程是第三层级，编码中具有两个小数点的所有项目，属于一般标准作业流程；作业活动是第四层级，其编码中具有三个小数点的项目，是组成作业流程的一系列相关活动。

2. PERA 体系架构建模方法

PERA 是美国普渡大学（Purdue University, Indiana, American）应用工业控制实验室的 T. J. Williams 教授于 1992 提出的企业参考结构。它将任务视为企业功能分解的最底层，强调基于任务的建模思想。功能视图和实施视图是 PERA 体系结构用来描述企业过程的工具。

PERA 体系结构覆盖了 CIMS 项目从明确概念经过功能分析、功能设计说明、详细设计、构造和安装、实际运行直到最后因过时而淘汰的整个生命周期过程，它还考虑了对人的行为活动的建模，这是 PERA 体系结构区别于与其他模型的两个重要特征。作为一种非形式化描述方法，PERA 容易被没有计算机相关知识的用户理解。PERA 的方法论较为文档化，其方法论对集成项目计划阶段的讨论是完备的。其不足之处在于：由于描述的非形式化，PERA 的可执行性非常差；PERA 缺乏对体系结构进行计算机建模所需的数学建模技术；没有支持建模的工具，不能进行仿真优化和冲突检验等。

3. 企业架构顶层设计 TOGAF 方法

项目遵循国际通行的企业架构顶层设计 TOGAF（开放组体系结构框架）方法，而 TOGAF 是一个行业标准的体系架构框架，它能被任何希望开发一个信息系统体系架构在组织内部使用的组织自由使用。架构设计的目的是为了解决业务复杂度带来的问题，识别出实际业务实际情况的复杂点，然后有针对性的解决问题，做到有的放矢，而非贪大求全。

TOGAF 分为企业架构域、架构开发模型、企业连续三大支柱，其中企业架构域分为业务架构（定义业务战略和组织，关键业务流程及治理和标准）、应用架构、数据架构和技术架构。Open Group 将 TOGAF 定义为"企业架构的全球标准"。该框架旨在通过四个目标帮助企业组织和解决所有关键业务需求：

（1）确保从关键利益相关方到团队成员的所有用户都使用相同的语言。这有助于每个人以相同的方式理解框架、内容和目标，并让整个企业在同一页面上打破任何沟通障碍。

（2）避免被"锁定"到企业架构的专有解决方案。

（3）节省时间和金钱，更有效地利用资源。

（4）实现可观的投资回报（ROI）。

企业架构设计应遵循简单、演化、合适的原则，按照 ADM 方法基于 TOGAF 理论进行架构设计，ADM 方法是由一组按照架构领域的架构开发顺序而排列成一个环的多个阶段所构成，分为准备、需求管理、架构愿景、业务架构、应用架构、数据架构、运营架构、解决方案、迁移规划、实施治理、架构变更管理等阶段开展设计工作，每个阶段都需要根据原始业务需求对设计结果进行确认，使各互联网智库平台能真正有效的管理业务流程，保证出版社战略意图的落实；避免业务壁垒和信息孤岛，保证跨部门信息的一致和准确，同时也降低了智库平台的实施风险（见图 2-35）。

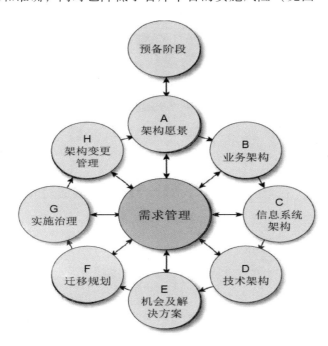

图 2-35　基于 Togaf 的 ADM 方法

在 TOGAF ADM 方法中，业务架构定义了软件的业务能力，从概念层面帮助开发人员理解系统。在业务架构中，动态的内容包括业务流程、节点、输入输出，静态的内容包括业务域、业务模块、单据模型等。业务架构设计时应重点考虑业务平台化、核心业务与非核心业务分离、区分主流程和辅流程、隔离不同类型的业务四条原则（见图 2-36）。业务架构设计应该在架构准备阶段完成，主要根据用户的需求，从业务概念的角度描述系统，帮助平台实施人员理解系统。

4. ARIS 建模方法

企业流程建模是一个通用的术语，它涉及一组活动、方法和工具，它们被用来建立描述企业不同侧面的业务模型，即企业流程建模是根据企业的知识、AS-IS 业务模型、企业参考模型、业务领域等流程元素等语言建立全部或部分企业模型（过程模型、数据模型、资源模型等）的一个过程。简单地说，企业流程建模是人们为了了解企业，通过流程分类建模的方法对企业的某个流程或者某些方面进行的描述。企业建模工具为企业和软件开发商提供了前所未有的高效率系统开发平台。企业建模直接从

1. 业务平台化
●业务平台化, 相互独立。如账务平台、交易平台、用户平台、仓储平台、物流平台、支付平台等;
●基础业务下沉, 可复用。如账务、订单、用户、商品、类目、促销、时效等。

2. 核心业务与非核心业务分离
核心业务精简, 利于稳定, 非核心业务多样化。如主交易服务、通用交易服务。

3. 区分主流程和辅流程
分清哪些是业务主流程。运行时, 优先保证主流程的顺利完成, 辅流程可以采取后台异步的方式, 避免辅流程的失败导致主流程的回滚。如支付订单处理过程中, 同步更新支付订单状态、更新资金账户、更新积分账户、异步会计记账处理、商户通知。

4. 隔离不同类型的业务
●交易业务是签订买家和卖家之间的交易合同, 需要优先保证高可用性, 让用户能快速下单。
●履约业务对可用性没有太高要求, 可以优先保证一致性。
●秒杀业务对高并发要求很高, 应该与普通业务隔离。

图 2-36 业务架构设计的原则

管理和业务出发, 通过模型驱动来构建和集成各类 IT 系统, 从根本上提升软件的开发、实施和维护效率, 真正实现企业信息化过程中的用户参与、快速开发、快速应用、灵活调整, 从而大幅度提升管理系统实施和应用的成功率及投入产出比。

集成信息系统体系结构是德国萨尔大学的 A. W. Scheer 教授提出的一种基于过程的模型结构。ARIS 体系结构模型描述了企业的组织视图、数据视图、过程/功能视图和资源视图。ARIS 区别于其他体系结构的重要特征是: 四个视图的发展相对独立, 通过控制视图来描述四个视图的关系。资源视图仅用于描述信息技术设备, 根据组织、数据和功能视图与信息技术的结合程度, 在实际建模过程中, 作为独立描述对象的资源视图被生命周期模型取代。可以从以下四个角度认识 ARIS 建模方法。

(1) ARIS 是一个体系架构: 基于企业经营流程全面分析与重构的信息系统集成架构。

(2) ARIS 是一套方法论: 以业务流程为导向的建模理念提供了一套如何定位关键问题, 并指导业务流程评估和集成的方法。

(3) ARIS 是一系列模型: 通过这些模型, 可以描述、理解和改进企业现状, 以达到提高企业效益与效率的目标。

(4) ARIS 是一套流程建模软件: 包含了业务流程设计和 SAP 系统集成、流程发布、流程模拟等功能。ARISToolset、ARISEasy、ARISformySAP、ARISsimulation、ARISPublisher 是 ARIS 软件的组件。

ARIS 体系结构是基于信息集成思想的, 这种思想来源于对业务过程的整体分析。ARIS 建模的核心思想就是多视图、多层次、多关联、全生命周期地描述企业管理的各个方面，为多种描述方法之间的自动转换和联合分析提供基础。在 ARIS 体系结构中共包含五个视图：流程视图、功能视图、数据视图、组织视图和产品/服务视图。

ARIS 建模方法是面向流程结构的建模方法，集成了众多卓越的理念和方法，可帮助企业完成各阶段的流程梳理工作，其体系结构模型描述了企业的组织视图、数据视图、流程视图、功能视图和产品及服务视图，然后由这五个视图组成一个形状如"房子"的房式结构，这五个视图既相互独立，又相互关联，形成一个闭环结构。同时，ARIS 又是一个结构化的流程体系，在流程的周围构建了组织、数据、功能、产品及服务几大视图，在具体设计时业务人员可通过制订业务框架，对业务流程进行分层分级的梳理，再基于各种管理体系和管理要素构建形成完整的企业流程架构。在流程设计时，只需要将各种业务要素从这些视图中调用及拼装即可，这不仅减少描述问题的复杂性及冗余，还为将来实施基于 Web 方式的分布式协同建模提供了基础，通过控制视图描述的规则来统一模型的一致性和相关性。

ARIS 建模方法通过建立一个统一的管理模型来构建企业的管理体系，管理者的主要工作是将管理思路在此模型中加以体现和显性化，这是一个全面梳理管理思路的过程，而且可以持续进行，而管理文档的出具则交由 ARIS 系统来完成。ARIS 特有的房式结构将企业的管理体系细化成由岗位、表单、系统、角色、权限、术语、活动、服务、绩效等众多管理要素构成的综合体。ARIS 房式结构就是要求首先实现这些管理要素的标准化，然后再由这些"标准组件"来搭建企业的整体管理模型，并最终输出相应的流程。

ARIS 建模方法提供灵活的业务架构模型，可通过对业务架构模型及相关的关联信息进行调整，实现整个管理体系模型的修正，并同步修正基于此模型生成的流程，降低了因流程架构调整而引起的操作不便、工作效率低下等问题。流程中输出的基于每个岗位的《岗位手册》也可以成为《岗位操作说明书》，《岗位手册》中明确了本岗位的员工相关的所有业务流程和活动以及与这些活动相关的所有工作要求。这些工作要求可能来自不同管理主题，而且会随着相关管理主题的管理要求的变化而同步变化，这从根本上解除了日益复杂的管理体系给执行者造成的无所适从的困境，为员工执行这些管理要求提供了便捷性。

（三）流程架构总体设计

遵循国际通行的企业架构顶层设计 TOGAF 方法、以流程为中心的企业架构 ARIS 建模方法（见图 2-37）、美国生产力与质量中心 APQC 流程分类框架 PCF 方法等标准，形成业务架构设计的核心方法。

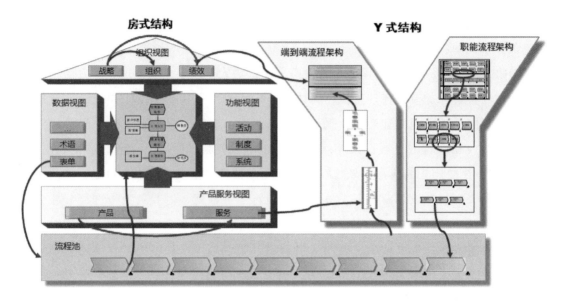

图 2 – 37 ARIS 流程架构建模方法

（1）以 ARIS 方法为基础，开展重点部门需求调研，按照房式关系模型对管理体系、管理要素进行建模，开展部门业务流程架构梳理，推进共性和差异性流程整合，建立业务组织、业务功能、业务数据、产品服务、业务流程框架结构，实现标准化和精细化管理。

（2）企业将业务架构建模标准、管理办法等下发给各业务部门，各业务部门按 Y 式关系模型对业务流程架构进行建模，梳理各管理域下子流程及末级流程，以组织架构为重点通过共性和差异性流程整合、业务绩效管理、产品服务等要求构建端到端的流程架构，基于组织架构生成基于组织架构的企业业务流程架构。

（四）工作步骤

以业务部门为主导、IT 部门为支撑、咨询公司为协助，按照端到端贯通的价值链思想，梳理和分析核心业务流程，形成公司全局业务架构视图、业务架构治理工作机制和制度规范，建立涵盖公司各部门熟悉和掌握业务架构管理方法和工具的人才队伍，发挥业务架构作为公司业务战略和信息化工作的桥梁和纽带作用。

按照业务架构梳理方法开展工作，基于 PDCA、APQC 流程建模方法，从公司整体战略出发，分析公司现有的规章制度、战略规划目标、企业远景蓝图等文件，以用户需求为输入，通过现场访谈、问卷调研等多种方式，获取相关业务现状信息，按照业务架构设计方法，对业务流程进行梳理，明确业务流程、组织、输入输出等相关信息，通过流程顶层架构设计、业务梳理、流程/制度分析等实现全过程管理，形成 L1—L3

级流程模型展示及端到端业务流程。

（1）前期准备。组建跨部门的项目团队，包括项目领导人员和项目执行成员，明确职责分工和时间节点，为后续开展业务流程梳理项目工作做好基础准备工作。

（2）全业务分析。从企业战略目标出发，通过业务目标分解形成各管理领域业务目标及逻辑关系的总览，是承接公司目标实现，业务清晰划分，资源有效利用的指导原则，也是构建流程框架的基础。一是业务现状调查。全面调查分析相关各业务领域的业务目标、目标实现情况、工作重点、考核指标、管理接口、重要风险及应对措施，历年出现过的重大问题，风险事件等一手信息，重点采取问卷和访谈相结合的方式，对目标业务开展深入调研。二是分解业务目标。从业务战略目标出发，自上而下将战略目标分解为各业务目标，再将各业务目标细化至相关的管理子领域，形成业务领域全息视图。

（3）业务现状梳理。业务架构是对企业全部业务分类和分级的结构化反映，重点反映支撑各项业务发展的基本能力和价值创造过程。制订业务架构建模标准和管理办法，各部门依据业务架构建模标准梳理组织、流程、数据、产品服务、功能等内容。

（4）业务流程梳理。按照 Y 式结构模型对业务流程架构进行建模，实现各管理域下子流程、末级流程梳理工作。一是绘制业务流程。基于实际业务及确定的业务架构，参考业务全息分析、管理职责、文件规定，结合业务流程优化方面的考虑，规范经营管理行为，建立和完善业务管理程序。二是绘制业务流程图。按照流程绘制规范利用业务流程信息系统或其他工具绘制业务流程图。

（5）关键指标设计。关键指标作为衡量目标实现偏离度的手段，反映企业运营过程中需要借助指标分析工作进行进度控制的重要风险点和重点环节，包括风险预警和流程绩效两类指标。参考现行的业务指标，参考各领域权威指标库，采用 SMART 原则，设计关键指标。

（6）构建业务架构。通过梳理的端到端的流程，构建组织视图、数据视图、功能视图、流程视图及服务视图，识别支撑业务目标实现的各种能力要素的分类，依据业务逻辑理清能力要素之间的层次关系，形成业务架构。

（7）业务架构优化。一是规划业务流程。从业务架构的角度，评估分析现有业务流程体系的完整性、合理性，规划和完善业务流程，调整补充现有流程体系，形成总体业务流程目录。二是评估重要业务流程。根据重要业务流程评估模板，从客户相关度、战略相关度、整体绩效相关度、流程横向跨度四个维度对业务流程的重要性进行评析，并结合企业的发展阶段和年度工作重心、重要风险等因素的考虑，确定重要业务流程，形成业务架构优化及风险管控的划分重点。

（五）项目范围

按照该信保公司招标需求，本项目的实施范围包括：

1. 梳理建立包括流程、组织、数据、服务、功能的五位一体的全局 1—3 级高阶业务架构视图

输出全局及各业务板块业务能力组件视图、业务组织视图、高阶业务流程架构视图和业务流程清单、业务服务清单、业务流程度量指标清单、数据资产清单、应用支撑需求，并通过 ARIS 企业架构建模工具形成业务架构资产库。

全面覆盖公司业务量大、有代表性的主要产品，包括贸易险（综合险、中小企业保单、小微企业信保易、银行保单）、项目险（中长期、海投、租赁险、再融资）、特险、资信评估、担保、再保险等，并在一套流程基础上支撑组织、岗位、授权、绩效、制度等管理要素和业务管理、财务管理、风险管理、法律合规、内部控制等管理体系。

2. 形成业务架构建模规范和管理办法

业务架构建模规范应借鉴当前已经形成的理赔业务架构规范并逐步统一兼容，形成公司统一的业务架构资产。

业务架构管理办法应明确业务架构治理的组织、流程和职责，保障公司业务架构运维迭代良好，有效衔接业务战略和信息化建设。

3. 形成制度和流程分析报告

通过梳理制度和流程，分析制度和流程方面存在的问题，并提出优化建议。

四、业务流程总体实施规范

（一）实施方法

1. 实施策略

（1）运用自底而上的业务流程架构梳理方法。自底而上的业务流程架构构建是指从满足岗位、人员的信息化需求出发，以组织架构为基础梳理业务流程，向上构建业务模型，直至满足整个企业的信息化需求。采取这种策略的目的是使得业务流程建模真正为企业量体定做，最终帮助信息化项目落地实施，实现全面业务覆盖和全程业务管理。

（2）基于组织架构的业务流程架构生成。以组织架构为基础，开展重点部门调研、业务目标分解、部门业务流程梳理、共性与差异性流程整合，逐步构建部门级业

务流程架构，并基于组织架构构建数据视图、流程视图、功能视图、组织视图、产品服务视图，生成企业业务流程架构。

（3）分阶段、分步骤和持续地业务流程改进。随着企业经营生产的不断发展和外部形势的不断变化，企业在发展过程中每个阶段的重点不尽相同，这要求企业分阶段分步骤和持续推进业务流程梳理和分析，并结合企业目标进行业务流程改进和优化，并对改进后的业务流程进行再优化，企业经营发展的每个阶段包含多个有明确目标和输出的步骤，各个阶段和步骤之间既界限明确，又相互衔接，形成了业务流程持续优化改进的闭环。

2. 实施方法

基于 ARIS 架构建模方法，将业务架构梳理优化分为三个阶段，以便使项目实施能迅速且有效达到目标。

（1）需求定义阶段：包括企业调研和业务调研，企业调研是对该信保公司管理层调研和相关信息收集，深入了解企业战略愿景，业务调研是了解目前企业状况，特别是业务流程和管理流程，了解现阶段流程中存在的问题。

（2）设计说明阶段：该阶段进行业务的梳理，阐明企业组织架构的设计、岗位业务梳理、业务流程梳理以及组织架构、岗位、数据和应用系统的梳理过程及结果。

（3）实施描述阶段：包括业务流程建模、模型评估、蓝图输出，全局及各业务板块业务能力组件视图、业务流程清单、高阶业务流程架构视图、业务组织视图、应用支撑需求等，并交付用户确认。

（二）需求定义

1. 调研准备

（1）成立联合工作组。识别与项目工作相关的组织与人员，确定项目关键干系人。成立联合项目工作组，甲乙双方项目经理协同领导并推进项目，定期向主管领导汇报项目工作。联合工作组下设访谈调研组、标准制定组、综合评价组等，前期需明确各项目各角色的工作职责，明确配置的相关人员，保证分工明确、职责清晰。

（2）制订工作计划。按照项目前期准备情况划分项目阶段，分解工作任务到角色、人员，明确任务约束条件、任务开始结束日期、里程碑任务节点。每周或双周对工作任务执行情况进行跟踪，并对工作计划滚动调整。

（3）制定调研大纲。制定《全局业务架构梳理优化咨询项目调研大纲》，明确调研目的、调研方式（现场访谈、问卷调查等）、调研对象、调研内容、具体步骤，并明确资料收集需求。

（4）制订调研计划。调研计划包括调研单位、部门、业务职能、访谈对象、内容、时间、地点、人员等，应涉及企业各部门及业务的各环节，调研内容的重点应放在现行组织架构、岗位角色的工作内容和工作职责、程序文件（标准工作程序、作业手册等）、应用系统环境、业务改善建议和信息化需求、每项业务的相关数据、各岗位角色的相互关系等，需对各部门的调研工作进行日程安排，以便相关部门安排人员并准备材料。

2. 调研工作

围绕项目需求，制定访谈大纲，通过现场访谈等方式，为本项目提供理论依据和建模业务流程时所需的基础信息。

（1）调研方式。调研方式采用现场访谈、问卷调查等方式开展，选择各部门业务人员、IT相关人员进行。通过对各部门进行调研访谈，了解当前业务运行情况、业务发展目标、工作流程、规章制度、岗位职责等信息，了解业务及IT人员的需求愿景，找到业务架构优化和改进的方向和发力点，以便后续信息化建设更好地满足业务发展的需要。

（2）工作内容。工作内容包括企业调研、业务现状调研、问调研等方面，获取组织、流程、数据等关键信息。

① 企业调研：管理层访谈调研及企业战略、经营理念、发展目标、管理制度、业务或产品介绍、机构架构、员工人数及人事组织、标准化、经营过程中的瓶颈等相关信息收集，深入了解企业，并由企业背景导出企业需求愿景。

② 业务调研：对部门主管、业务人员进行访谈，分析企业实际业务流程，了解目前企业的运作状况，特别是业务流程和管理流程，寻找业务需求与流程现状的差距，为业务流程梳理做准备。

③ 信息化调研：了解IT系统设计开发、部署实施、运维等现状，了解企业组织架构设置及人员队伍情况，了解数据治理情况。

（3）工作步骤：

①调研内容分析。根据前期对本项目目标和交付成果的要求，以及调研所涉及的数据采集，提出明晰的本项目调研方法，并就调研方案形成书面建议稿。通过讨论使各参与方与有关人员能统一理解、形成共识，并指导本项目调研后续工作展开。

②调研工具。编制调研工具就是针对各部门设计调研内容，通过调研提纲呈现。通过调研获取涉及多个业务管理域的组织信息、流程信息、数据信息。

③业务调研。对重点业务部门的岗位职责、管理制度、工作流程、人员分工、日常数据、信息系统等进行调研，调研过程着重提出问题并做好记录，收集相关资料文

档以确定企业的实际运行情况，及时掌握调研重点完成情况以及所需信息的获取情况，调研结束后应检验调研信息的完整性，获取业务流程运行、业务流程集成、业务应用需求等信息，以评估业务断点、端到端的集成、信息孤岛等问题，为未来梳理组织、流程、数据等提供有效支撑。

④ 资料收集。收集该信保公司重点部门、重点业务活动相关技术资料，包括企业战略、组织架构、信息系统建设、管理制度、岗位职责、人员分工、业务流程等相关资料等，作为访谈调研的有益补充。在项目实施过程中，需要对此类文档进行评审，以判断在业务管理和信息化方面的状态，为后续评估做准备。

（三）设计说明

1. 业务架构梳理

业务架构梳理是为了更好的解决企业业务问题，加快企业工作效率、降低企业成本。系统化的流程梳理以便能系统地、本质地、概括地把握企业的功能结构，可采用职能域—业务过程—业务活动的关系来梳理业务，构建业务模型。其中，职能域是对企业中的一些主要业务活动领域的抽象，而不是现有机构部门的照搬，每个职能域都含有若干个业务过程，每个业务过程都含有若干个业务活动，它们是基本的、不能再分解的业务单元。业务模型的建立，需要业务人员与 IT 人员达成共识，需要一定的理论指导和反复讨论，在进行了业务梳理和业务模型的建立之后，才能进一步进行可行性分析与功能模型分析。

分析该信保公司内的组织及成员，确定详细分类和编组情况，以了解企业组织的成员和制度。根据每个岗位的标准、规范及工作手册等，梳理各组织内各岗位或人员的主要工作内容，并明确各主要工作的输入输出数据等，为每个岗位或人员形成一份岗位业务梳理表（见图 2 - 38）。

2. 业务流程梳理

业务梳理是为企业现状把脉，同时规划企业未来的流程框架。流程梳理也是流程分析，是流程优化和流程管理的基础和前提。流程分析从战略开始，从企业目标开始，到企业组织架构梳理、岗位优化，再到流程结构分析、流程活动分析，然后进行流程优化设计。流程是战略实现的管道。企业战略确定之后，就会进行目标分解和任务分配。将目标分解到各个部门、将工作任务划分到岗位的过程就是流程，各岗位相互配合完成任务的过程也是流程。

业务流程贯穿在业务架构中，通过对业务流程的分解，形成企业流程地图（第一层级），流程域（第二层级），流程组件描述（第三层级）。再通过对流程架构作用的

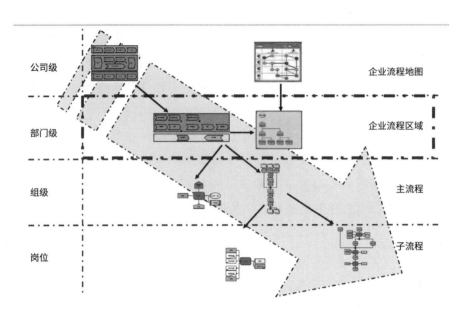

公司级 企业流程地图

部门级 企业流程区域

组级 主流程

岗位 子流程

图 2 - 38　业务梳理过程

划分，包括"处理、管理、支撑"，实现创建"流程树"的过程，最终形成流程模型的基础。

业务流程是有层次的，这种层次体现在由上至下、由整体到部分、由宏观到微观、由抽象到具体的逻辑关系。先建立主要业务流程的总体运行过程，然后对其中的每项活动进行细化，落实到各个部门的业务过程，建立相对独立的子业务流程以及为其服务的辅助业务流程。业务流程之间的层次关系一定程度上也反映了企业部门之间的层次关系。不同层级的部门有着对业务流程不同的分级管理权限。决策层、管理者、使用者可以清晰地查看到属于每个 Key – User 的业务流程。

业务流程之间的层次关系反应业务建模由总体到部分、由宏观到微观的逻辑关系，这样一个层次关系也符合企业的思维习惯，有利于企业业务模型的建立。一般来说，我们可以先建立主要业务流程的总体运行过程，然后对其中的每项活动进行细化，建立相对独立的子业务流程以及为其服务的辅助业务流程。业务流程之间的层次关系一定程度上也反映了企业部门之间的协作关系。为了使所建立的业务流程能够更顺畅地运行，业务流程的改进与企业组织结构的优化是一个相互制约、相互促进的过程。

企业不同的业务流程之间以及构成总体的业务流程的各个子流程之间往往存在着形式多样的合作关系。一个业务流程可以为其他的一个或多个并行的业务流程服务，也可能以其他的业务流程的执行为前提。可能某个业务流程是必须经过的，也可能在特定条件下是不必经过的。在组织结构上，同级的多个部门往往会构成业务流程上的合作关系。

（1）部门级业务流程梳理。该信保公司将岗位业务梳理表中的业务优化组合为一个个的业务流程，并分发到人事、财务、行政等相关功能域，在此过程中每个流程应只包含岗位业务中相关业务，如果业务没有出现在表中，应征询用户的意见，再做处理。

依照 ARIS 建模标准进行流程定义，将各模块的业务流程分别编号，登记一个流程清单。最后为每个确定的流程设计一份流程文档，该流程文档由流程图及流程说明组成。流程图包括流程名称、流程步骤、连接关系以及执行每个步骤的组织机构、岗位、输入和输出数据，与其他流程的接口，流程中用到的信息系统等。流程说明应包括业务流程名称、使用业务情况、流程操作要点、报表及接口关注点和其他业务关注点等内容。业务流程文档在交由用户确认通过后，继续执行下一步的业务流程梳理工作。

（2）流程绩效。与传统的部门或者个人岗位划分绩效的方式不同，流程绩效评估体系将各个绩效指标放在了流程节点上，这种管理方式加强了流程上的各个节点的业务人员的协作，业务人员不会再只顾及自己个人的绩效，而是会关心整个流程的绩效。通过企业采用关键绩效指标法衡量评估业务流程绩效情况。即通过对组织内部流程的输入、输出的关键参数进行设置、取样、计算、分析，借以衡量流程绩效的一种目标式量化管理指标，是企业绩效管理的基础。

KPI 是衡量流程运行情况的准则和指挥棒，KPI 的设计将直接影响流程的执行效果，所以在流程监控及绩效评估过程中都将各自的监控效果返回到质量策略管理中的监控及优化中来，进行 KPI 考评及效果的分析工作，分析时需要对考评数据进行分析，形成考评分析报告，考评分析报告经过审批后归档并作为优化 KPI 体系的主要依据；之后在优化 KPI 考评体系时，需要对考评分析报告进行再分析，形成考评优化建议书，来对考评体系进行循环优化。

根据企业的战略目标，利用头脑风暴法、鱼骨分析法等方法找出企业的业务重点，然后再梳理这些关键业务领域的关键业绩指标，各部门依据企业级 KPI 建立部门级 KPI，并对相应的部门级 KPI 进行分解，确定相关的要素目标，分析绩效驱动因数（如技术、组织、人等），确定实现目标的工作流程，分解出各部门级的 KPI，以便确定评价指标体系。针对部门级 KPI，各部门再将 KPI 进一步细分，分解为更细的 KPI 及各职位的业绩衡量指标，建立业绩衡量指标清单表，并按照岗位职责要求将业绩衡量指标分配给员工，作为考核的要素和依据。

3. 流程梳理

流程梳理是构成该信保公司相关业务的功能模块，可划分为战略层、管控层和执行层三部分。

（1）战略层业务流程：应具备有效的战略规划编制和调控能力，制定、发布及变更战略规划的流程和作业规则，及时、准确地获取相关战略指标的动态统计数据，战略指标数据应能明确指向具体部门或具体业务组件，根据设置的危机监控标准，及时触发决策机制的系统反应能力。

（2）管理层业务流程：应以提升管控层控制业务过程的能力以及提高管控层和执行层及战略层之间的信息沟通能力为主线进行设计，应针对典型业务的企业战略具备明确的计划编制、监督实施等作业标准，有效掌控典型业务的过程状态，实时有效评价员工对于关键作业节点的执行力，掌握员工对于重点业务及管理改进目标的知识贡献度的不同，具备实时采集、分析和上报承担的企业战略指标信息的机制。

（3）执行层业务流程：是实现业务目标的骨干部分，组件的设置应有利于实现所属典型业务的目标，以最少的资源投入来确保业务目标的实现，应确保实现业务的目标和效率，消除业务过程失控的危险因素，实施采集、统计和发布业务状态数据，推进业务组件之间的协同顺畅。

在具体设计时，应从企业高端流程分析入手，参考ARIS房式结构及"Y"式结构等模型，分析高阶业务流程，将流程分解到大的较为独立的阶段，这些阶段可以形成关键的功能域，在大的阶段中又有粗粒度的业务子流程或活动，即可被抽象为业务组件（应覆盖当前分析的业务域的所有业务活动），业务组件的梳理包括模块内的梳理和模块间的梳理。

（1）模块内的梳理：列出每个模块业务流程图中涉及的业务组件，经过规范化和去冗余后，得到模块业务组件初始表。对于需要多个组件协同处理的业务，经过整理和去冗余后，汇总并排序后形成业务组件明细表。

（2）模块间组织机构的汇总：模块间组织机构的汇总由基准模块的选取、其他模块组织机构的确定和汇总形成业务组件表三步组成。

①基准模块的选取：在汇总业务组件时，该基准模块的业务组件全部采用，并定义为创建，其他模块只采用自己模块中存在而基准模块不存在的内容。基准模块应包含比其他模块更多的业务组件，而且涉及其他模块的业务组件较多。

②其他模块业务组件的确定：以基准模块为基准，筛选要采用的非基准模块的业务组件。对于非基准模块间存在的重复业务组件，定义其中任一一个模块的业务组件为创建，另一个模块的相同业务组件为引用，并标明引用模块。

③汇总形成业务组件表：将整理好的各模块的业务组件内容合并到一起，排好序后形成业务组件表，该表应包含"业务组件""创建/引用"等内容。

通过业务组件视图很容易看出业务系统的核心业务能力。通过流程对业务组件之间的关系和交互进一步分析，会发现为了完成一个完整的端到端流程业务组件之间必须有接口进行业务和数据的交互，而这些交互正是我们需要识别为服务的关键点，业务组件不是孤立的而是共同组装来完成流程的整合，而为了达到这个目的业务组件必须提供相应的服务能力。

4. 组织机构梳理

传统的以专业化分工为基础的职能型组织结构，容易产生部门只关注局部效率，这需要企业从根本上打破职能层级体制的界限，建立起一套以客户需求为出发点，以流程作为核心的扁平化的组织架构，有效保证并提高企业各项产出的质量和效率，从而在根本上建立起全面提升员工创新能力和工作责任心的激励机制，提高员工工作积极性，使企业整体绩效得到提升，并增强企业的市场竞争力。完整的流程梳理包括部门（主管部门及参与部门）及岗位职责梳理、流程依据的管理制度及工作标准和体系文件、业务流程图绘制、流程及子流程说明、报表及表单整理，并以专业的知识发现现有业务流程中存在的问题，提出流程改进及优化的建议与措施。

目前，企业的组织结构一般为以职能为导向的直线型的组织结构，这种组织结构在企业管理中有其优势，如结构比较简单，责任与权限明确等，但也存在部门之间难以协同等问题。而 ARIS 强调的是流程性的组织结构，先画出企业的流程，岗位的设置则根据流程节点来确定，最后根据岗位划分部分，这种流程式的组织结构弥补了直线型组织结构的缺点。基于 ARIS 的业务组织模型是组织结构的静态模型，主要涉及层次组织结构的人员资源、生产资源（如设备、运输等）以及计算机、通信网络结构等。

组织是业务架构中的能力体现，通过对组织结构的划分，将组织能力在业务架构中与业务流程和产品服务形成"三维"视图关系。组织机构的梳理包括模块内组织机构的梳理与模块间组织机构的汇总。

（1）模块内组织机构的梳理：列出每个模块业务流程图中涉及的组织机构，经过规范化和去冗余后，得到模块组织机构初始表。对于需要多个部门协同处理的业务，定义一个虚拟部门，并将涉及的部门列出，经过整理和去冗余后，形成模块组织机构明细表。将组织机构明细表中的虚拟部门与前述模块组织机构初始表中的组织架构汇总并排序后放到一个模块组织机构表中。

（2）模块间组织机构的汇总：模块间组织机构的汇总由基准模块的选取、其他模块组织机构的确定和汇总形成组织机构表构成。

① 基准模块的选取：在汇总组织机构时，该基准模块的组织机构全部采用，并定

义为创建，其他模块只采用自己模块中存在而基准模块不存在的内容。基准模块应包含比其他模块更多的组织机构，而且涉及其他模块的组织机构较多。

② 其他模块组织机构的确定：以基准模块为基准，筛选要采用的非基准模块的组织机构。对于非基准模块间存在的重复组织机构，定义其中任一一个模块的组织机构为创建，另一个模块的相同组织机构为引用，并标明引用模块。

③ 汇总形成组织机构表：将整理好的各模块的每部分内容合并到一起，排好序后形成组织机构表，该表应包含"组织机构""是否虚拟部门"和"创建/引用"三项内容。

5. 业务岗位梳理

岗位界定并非简单地来自对职位任职者现行工作活动的归纳和概括，而是对基于组织战略的职位目的进行的界定。通过战略分解得到职责的具体内容，通过流程分析来界定相关岗位的角色权限。第一，应根据组织的战略目标和部门的职能定位，确定岗位目的，说明岗位的总体目标；第二，应分解关键领域，通过鱼骨法等方法对岗位目的的分解得到该岗位的关键成果领域；第三，应确定职责目标，即以结果为导向，确定该关键领域中必须取得的成果或达到的目标，明确岗位在流程中所扮演的角色，在确定责任时，岗位责任点应根据信息在具体流程活动的输入输出而确定。岗位的梳理包括模块内岗位的梳理和模块间岗位的汇总两部分。

（1）模块内岗位的梳理：列出每个模块业务流程图中涉及的岗位，经过规范化和去冗余后，得到模块岗位初始表。对于需要多个岗位协同处理的业务，定义一个虚拟岗位，并将涉及的岗位列出，经过整理和去冗余后，形成模块岗位明细表，该表应包含"虚拟岗位""岗位1""岗位2""岗位3"等内容。将模块岗位明细表中的虚拟岗位与模块岗位初始表中的岗位汇总并排序后放到一个模块岗位表中。

（2）模块间岗位的汇总：由基准模块的选取、其他模块岗位的确定和汇总形成岗位表三步组成。基准模块建议选取财务模块为基准模块，将整理好的各模块的每部分内容合并到一起，排好序后形成岗位表，该表应包含"岗位""是否虚拟岗位""创建/引用"等内容。

6. 业务数据梳理

数据是业务架构的基础，是业务功能处理的具体对象。数据标准建设是业务架构建设的基础性工作之一，解决方案通过创建"数据数"，实现数据标准的统一，达到实现业务处理能力的规范化、标准化。数据梳理也叫数据剖析或数据审计，可以明确地展现企业数据现状及其特点，数据梳理主要是对数据的结构、内容和关系进行分析，在关键的数据诊断阶段可以提供公司数据的质量信息。这些信息在帮助确定公司能提供什么样的数据和这些数据的有效性和实用性等方面起到重要作用，使用合理的数据梳理方法，可以随时透视企业业务过程和改善企业的业务流程。

数据梳理是一项艰巨的任务，数据梳理的最好方法是把各种主流的数据梳理技术整合成完整的、自动的梳理流程，把数据梳理和质量控制结合起来，形成有效的管理手段。数据梳理结果可以作为数据质量和数据整合的基础，可以直接建立数据修改、确立和确认程序，这些有助于把数据检查和整改阶段结合起来，建立智能的数据管理程序。

（1）数据结构分析：企业存在的数据问题主要表现在数据难于管理，对于数据对象、关系、流程等难以控制，其次是数据的不一致性，数据异常、丢失、重复等，以及存在不符合业务规则的数据、孤立的数据等，在实施数据梳理前，需要了解数据质量在管理活动中是否可靠，现有数据能否支持梳理需要，数据是否符合预期的业务规则，业务活动是否可以获得所需的数据源。通过数据结构分析来了解数据模式和元数据库，帮助确定在表中或在表格栏中的数据是否一致或是否符合企业业务要求。

① 元数据校验。元数据用于描述表格或者表格栏中的数据，数据梳理方法是对数据进行扫描并推断出相同的信息类型。元数据中所包含的信息可以指示出数据的类型、字段长度、数据是否唯一或字段是否为空等。大多数数据都有与之关联的元数据或者具有可描述的数据特征，它可能存在于相关数据库、数据模型或文本文件中。

② 模式匹配及统计。模式匹配可确定字段中的数据值是否有预期的格式，可快速地确定字段中的数据与各数据源是否一致，是否符合要求。通过观察数据的基本统计，可以对数据做很多分析，这对于所有类型的数据都是适用的，尤其适用于数值数据。

（2）数据内容分析：数据元素分析用于指示业务规则和数据的完整性，在分析了整个数据表或数据栏之后，需要仔细查看每个单独的数据元素，结构分析可以在企业业务数据中进行大范围扫描，并指出需要进一步研究的问题区域。在数据元素分析过程中，需要使用标准化分析找出这些非标准的缺陷，为数据质量提供保证；使用频率分布技术减少数据分析的工作量，辨别出不正确的数据值，还可以通过钻取技术做出更深层次的判断。频率统计方法则根据数据表现形式寻找数据的关联关系，外延分析可指示出一组数据的最高值和最低值，检查出那些明显的不同于其他数据值的少量数据。

（3）数据关联分析：数据关联分析用于分析数据冗余和相似性，分析正在使用的数据，并且可以把基于它们相互关系的不同用法联系到一起，还可以与新的用法联系起来，由于很多相互关系的数据条存储于分开的数据体中，导致很难掌握完整的数据情况。关联分析从确定元数据关系开始，可以用任何与键相关的元数据。已确定的元数据关系需要进一步确认。在没有元数据的情况下，关联分析方法还可以确定哪些字段有关联关系。隐键关系一旦被确定，需要做进一步检查和分析。数据经过结构、内容和关联分析后应形成数据梳理分析报告和相应的业务规则。

数据的梳理包括模块内数据的梳理和模块间数据的汇总两部分。

①模块内数据的梳理：列出每个模块业务流程图中涉及的数据，同名数据但不同类型的数据应视为不同数据，经过规范化和去冗余后，得到模块数据表，该表包含"数据""类型"等内容。

②模块间数据的汇总：由基准模块的选取、其他模块数据的确定和汇总形成数据表组成。基准模块的选取建议仍选取财务模块，以基准模块为基准，筛选要采用的非基准模块的数据，对于非基准模块间存在的重复数据，定义其中任一一个模块的数据为"创建"，另一个模块相同数据为引用，并标明引用模块。将整理好的各模块的每部分内容合并到一起，排好序后形成业务数据资产表，该表应包含"数据""类型""创建/引用"等内容。

7. 信息系统梳理

与数据的梳理过程类似，对该信保公司信息系统进行梳理，整理信息系统支撑业务需求情况，建立信息系统与业务流程对照关系表，形成一张应用系统表，该表包含"应用系统""创建/引用"等内容。

8. 产品服务梳理

全面梳理和分析该信保公司业务量大、有代表性的主要产品，包括贸易险（综合险、中小企业保单、小微企业信保易、银行保单）、项目险（中长期、海投、租赁险、再融资）、特险、资信评估、担保、再保险等，与信息系统的梳理过程类似，形成一种产品及服务表，该表包含"产品/服务""创建/引用"等内容。

（四）实施过程

将企业调研、业务调研、信息系统调研和业务梳理阶段得到的成果建模到 ARIS，建模过程中和建模完成后对模型进行评估、输出蓝图交给用户确认等工作，保证了业务流程的持续优化和改进，实现了业务流程的闭环管理。

1. 业务框架建模

（1）建模环境准备。完成建模环境的准备工作，包括软件安装运行环境、客户端配置、创建 ARIS 数据库和组等。

（2）制订建模规范。建模规范包括：每个 EPC 开始至少是一个起始事件（或一个流程接口），每个 EPC 结束至少是一个结束事件（或一个流程接口），一个事件需跟随一个功能或一个连接符（结束事件例外），每个功能有一个单独的流入连接与一个单独的流出连接，每个事件有一个单独的流入连接与一个单独的流出连接（开始与结束事件除外），一个连接符有多个流入连接与一个单独的流出连接，或一个单独的流入连接与多个流出连接，流程接口必须且只能与事件相连，衔接的两个流程拥有同一个事件定义。

（3）构建业务流程体系框架。企业流程框架是反映企业组织中各类主流程的构成及其相互关系，完善、规范的企业流程框架应当反映以下这些基本内容：

①企业流程框架应当体现客户导向。企业流程框架虽然无法清楚标明企业流程与接口，但它应当反映出企业流程框架的基本导向。

②企业流程框架应当反映企业流程的分类构成。从类型上，企业流程框架应当体现出管理流程、核心流程和支持流程。

③企业流程框架可以进一步分解为完整的流程体系。企业流程框架不需要反应非常详细的流程内容，主要是体现组织中各类流程之间的构成关系，流程框架中所包含的主流程，必须涵盖企业所有经营管理活动，通过分解和细化就可以形成完整流程体系。

④企业流程框架应当体现各类流程之间的关系。

⑤企业流程框架在必要时应反映企业组织的外部联系，包括顾客、供应商、经销商及其他利益相关者之间的联系。从跨组织的角度来理解，他们也都是企业流程的组成部分。

依据项目范围、所收集的资料分析报告、调研报告，分析得出业务流程体系设计报告，基于已有的制度体系和建模标准，识别并构建整体流程高阶框架，完成流程框架设计报告。

2. 流程视图建模

业务流程建模是创建企业流程的可视化显示的行为，包括活动和负责执行这些活动的人或团体。在流程中输入的数据和所产生的文档也被视为业务流程建模的组件。有了这些信息，管理人员可以识别生产力较低的领域，并制订一个计划来提高他们的业绩，业务流程建模就是帮助管理人员在业务流程上建立可以测量的标准，以便管理。通过分析该信保公司的主要业务，在业务流程组中建立流程视图（增值链图）模型以表示企业的流程地图，该流程地图是一种层级结构，通过点击增值链右下方的品字型图标，可以进入下一层的增值链或 FAD 模型。

（1）业务流程建模。业务流程建模是创建企业流程的可视化显示的行为。这包括活动和负责执行这些活动的人或团体。在流程中输入的数据和所产生的文档也被视为业务流程建模的组件。有了这些信息，管理人员可以识别生产力较低的领域，并制订一个计划来提高他们的业绩，业务流程建模就是帮助管理人员在业务流程上建立可以测量的标准，以便管理。根据制定的业务流程建模规范，将组织、流程、数据、功能、产品服务等要素集成起来，设计高阶业务流程，识别出每个领域的二、三阶流程，包括每个流程的功能定义，责任部门，主要输入/输出，生成高阶流程设计报告。

（2）端到端流程建模。企业的流程管理体系应该是清晰的多维度结构，而且必须是端到端和集成的。只有这样，才有可能以此为基础实现组织、流程和 IT 应用系统的整合及改进。

①首先对流程进行分类。企业的业务流程一般被分为管理流程、核心流程和支持流程。这种分类主要是根据流程在企业中所体现的功能不同而进行区分的。核心流程的输出输入都是面向客户和市场的，是满足客户和市场需求的实现过程；支持流程是支撑服务核心流程的。分类的目的并非只为从理论上或者概念上阐述的方便，而是企业实现经营目标所必需的相互依赖的功能的高层次架构。

②在分类的基础上进行流程分层。业务流程之间的层次关系反应业务建模由总体到部分、由宏观到微观的逻辑关系。这样一个层次关系也符合人类的思维习惯，有利于企业业务模型的建立。可以先建立主要业务流程的总体运行过程，然后对其中的每项活动进行细化，建立相对独立的子业务流程以及为其服务的辅助业务流程。流程通过分级管理，一般一个面向客户的端到端的价值链可以分解为若干业务领域，业务领域进一步细分为流程，流程细分为活动。

③打通端到端流程。端到端流程是指满足来自客户、市场、外部组织、利益相关者输入或输出之间的一系列连贯、有序的活动的组合。将流程进行分层和分类描述之后，经过端到端的流程梳理就可以把客户、利益相关者、法律法规的要求都在所设计的流程管理体系中加以体现。这不仅可以检查流程的完整性，还可以进一步发现流程中存在的潜在问题。

企业把综合的目标在架构好的流程体系中进行了逻辑实现，这样就可以把实际操作过程中的问题尽早地揭示出来，为流程的顺利执行扫清障碍。如此就构成了企业流程管理平台，企业目标的实现就有了坚固的支撑，企业也就具有了有效达到目标的执行能力。

因此，通过分析收集到的该信保公司的业务模式、市场、产品服务信息，根据所构建的高阶业务流程框架，设计高阶端到端流程，并生成高阶端到端流程设计报告。

（3）业务流程架构。收集整理重点部门调研信息，部门业务流程架构信息，整合共性和差异性业务流程，在业务流程架构框架体系内，基于组织架构生成企业业务流程架构。

3. 流程信息建模

（1）组织视图建模。组织视图描述了不同的组织单元间的静态关系，这些组织单元负责执行企业内部的各种功能活动，一个组织图描述了企业的组织机构。在 ARIS 中建立组织机构、岗位的模型，形式有：组织类型汇总图、组织类型明细图、组织图、岗位角色汇总图和岗位角色明细图。

①组织类型汇总图：在组织架构组中建立层次结构：组织类型组→组织类型汇总图组→各模块的组织类型汇总图模型，实现组织机构建模。组织机构表中的列"创建/引用"指明了该组织机构由哪个模块创建，创建时按照组织机构表中排好的顺序逐行创建，便于 EPC 建模时查找和引用。

② 组织类型明细图：在组织类型组中建立层次结构：组织类型明细图组→各模块的组织类型明细图模型，将组织机构表中的虚拟组织机构同实际组织机构的关系由各模块建模人员分别建模到组织类型明细图中。

③ 组织图：在组织架构组中创建组织图模型，实现企业组织架构建模。

④ 岗位角色汇总图：在组织架构组中建立层次结构：岗位角色组→岗位角色汇总图组→各模块的岗位角色汇总图模型。岗位表中的列"创建/引用（模块）"指明了该岗位由哪个模块创建。创建时按照岗位表中排好的顺序逐行创建，便于 EPC 建模时查找和应用。

⑤ 岗位角色明细图：在岗位角色组中建立层次结构：岗位角色明细图组→各模块的岗位角色明细图模型，参照各模块的岗位明细表，将虚拟岗位同实际岗位的关系分模块建模到岗位角色明细图中。

（2）数据视图建模。数据视图执行业务事业的有关数据及其之间的关系可以用数据视图加以描述，数据用不同的提取标准进行描述。在详细描述中，信息服务也可以用数据对象表示。产品/服务视图和数据视图的区别在于依据不同的提取标准。

在数据信息组中建立各模块的技术术语模型，实现数据梳理表中的数据建模。数据表中的列"创建/引用"指明了该数据由哪个模块创建。创建时应将系统内和系统外的数据分开，按照数据表中排好的顺序逐行创建，便于 EPC 建模时查找和应用。

①主题域视图：按照模块或管理域对模块内的数据进行整理，形成不同模块下的数据主题域视图。

②主题域关系视图：按照模块或管理域对该模块与其他模块"引用"数据进行整理，形成数据主题域关系视图。

③概念数据模型：按照模块或管理域对模块内以及模块间的数据进行分类整理，

建立数据实体及数据实体间的关系，以数据类的方式描述企业级的数据需求。

（3）功能视图建模。在应用系统组中建立各模块的应用系统图模型，应用系统表中的列"创建/引用"指明了该应用系统由哪个模块创建。

（4）服务视图建模。在产品/服务组中建立各模块的服务视图模型，产品/服务表中的列"创建/引用"指明了该应用系统由哪个模块创建。

4. 过程视图建模

过程视图描述了数据、功能、产品/服务和组织对象间的静态关系，是动态的、时序的和逻辑的过程序列，通过设置过程层次，用高层模型和详细模型，描述不同的抽象层次，可以简化模型的复杂程度。按照 ARIS 建模规范，各业务部门将业务梳理成果转换为业务过程（EPC）模型，通过 EPC（事件驱动的流程链方法构成的流程）将组织视图、数据视图、功能视图中的元素连接起来。

（1）过程视图建模步骤（见图 2-39）：建模步骤包括 EPC 主体建模、输出蓝图并确认、在 EPC 中引用流程信息模型对象、步骤编码、维护 EPC 特性等。

（2）流程建模质量。建模度量主要判断所建的模型是否符合 ARIS 建模规范，主要包括事件出现次数统计、功能出现次数统计、增值链图及增值链图中关键特性检查和维护、EPC 模型中对象的关键特性检查及维护等，这些度量的使用大大提高了项目组检查的效率。

（3）流程绩效评估。对流程相关信息进行统计，分析存在的弱点及资源瓶颈，帮助企业持续地识别和优化流程。流程绩效通过工作绩效来反映。

（五）项目验收

1. 项目归档

按照项目归档标准，整理《业务流程分析报告》《业务架构建模规范》《业务架构建模管理办法》等相关材料，并进行审定和归档，具备汇报条件。

2. 验收汇报

向该信保公司相关领导汇报项目情况，包括业务调研情况、业务架构梳理情况、业务架构梳理优化情况、制度和流程方面存在的问题、业务架构优化建议等，推进该信保公司业务架构治理能力的不断提升，以便更好地为信息化项目落地实施提供指导，从而更好地支撑公司主要业务的发展。

3. 项目结项

项目组以书面方式，向该信保公司提出验收申请，协助该信保公司组织项目验收工作，验收通过后由验收小组出具验收证明，完成项目结项工作。

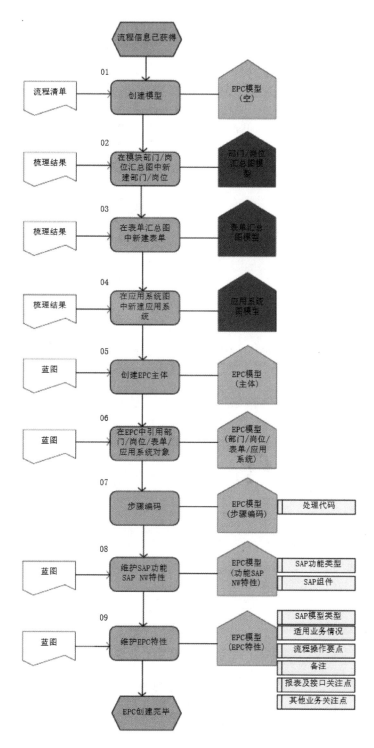

图 2 - 39　过程视图建模步骤

4. 项目成果

通过本项目的实施，主要交付的项目成果包括：

（1）总体部分：全局及各业务板块业务能力组件视图。

（2）流程相关部分：1—3级高阶业务流程架构视图，包括职能流程和端到端流程；业务流程清单。

（3）组织相关部分：业务组织视图；业务流程度量指标清单。

（4）数据部分：数据资产清单；高阶数据架构，包括数据主题域视图、数据主题域关系视图、概念数据模型。

（5）产品服务部分：业务服务清单。

（6）功能部分：应用支撑需求；业务创新点。

（7）架构治理部分：业务架构建模规范；业务架构管理办法；流程分析报告；制度分析报告。

五、业务流程总体建设方案

以企业架构方法、ARIS方法、APQC流程分类框架，以及其他国际化标准方法作为指导，形成本次项目的综合性方法框架。

本方法论立足公司全局业务战略，从公司经营管理和业务运营需求入手，找到公司需求原点，再以企业架构作为牵引，对高阶需求进行落地转换与对齐，形成以高阶业务架构为基准的架构体系；基于此，融合ARIS方法对业务流程进行重点梳理，作为整个方法体系的核心要素。综合上述定位，按照自上而下的顶层设计理念，整个方法论分为战略层、架构层和流程层。其中，从战略层找定位、找需求，以架构层对需求进行转换和对齐，以流程层对架构进一步落地（见图2-40）。

（一）企业战略分析

企业战略分析是通过分析该信保公司内外部市场环境、公司发展战略和总体业务布局、业务运营形态和管理模式，识别公司在政策合规、业管融合、数字化转型、客户中心化和风险管控等方面的核心需求，分析公司业务能力发展定位，分析目前存在的管理困局，识别业务架构梳理的融合需求与提升点。

（二）企业架构分析

立足公司战略全局，以企业架构方法作为依据，对识别出的核心需求进行转换，从业务架构与IT架构对齐的角度进行思考，重点对高阶业务架构进行梳理，以此作为架构基准形成架构管控办法，为该信保公司架构的持续优化和迭代增效打下坚实的基础。

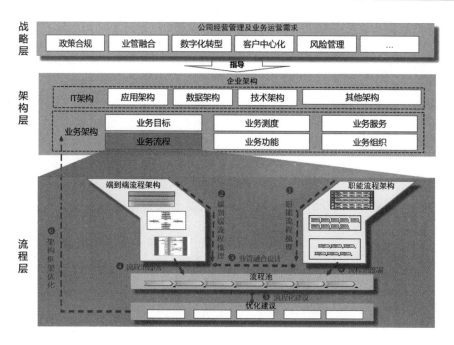

图 2 – 40　业务架构设计方法

业务架构是企业架构的核心部分，是其他架构形成的基础。业务架构是业务的基本组织形式，包含组织结构、业务目标、业务功能、业务服务、业务流程、业务角色等内容。业务架构的形成包括以下步骤：

（1）基于企业价值链和运营框架厘清业务目标和业务动机；

（2）识别所包含的业务服务和绩效测量标准；

（3）围绕业务服务目标，结合价值链和行业标准识别和整理业务域；

（4）基于业务域细分业务能力组件，对组件的接口进行识别，明确其资源结构及关键活动；

（5）根据业务组件的业务含义区分决策、控制和执行等层级；

（6）结合组件化模型和企业运营框架细化业务流程，厘清业务协同与分工关系；

（7）业务流程代入组件化模型检验。

基于业务架构梳理，分别从流程化与组件化厘清业务协同与分工模式，有利于识别关键业务需求，从应用架构的角度定义信息化范围、明确能力支撑方向，从数据架构的角度可以辅助识别数据资产结构和数据流转路径。

（三）流程体系梳理

作为业务架构的核心部分，业务流程体系梳理是非常有价值的，为该信保公司面向客户中心化的服务和合规性管控奠定了基础。流程体系的梳理主要基于 APQC 保险行业流程分类框架，以及 ARIS 方法为核心的房式结构与 Y 式结构。房式结构强调以流程活动为中心融合管理体系各要素，即将绩效、风险、制度、职责、标准等各类管理要素整合到流程中。Y 式结构强调在流程建设过程中的端到端流程和职能流程两个维度，从职能角度理顺流程分工，从端到端流程角度打造业务协同。业务流程梳理包括以下步骤：

1. 职能流程梳理

基于高阶业务架构识别关键职能域，将职能域对应对业务部门，通过部门调研细化职能流程，再对各部门职能流程进行归集，最终形成整体职能流程架构。

2. 端到端流程梳理

基于高阶业务架构和保险业 APQC 分类框架（PCF）识别端到端流程一级目标，再基于层级化结构自上而下细化，结合职能流程末级流程自下而上整合，最终形成整体端到端流程架构。

3. 业管融合设计

围绕管理要素结构化和一体化的目标，以流程为中心进行管理要素整合，重点是对业务运营维度和业务管理维度进行要素整合。

4. 流程池部署

在职能流程和端到端流程梳理的基础上，以 ARIS 工具为支撑进行流程落地和流程绘制。

5. 优化建议

根据流程梳理过程中发现的问题和改进点，从制度和流程等方面提升优化建议。

6. 架构框架优化

基于业务架构的逐层细化梳理结果，指导企业架构迭代优化。

（四）案例分析

1. 业务架构能力要求

该信保公司业务架构及流程建模，需要以管理和应用视角构建流程能力，体现业务架构及流程设计在客户中心化、业务运营效率等方面的架构能力。

（1）客户中心化。业务流程设计需以客户服务为中心，满足客户需求、提供客户服务，以呈现客户服务价值、提升客户服务体验为目标。

①业务流程各环节需体现客户中心化价值链、流程中融入客户需求链及与之对应的客户服务链，并体现需求链与服务链的交融。

②业务流程各环节需明确客户服务对象，理清客户服务上下游关系，包括信保公

司内部上下游客户及与外部关联的客户。

③ 业务流程各环节需明确客户服务内容，包括客户服务的业务类型、服务方式、数据对象、服务规则等。

（2）业务运营效率。业务流程设计需完整还原真实业务现状，识别流程融合与组织协作、技术创新点等业务运营效率提升点，业务流程以高效支撑业务运营为目标。

①需有效识别业务流程跨职能、跨组织各环节，提高组织内部职能间，以及与上下级组织、外部组织的协同效率。

②需有效识别业务流程中业务环节与管理环节融合点，支撑业务与管理融合，提升业务运营效率。

③需有效识别业务流程薄弱、缺失环节，优化形成目标改进流程，从而打通端到端业务流程，提升业务运营效率。

④ 需有效识别业务流程各环节管理创新点，利用新技术等手段提升业务处理、数据流转效率，提升业务运营效率。

（3）数据运营驱动。业务产生数据，数据驱动运营，数据化运营是实现业务运营精细化的基础。以识别业务流程中数据资产，为构建数据架构、数据化运营为目标。

①需有效识别业务流程各环节数据对象，为数据架构设计、数据标准化设计、数据资产化管理与运营提供必要基础。

②需有效识别业务流程各环节关联的数据来源、数据聚合、数据分析、数据应用等环节，为数据资产构建、数据分析与利用提供必要基础。

（4）管理标准化。通过业务流程实现管理标准化，在流程中需坚持管理标准一致、业务标准一致、数据标准一致等原则，管理标准化支撑企业管理精细化。

①规范业务流程中业务板块、业务职能、业务活动、产品及服务等名称和编码，统一业务语言的内涵和外延，实现统一管理分散使用。

②业务流程各环节需体现与管理制度的关联性、一致性，体现制度实施、执行考核等环节，实现管理制度的流程化，以管理流程化促进管理标准化。

2. 业务架构建模原则

在流程梳理过程中，流程识别与切分除了按生命周期来切分外，还需参照其他原则。归纳起来，在管理实践中，流程的识别与划分依据通常参照生命周期、领域学科、业界方法论（如 PDCA、APQC 等）、最佳实践、结合实际等原则。具体如下：

（1）生命周期原则。基于业务运营全生命周期原则识别流程，如采购管理通常从采购需求开始，到收到货物终止。价值链方法就是基于全生命周期识别的。在以上业务架构中，组件都是按照一定生命周期划分的，可以作为后续流程划分的依据之一。

（2）领域学科原则。在管理咨询中，常依据管理学科的常规定义和框架，开展流程域或流程的识别与划分。

（3）业界方法论原则。按照业务通用方法论开展流程识别工作，如价值链模型、APQC 可作为流程识别参考，对于相对模糊的流程可以按照先按 PDCA 方法划分，再逐步迭代求精。

（4）最佳实践原则。按照业界最佳实践识别与划分流程，如人力资源分为人力资源的六大模块几乎是业界共识。在此基础上再结合实际裁减即可。

（5）结合实际原则。以利于企业实际业务运营为导向，在对各职能及各业务充分调研的基础上进行流程域或流程的识别与划分。

根据业务架构建模方法论，该信保公司业务架构建模归集为三个过程，具体包括高阶业务架构建模、职能流程建模和端到端流程建模（见图 2-41），即先理清高阶业务架构还原公司完整的业务运营过程，在此基础上进一步细化梳理公司业务流程（职能流程和端到端流程）。

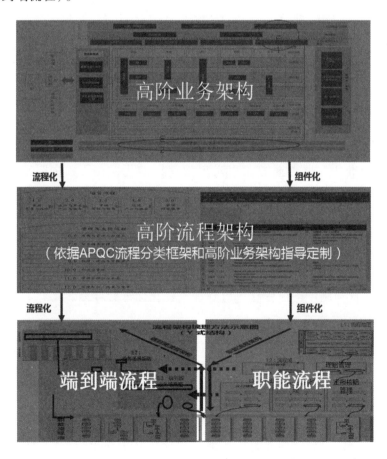

图 2-41　某信保公司业务架构建模过程

在图 2 - 41 中，高阶业务架构分别呈现了流程化和组件化两种维度，所谓流程化就是在业务架构中，每一类业务下的组件都是按照生命周期的顺序来呈现的，反映出了按价值链的协作过程；所谓组件化就是每个相对独立的业务能力单元，都可以按照组件化的形式呈现，可作为职能域划分的重要依据。

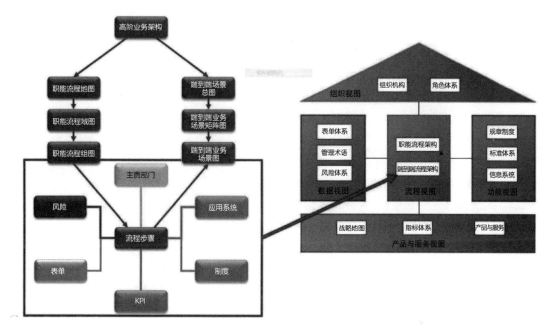

图 2 - 42 业务架构建模元模型

按照流程化的维度，可将高阶业务架构中的 1—2 级价值流抽取出来，结合 APQC 流程分类框架进行整合裁剪后，可形成高阶业务流程框架，作为端到端流程的 1—2 级分类参照。基于此可形成完整的端到端流程清单，再逐步分层细化即可形成相对成体系的端到端流程架构体系。

按照组件化的维度，可将高阶业务架构中的 1—2 级业务组件识别为完整的职能域，再结合相关组件模型做相应的裁剪和定制即可形成职能流程框架，在此基础上再逐步按照流程地图、流程域、流程组的顺序细化即可形成职能流程架构体系。

在职能流程体系梳理到流程步骤级别时，按照房式结构的方法，在此基础上关联相应的主责部门、风险、表单、应用系统、规章制度、KPI 指标，从而梳理得出《业务流程度量指标清单》《数据资产清单》《应用支撑需求》《业务服务清单》等输出物。

3. 高阶业务架构

高阶业务架构框架是总体指导性框架，是在企业架构思想的指导下形成的，能从总体上反映当前企业运营的形态，从业务条线角度反映业务的运作过程，从管理条线角度反映管理过程，从综合角度反映业管融合内容（见图2-43）。高阶业务架构可指导后续流程架构建模。

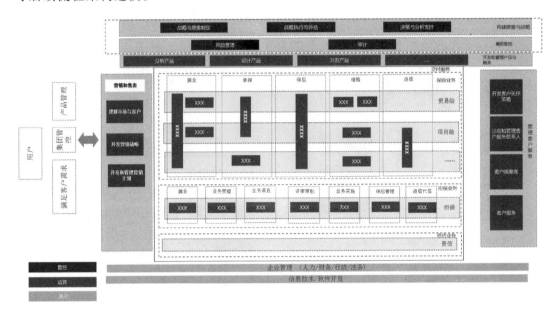

图2-43　高阶业务架构框架

业务架构是基于多维度调研对各业务条线及其典型产品的核心价值链抽取后的结构化呈现。通过高阶业务架构可呈现出以下内容：

（1）反映出公司整体的业务脉络与运营框架。通过整体运营框架反映出公司的业务管理结构，以及业务条线和管理条线的协作关系。

（2）多个业务条线和管理条线的组件结构化呈现。组件化的呈现方式有利于界定业务范围，因为每个业务组件都应是相对独立的运作单元，有各自的目标定位和资源结构，有相对明确的绩效考核目录，对其他组件形成支撑。基于结构化能力组件，可以划分业务域，并将业务域与职能部门进行映射，有利于识别重点职能和下一步职能流程梳理。

（3）反映出业务能力组件的结构层次。通过层次化的呈现方式反映出业务组件颗粒度，也从全生命周期运作的视角反映出流程化的关系，有利于端到端业务流程梳理，指导端到端业务流程地图的形成。

4. 职能流程架构

职能流程架构是基于职能域（即职能分类）分主题、分层级梳理后得到的架构体系，其主要目的一方面是从业务职能的完整性角度来审视企业的管理是否有职能缺失，另一方面是从职能分工角度审视企业运营过程与运营机制。高阶流程架构是职能流程梳理的指导框架，为职能域的划分提供了重要依据。

基于职能流程建模规范，职能流程设计包含职能域划分、识别重点职能域、定义业务组织视图、匹配职能域到职能部门、职能流程梳理五个过程。

职能域是业务职能的重要分类，是将业务按主题进行归集，是组织结构划分的重要依据，基于职能的协作是现代管理基本方式。

职能域的划分可依据上述高阶业务架构组件进行划分。通常情况下，职能域的划分为三个类别：

（1）管理类职能。管理类职能涉及企业经营管理与业务管理层面的内容，如企业战略管理、企业风险管理、政策环境管理、投资者关系管理、对外合作管理、业务绩效管理、业务风险管理、客户关系管理、操作合规管理等职能。

（2）支撑类职能。支撑类职能是指公司的公共性支撑职能，如人力资源管理、财务管理、行政管理、采购管理等。

（3）核心类职能。核心类职能是围绕业务运营过程基于协作模式划分出来的职能域，如展业、承保、理赔、追偿等职能。

职能流程梳理首先需要识别本次重点梳理的职能域，其次将职能域对应到相应职能部门进行流程调研与梳理，再基于此进行职能流程归集与梳理（见图2－44）。

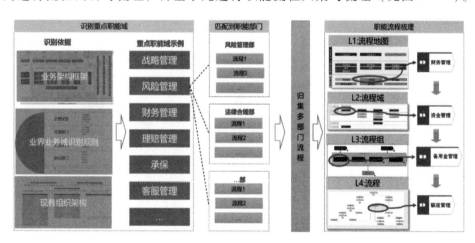

图 2－44　职能流程梳理过程

重点职能域的识别以三类信息为依据，一是前期开发的业务架构框架，作为指导业务流程梳理的宏观架构；二是业界通用的业务域识别规则；三是某信保公司现有组织结构。以业务架构框架为基础，遵循业务通用业务域识别规则，结合某信保公司现有组织架构，识别本次项目重点梳理的职能域，如战略管理、风险管理、合规管理、财务管理、理赔管理、承保、客服管理等。

① 定义业务组织视图。依据某信保公司现有公司组织结构及责任分配体系，结合本次业务架构建模规则，绘制支撑业务流程责任分配的组织视图（见图2-45）。

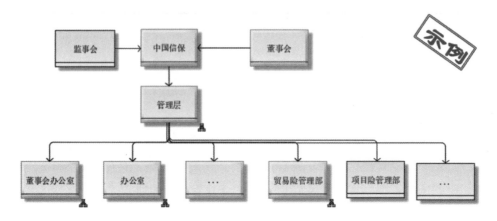

图2-45 业务组织视图

② 匹配职能域到职能部门。每个职能域可以涉及一个或多个职能部门，在实际业务流程梳理过程中，需将职能域匹配到职能部门（基于图2-45匹配），针对每个职能部门进行信息采集与梳理；基于此，对各部门业务流程进行归集。

③ 职能流程梳理（见图2-46）。从层级角度来看，职能流程包括以下内容：

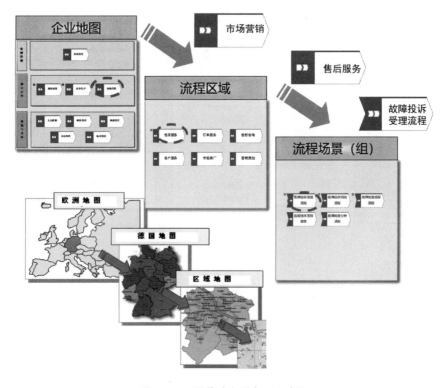

图2-46 职能流程层级（示例）

L1：流程地图，包含了多个流程域，如人力资源、财务管理等；

L2：流程域，涉及多个流程组，如人力资源规划、绩效管理等；

L3：流程组，流程组主要是一系列流程清单，如人员招聘流程等。

5. 端到端流程架构

端到端流程是从需求开始到需求关闭的全过程。本项目关注的端到端流程围绕"客户中心化"的原则反映完整的服务运营过程。端到端流程的梳理主要基于价值链思想自顶而下进行。

高阶业务架构和高阶流程架构是总体型框架，为端到端流程的梳理提供了重要依据。端到端流程设计包含基于价值链分析构建业务场景总图、基于业务场景总图逐层细化、关联相关结构化管理要素三个过程。

本过程分为四个步骤：

一是收集分析，即结合现有资料进行基础信息分析，包括综合评估报告、内控手册、管理制度及办法、业务操作规程、外围监管要求以及公司组织结构等。

二是部门调研，结合相关调研策略调研业务部门的机制和流程，梳理基本的业务事项清单。

三是以高阶业务架构、高阶流程架构和 APQC 保险行业流程分类框架（PCF）作为依据，结合保险行业价值链进行裁剪，形成某信保公司流程分类框架。

四是业务场景总图（E1级）建模（见图 2-47）。基于调研分析和流程分类框架（PCF），确立某信保公司 E1 级业务场景总图，即端到端的流程地图。

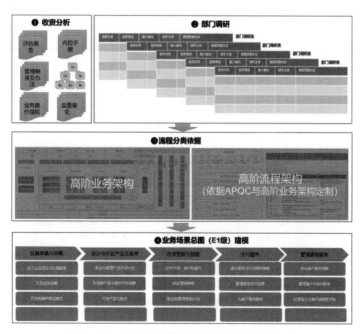

图 2-47　基于价值链分析构建业务场景总图

在此过程中，立足 E1 级端到端流程，可识别业务流程度量指标，整理指标清单。端到端流程是基本总体价值链形成的，是立足有明确输出价值的流程而言，因而应有相应的业务流程度量指标来考察。因此，在此过程中须整理出业务流程度量指标。当然，度量指标的整理是迭代的过程，要在职能流程梳理阶段总结归纳，也要在端到端流程梳理阶段不断提炼、梳理和相互印证（见表 2 - 20）。

表 2 - 20　　　　　　　　　　业务流程度量指标（示例）

流程名称	业务流程度量指标
为客户提供服务	客户满意度
运营能力评估	流程效率、用户满意度
…	…

在业务场景总图（E1）的基础上逐层细化形成业务场景矩阵图（E2）和端到端业务场景图（E3）（见图 2 - 48）。

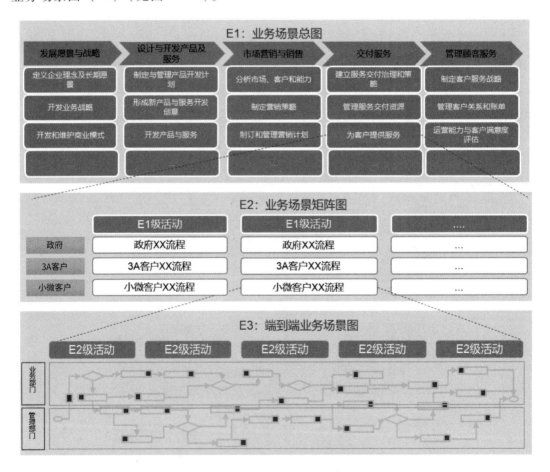

图 2 - 48　基于业务场景总图逐层细化

业务场景总图（E1），是立足整个企业运营的视角，围绕 APQC 流程分类框架和价值链，将公司经营过程分解为多个价值链单元，形成企业端到端流程一级目录，如市场到商机、商机到客户、需求到部署、交付到售后等。

业务场景矩阵图（E2），在业务场景总图的基础上，基于流程消费者对流程进行分析，若针对不同消费者流程差异较大，则切分为不同的端到端流程。

端到端业务场景图（E3），根据业务场景矩阵图，针对每一类场景形成端到端场景图。

以流程为中心，将相关结构化管理要素做关联。流程需要进行要素化，以便于后期基于流程梳理结果，导入 ARIS 工具并定义其属性，进一步为流程用户查询和使用。一般会基于如下 10 个方面进行定义和建模（见图 2 - 49）。

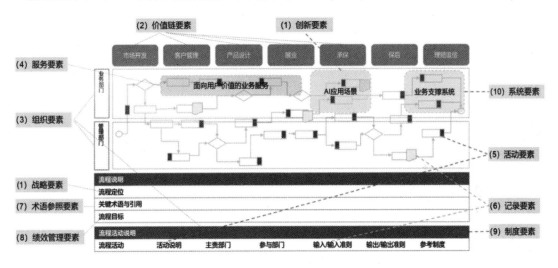

图 2 - 49　以流程活动为中心关联各管理要素

6. 总体业务流程建模规范（见表 2 - 21）

表 2 - 21　　　　　　　　　　　总体业务流程建模规范表

对象		模型	
承保	流程域	企业流程地图 （增值链模型）	
保单承保	流程组	流程域图 （增值链模型）	

续表

对象		模型	
承保方案 制定流程	流程	流程组图 （增值链模型）	
XXXX规定	规章制度	功能分配图 （FAD 模型）	
承保系统	应用系统		
营业机构	组织部门		
承保方案完整性	绩效指标		
承保方案	表单		
风险	风险		

第三章

银行信息系统架构设计案例集

本章主要介绍如何进行银行信息系统总体架构设计，包括应用架构、数据架构、技术架构等；通过银行架构系统化的梳理和优化，以明确边界和内涵，提取共性和可重用的 IT 资产，从而加快积累，实现 IT 资产的可重复利用；同时，建立银行 IT 架构的管理、设计和控制机制，并不断地优化调整，以落实一会发给你们 IT 架构所规定的原则。

案例银行是我国四大国有商业银行之一，是中国金融体系的重要组成部分，总行设在北京。案例银行网点遍布城乡，资金实力雄厚，服务功能齐全，为广大客户所信赖，已成为中国最大的银行之一，被《财富》评为世界 500 强企业之一。

案例银行是国内网点最多、业务辐射范围最广的大型国有商业银行。依托遍布各地的网点，采用世界尖端科技，案例银行建成了国内最大的金融电子化网络，实现了结算业务的全国联网处理。联机网点、联网自动柜员机（ATM）、联网 POS 终端覆盖全国，让用户随时随地都能体会到现代化科技带来的便利。随着业务的不断发展，信息化建设日新月异，应用系统数量和规模在迅速扩大。

在应用系统的建设和发展过程中，面临项目方案设计统筹考虑的困难，存在技术标准规范难以统一、系统之间关系日益复杂并难以整合、重复性开发严重等问题。

针对以上所面临的问题，案例银行启动了企业架构梳理及优化项目，力图以系统化的方式，梳理和定义现有系统，以明确边界和内涵，提取共性和可重用的 IT 资产，从而加快积累，实现 IT 资产的可重复利用；同时，建立企业 IT 架构的管理、设计和控制机制，并不断地优化调整，以落实企业 IT 架构所规定的原则。

IT 建设已经成为企业实现其战略目标，提升竞争力的必不可少的举措之一。随着市场竞争的加剧、业务规模的发展和业务领域的扩大，企业应该有怎样的 IT 架构、组织及能力，才能更好地支撑其业务的发展和战略目标的实现呢？

IT 建设必经之路在案例银行的企业架构梳理及优化项目中，我们看到了一个近乎完美的业务与 IT 融合的解决方案——企业架构梳理与优化。企业架构是连接企业战略目标和具体项目解决方案的核心纽带，同时只有基于企业架构，我们才能够确保 IT 建设与业务战略保持一致。一个企业架构需要涵盖从业务到技术的各个领域，包括业务架构、应用架构、数据架构，以及技术架构等。

业务架构描述了业务的发展要求；应用、数据和技术架构则描述了如何将业务的发展要求转化为 IT 元素，并依靠 IT 技术来实现。在未来的应用、数据和技术架构规划中，业务战略与业务架构将是主要的驱动因素。应用架构与数据架构在规划时也应当充分考虑技术架构的现状，尽量利用现有技术架构，以较低的成本来构建应用架构和数据架构。案例银行企业架构梳理与优化解决方案，就是运用企业架构理念，梳理企业架构现状，并基于现状对企业架构进行优化，进一步规划和实施下一代的企业架构。

该解决方案的实施分为企业架构规范化阶段、企业架构现状梳理阶段、目标架构设计阶段、实施规划阶段四个阶段。

第一，企业架构规范化阶段。参照业界的方法论，结合具体企业实施企业架构的目标、需求，以及现有的 IT 环境，针对具体企业的特点和战略定制适合的实施方法。选择试点项目进行梳理，在梳理过程中进一步完善实施方法，同时开始考虑企业架构管理规范。

第二，企业架构现状梳理阶段。理解企业业务战略和需求，进行业务组件分析，并进一步梳理现有项目，形成完整的企业业务架构、应用架构、数据架构和技术架构视图，明确架构管理流程。根据前一步的梳理成果，完成对企业架构现状分析和总体评估。

第三，目标架构设计阶段。围绕企业的业务目标和战略需求，结合业内先进经验，完成目标业务能力设计、应用架构、数据架构和技术架构设计。

第四，实施规划阶段。分析企业所面临的问题，审视企业现状和目标架构之间的差异。根据分析结果划分企业 IT 建设的项目群，确定 IT 建设阶段，制定项目实施路线图。

该解决方案能够实现以下四大效果：

第一，以系统化的方式，梳理和定义现有系统，明确各自边界和内涵，提取共性和可重用的 IT 资产，从而加快积累，实现 IT 资产的可重复利用。

第二，对 IT 架构进行优化，制订各类技术标准与规范，保持技术先进性，以确保 IT 架构能够更好地支持未来业务发展需要。

第三，能够明确业务、应用、数据、技术之间的关系，以及它们与企业战略之间的关系，帮助企业形成明确的 IT 建设方向以及实施路线图，避免系统的重复建设，充分挖掘现有 IT 架构潜力，实现 IT 对于业务发展和运营的支撑。

第四，能够加强 IT 技术实力，有效管理技术资源，提升企业内部 IT 团队的架构设计实力和整体实施能力，实现对内外部资源的统一评估与管理。

因此，企业架构梳理及优化方案能够从构架层面增强企业 IT 建设能力，不仅是为了满足现实需求，也是顺应企业未来发展需要，在加速架构整合、统一技术标准规范、增强技术实力、有效管理内外部资源等诸多方面，都能产生极大的决定性的作用。

实践项目的目标与成果，案例银行的企业架构梳理及优化项目的目标就是从业务战略出发，在充分挖掘现有 IT 架构潜力的基础上，有效地进行 IT 建设规划，从而以较低的成本构建满足企业未来业务发展需要的 IT 架构，使科技真正成为推动企业前进的强大推动力。目前，该项目的工作成果包括：

第一，建立了案例银行业务架构、应用架构、数据架构和技术架构的总体视图。

第二，完成了企业级技术架构的梳理，形成了 60 个基础服务组件和 29 个基础服务运用规范，以及企业级的部署架构。

第三，完成了支付结算、客户管理、财务管理、金融市场等项目群的梳理，总结和验证了企业架构梳理方法，形成了相关的业务流程、应用积木块和数据定义。

第四，成功地拟定了企业架构管理办法，明确了企业架构的管理流程，建立了企业架构的管理组织。

第一节　金融信息系统架构设计要求

放眼未来，理清思路，在全面的科学发展观基础上，将数字化与信息化定位为公司未来发展的新型动力系统，面向"推动发展转型、实现由大到强转变"的目标，以公司十三五发展规划、内外部信息化调研对标结论、企业运营机制和文化环境约束等输入依据，勾勒出公司在新时期适应业务生态布局的信息化运营模式，从而建立新时期与公司发展相适应的数字化战略愿景，促进公司业务与信息化的全面融合。

其中，数字化愿景构建应有层次性，包括一定时期内的数字化总体愿景，以及围绕总体愿景分解的一系列子目标。

一、业务架构蓝图设计的要求

业务是任何一个公司、企业都包含的一个部分，需要将这些部分有机的融合在一起，形成有价值链关系的业务域，才能创造出价值与财富。

就具体的案例来看，金融业务公司的业务有 15 个，既然业务是有紧密联系性的，那么我们就可以从业务的流程入手，梳理出一条清晰的业务逻辑路线从而来进行业务的架构。具体的业务明细也可以包括在业务的架构内，如各部门的管理系统如何去架构、如何去运营、如何去维护等。所有的业务像是一个金字塔，从顶端一直不断地分为各种小与更小的业务，架构需要做的就是纵向与横向的妥协，无论是从上到下的管理还是从左到右的合作，都可以通过对业务的架构来达到一个平衡点，让各个业务部门各司其职，共同为公司完整的价值链创造价值。

业务架构蓝图设计要求及其实现效果：从目标角度来看，业务归属分工明确，避免业务需求重复提出与重复建设；掌握了解业务部门当前的信息化需求，促进信息化后续建设有的放矢；促进业务流程衔接不畅等问题的解决。从内容角度来看，以综合评价为基础，综合分析业务现状，从纵向业务域、业务能力维度，从横向管理支撑维度入手，通过业务价值链、业务主线、业务流程、业务运营等视图阐释业务状况。总体视图见图 3 - 1。

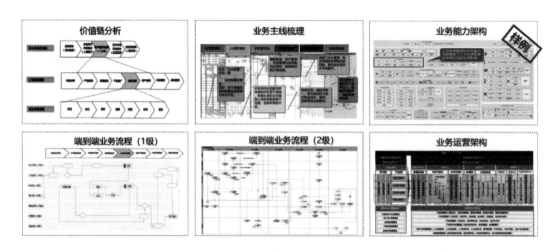

图 3 - 1 业务架构视图

（一）价值链分析

在架构设计时，先设计业务价值链总图，展现由各业务域（项目险、贸易险、担保、特险、资管各业务条线及人、财、综合保障等各管理域）按照各价值链关系组成的业务域组合。

（二）业务主线梳理

构建"端到端"业务支撑能力，将有利于打通横向间的业务数据贯通关系，围绕现有的业务运营架构，抽取核心的业务运营主线架构，基于业务部门访谈还原现有各部门协同工作流程，即"端到端"的业务流程。

（三）业务能力架构梳理

围绕价值链拆分出核心业务域（即业务类别），在多级业务域模式下分解业务能力，包括现有业务能力和缺失的业务能力。

（四）端到端业务流程梳理

围绕本次信息化规划目标，按照业务能力建设为先的原则，梳理"端到端"业务能力主线，围绕核心业务主线按照横向协同和纵向贯通的模式梳理1—2级业务流程，以达到有利于后期更细化一级流程的分解与信息化的建设。

（五）业务运营架构梳理

围绕核心业务主线，梳理业务运营架构，对业务流程及其岗位角色进行匹配，明确运营过程的责任分工以及缺位环节。

二、应用架构蓝图设计的要求

在业务架构和数据架构的基础上，进一步考虑的就是应用的架构，为了让工作人员或者用户能直观地、简洁地利用业务架构和数据架构的内容，那么可以上升到应用层面，应用包括外部的和内部的，对内可以让工作人员高效地完成工作，对外可以和用户有一个良好的交互，同时需要协调好所有应用的关系，能够绘制出一张应用网。

案例中应用的系统分为了业务生产类系统、管理分析类系统、业务支持类系统、渠道服务类系统、基础服务平台、外部系统接口。应用服务于不同的业务，可以从应用调取到数据库中的数据，然后实现业务与数据的协调。

应用架构设计实现如下效果：从目标角度来看，统一的应用架构蓝图规划向上承接了公司战略发展方向和业务模式；向下规划和指导各个信息系统总体定位，有利于统一规划，避免重复建设和重复投资。从内容角度来看，以业务架构为基础，设计各业务条线的应用视图，以及应用系统的分布视图；为数据架构及技术架构提供输入。总体上，应用架构蓝图规划应：

（1）满足公司业务信息化支撑需求；

（2）满足面向未来的平台化运营要求；

（3）满足大数据处理需求；

（4）满足精细化管理支撑需求；

（5）有效结合新一代技术趋势；

（6）满足银保监会及其他上级单位监管要求。

应用架构的设计包括现状梳理与蓝图设计两个环节：

（1）现状梳理。开展应用架构元素收集，分析现有应用架构的问题、缺陷及优化方向，完成现阶段应用架构梳理（见表3-1）。

表3-1 应用架构现状收集表（示例）

编号	功能名称	父功能	所属模块	所属应用域	功能描述
F1	组织机构管理		M0001	A001	
F1.1	组织机构审批	F1			组织机构是公司管理范围内的各层级单位及其内设机构，是人力资源所有业务数据的骨架和支撑；组织机构管理是对各级公司的组织机构调整业务进行管理，包括架构和信息的管理

续表

编号	功能名称	父功能	所属模块	所属应用域	功能描述
F2	岗位管理		M0001		
F2.1	岗位分析管理	F2			总部岗位管理指的是对管控范围内的组织机构岗位情况进行分类统计及分析
F3	定员管理		M0001		

（2）架构设计。应用架构设计，首先设计应用支撑视图，也就是站在公司维度看到各业务域、各横向支撑管理系统的视图，再设计各业务域和横向管理系统的应用模块视图，再对应用集成关系进行分析，然而围绕应用在组织中的分布以及应用部署模式进行分析。总体视图见图 3 - 2。

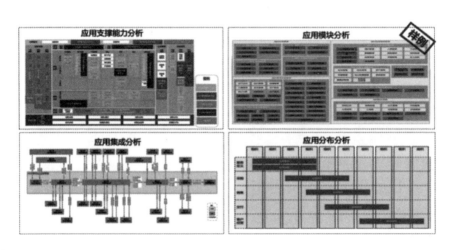

图 3 - 2　应用架构视图

①应用支撑视图。应用支撑视图立足于业务能力视图，在业务能力视图基础上，识别应用的支撑能力，包括应用支撑范围、应用支撑强弱，以此找出将来信息化重点需要提升的内容。

②应用模块视图。应用模块视图展现各业务应用的具体内涵，围绕功能模块，需要标注出需要提升改进以及新增的内容，作为将来信息化建设的依据。

③应用集成视图。应用集成视图集中呈现了应用之间的交互关系，是以业务的贯通关系为基础进行识别的，在设计过程中，首先需要识别集成现状，然后根据协定的集成协议来定义集成交互。

④应用分布视图。应用分布视图是以组织视角来看待应用的范围，从应用或应用模块覆盖范围来划定组织权限，对应用及模块进行归属。

⑤应用部署视图。结合早期协定的应用架构设计原则，需进一步明确应用的部署

模式，标注部署范围和部署层级，见表 3 – 2。

表 3 – 2 应用部署（示例）

应用名称	应用域	应用范围	部署级别
人力资源应用	A001	全公司	一级部署
财务管理应用	A002	财务部门	一级部署
…			

三、数据架构蓝图设计的要求

大数据（BigData）已经进入我们的每一个学习和工作的空间，公司面向的是客户，客户与公司进行交互时会有非常多的数据产生，时间、地点、用户名、用户密码、交易记录等，成千上万人的数据要做到统一的管理，这就需要在计划期间内，通过数据的架构来实现。

案例中银行的数据分布有非常多的种类，我们首先要做的就是把数据分类，如果全部数据存放在一起，那么会对系统的可操作性、维护等都会产生很大的影响，那么我们可以将不同的业务所负责的数据整合到一起，再进行全局管控，将数据集中管控会比较安全，数据架构强调统一的企业数据模型、完善的企业数据管控、集约的企业数据赋能。具体的流程为：数据源→数据采集→数据存储→数据分析→数据服务→用户。

将用户的数据或者其他途径采集到的数据做一系列的处理，将真正有效的数据反馈给用户是数据架构的目标。

数据架构设计实现如下效果：建立统一数据架构，形成数据资源的统一管理规划，用于指导业务应用系统的集成建设，设计统一数据共享通道与交互技术方案，形成适用的数据共享规范，保持数据标准化与管理有效性。

数据架构的设计包括现状梳理与蓝图设计两个环节：

（1）现状梳理。开展数据架构元素收集，分析现有数据架构的问题、缺陷及优化方向，完成现阶段数据架构梳理（见表 3 – 3）。

表 3 – 3 数据架构现状收集表（示例）

序号	主题	数据实体	数据源	数据完整性	准确性	一致性	使用者	问题
1	人员管理	员工	HR 部					数据源不唯一
…								

（2）架构设计。从内容角度来看，以业务架构为基础，设计数据主题视图，以展示数据域与数据主题以及数据主题对业务能力的支撑关系；设计数据模型视图，展现数据主题下的数据实体，并展现数据实体之间的业务关联关系；此外，还需对数据在组织及系统中的分布进行分析，并围绕数据标准化建设匹配相应的数据治理需求。数据架构视图见图 3－3。

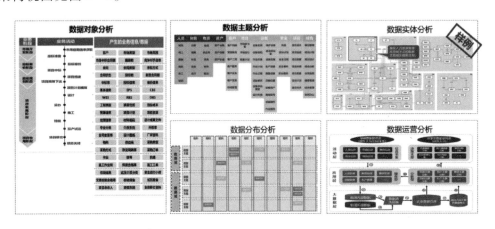

图 3－3　数据架构视图

①数据对象识别。围绕业务能力主线，针对业务流程各环节产生的业务对象进行识别和分析，在实操中可以结合数据报表进行分析，沿着业务流找数据流，并对数据对象进行归类。

②数据主题视图。围绕公司层面大的业务场景分析，围绕端到端的数据流建设需求，找到基础性的数据主题视图，摸清公司现有的数据资产分类，以便在数据流建设过程中进行匹配和疏导。

③数据实体视图。按照数据主题分类，对各域的数据实体进行识别和拆分，分析数据实体间的关系，分析数据流向，为数据流建设打基础。

④数据分布视图。围绕数据分布，从组织和系统两个视角进行分析，识别数据与组织的关系，理清数据与系统的关系。

⑤数据运营视图。围绕数据流建设，匹配相应的数据运营机制，把数据从产生到多次加工利用过程理清，把数据运营能力夯实。

四、技术架构蓝图设计的要求

技术架构是对前面的各种架构的一个升级、完善过程，有很多实际运营中存在的问题，如业务关系不协调、数据泄露或者被私自更改、应用与业务的冲突等。

案例中说到业务线过多、系统过多、接口关系复杂、维护困难等问题，技术架构所追求的就是效率和灵活性，这是实现信息化很重要的一步，如果没有效率和灵活性，那么就会使越来越少的人选择信息化的途径办理业务。技术架构面临的挑战很多，没有最好的只有更好的，不断的升级进步，才能在市场上赢得人心，做到最优的服务。有些企业因为技术漏洞，数据不共享、不透明，然后发生了巨额的贪污案件，这也是技术架构在初期需要考虑的事情。

技术架构设计实现如下效果：从目标角度，建立统一的技术架构，通过合理定义企业整体上的公共技术域，找到平台系统和应用系统之间的关系，从而实现信息化资源的统一规划与统一调度，提升信息化投资利用率。

技术架构的设计包括现状梳理与蓝图设计两个环节：

（1）现状梳理。开展技术架构元素收集，分析现有技术架构的问题、缺陷及优化方向，完成现阶段技术架构梳理（见表3－4）。

表 3－4　　　　　　　　　　技术架构现状收集表（示例）

参考技术类	参考技术名称	技术版本	参考技术描述	备注
集成开发环境	J2EE 平台			
	Power Designer	15		
	Eclipse	3.5		
测试工具	Soapui	3.5		
	App Scan	7.8		
数据抽取	Datastage	9		
	Informatica	8.1		
数据挖掘	Rapid Miner	5.1		
展现	Flex	3.2		
	Cognos	8.3 （最新 10）		
集成	SOA			
	消息队列			
	Web Service			
数据存储	Sybase IQ	12.7		
	Oracle	11G		
应用服务	Weblogic	9.2.2		
	Tomcat	5.5		
基础设施	Linux	2.6（内核）		
	Windows Server	2003		

续表

参考技术类	参考技术名称	技术版本	参考技术描述	备注
备份	Oracle 数据库备份恢复工具	10G		
	Rman			
	自带备份工具	ERP 6.0		
	自带监控工具	ERP 6.0		
监控	JConsole	5.0		
其他	JProfiler	6.2		

（2）架构设计。以应用架构、数据架构为基础，设计总体技术框架视图；识别技术组件，设计技术公共支撑平台；设计数据中台架构和互联网架构视图，以适应新时期数据处理和对外服务的要求；设计技术服务接口，以目录的形式呈现出来，供各应用调用见图 3 - 4。

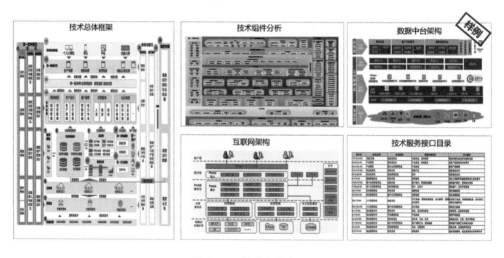

图 3 - 4　技术架构视图

①技术总体框架视图。结合某金融机构现有技术框架，面向未来公共服务支撑能力需求，设计技术框架视图，展现公司全局的公共技术能力，统一设计技术架构层次。

②技术组件视图。在技术总体框架设定的范围内，对公共平台组件化，识别组件支撑需求，对外以服务的形式呈现。

③数据中台视图。围绕面向内外部的数据服务能力需求，以共享为目标构建统一的数据中台，实现标准化的数据服务。数据中台从后端聚合数据资源，向外部提供标准化的数据服务。

④互联网架构视图。围绕新时期不断改变的用户需求与行为，以透明化、一致性、灵活化的互联网方式对外提供服务，按照互联网的层次化架构提供互联网一体化的支撑服务。

⑤技术服务接口目录。围绕业务服务和信息服务所提出的要求，匹配技术资源，对资源打包组合形成对外提供的服务，并以接口形式呈现出来。

五、治理架构蓝图设计的要求

治理架构设计是确保架构落地的重要保障。一方面，架构资产需要通过治理架构有效、有序地贯彻到信息化建设全过程中；另一方面，业务和技术的最新变化情况需要通过治理架构动态、实时地维护到架构资产中，支撑架构设计的不断深入。治理架构的设计包括现状梳理与蓝图设计两个环节：

（一）现状梳理

收集某金融机构现有信息化管控资料，从人员组织、流程制定、标准和规范的遵循情况来进行现状分析（见表3-5）。

表3-5　治理架构现状收集表（示例）

序号	被调研单位	人员组织	流程制定情况	标准和规范	现场访谈
1	信息部	组织结构合理完善	…	IT管理标准规范	√
…					

（二）架构设计

根据治理定位和治理目标，围绕治理的几大问题——管什么、谁来管、如何管、管得如何、在哪里管——来制定架构治理框架，以此来牵引架构各环节的内容匹配，总体视图见图3-5。

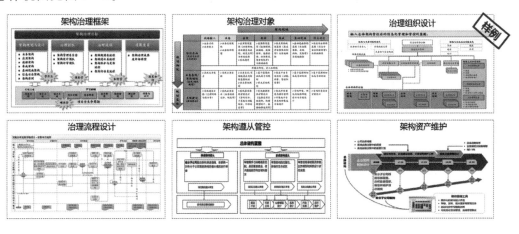

图3-5　治理架构视图

1. 治理架构总体框架视图

围绕治理的几大问题——管什么、谁来管、如何管、管得如何、在哪里管——来制定架构治理框架。

2. 治理对象视图

围绕"管什么"的问题，结合前期制定的业务架构、数据架构、应用架构和技术架构，找到架构管控的基线，识别出管控对象，按照企业级、业务线和系统级的层次进行匹配与拆分，找到管控策略。

3. 治理组织视图

围绕"谁来管"的问题，结合该金融机构组织文化与企业特点，通过设计能保障架构落地的人员组织，为推动治理体系落地。

4. 治理流程视图

围绕"怎么管"的问题，设计合理流程，建立架构更新机制，循序渐进地进行建设。

5. 架构遵从视图

围绕"在哪管"的问题，将项目管理与架构遵从管控结合起来，在项目落地过程中做架构遵从性检查（见图3-6）。

图3-6 架构遵从性检查标准

⑥架构资产维护。围绕信息化建设与架构发展的规律，需建立能够保持架构与时俱进的动态更新机制。

第二节 金融企业业务架构设计案例

金融业务公司是指开展业务活动为客户提供包括融资投资、储蓄、信贷、结算、证券买卖、商业保险和金融信息咨询等金融类服务的公司。金融业务是指金融机构运用货币交易手段融通有价物品，向金融活动参与者和顾客提供的共同受益、获得满足的活动。按照世界贸易组织附件的内容，金融业务的提供者包括下列类型机构：保险及其相关服务，还包括所有银行和其他金融业务（保险除外）。

广义金融业务，是指整个金融业发挥其多种功能以促进经济与社会的发展。具体来说，金融业务是指金融机构通过开展业务活动为客户提供包括融资投资、储蓄、信贷、结算、证券买卖、商业保险和金融信息咨询等多方面的服务。增强金融业务意识，提高金融业务水平，对于加快推进我国现代金融制度建设，改进金融机构经营管理，增强金融业竞争力，更好地促进经济和社会发展，具有十分重要的意义。金融业务包括：

· 直接保险（包括共同保险、寿险、非寿险）。

· 再保险和转分保。

· 保险中介，如经纪和代理。

· 保险附属服务，如咨询。精算、风险评估和理赔服务；银行和其他金融业务（保险除外）。

· 接受公众存款和其他应偿还基金。

· 所有类型的贷款，包括消费信贷、抵押信贷、商业交易的代理和融资。

· 财务租赁。

· 所有支付和货币转移服务，包括信用卡、赊账卡、贷记卡、旅行支票和银行汇票。

· 担保和承诺。

· 交易市场、公开市场或场外交易市场的自行交易或代客交易，包括货币市场工具（包括支票、汇票、存单），外汇，衍生产品（包括但不仅限于期货和期权），汇率和利率工具（包括换汇和远期利率协议等产品），可转让证券，其他可转让票据和金融资产，含金银条。

· 参与各类证券的发行，包括承销和募集代理（无论公开或私下），并提供与该发行有关的服务。

· 货币经纪。

· 资产管理，如现金或证券管理、各种形式的集体投资管理、养老基金管理、保管、存款和信托服务。

· 金融资产的结算和清算服务，包括证券、衍生产品和其他可转让票据。

· 提供和传送其他金融业务提供者提供的金融信息、金融数据处理和相关软件。

一、银行业务流程架构分析（见图 3 - 7）

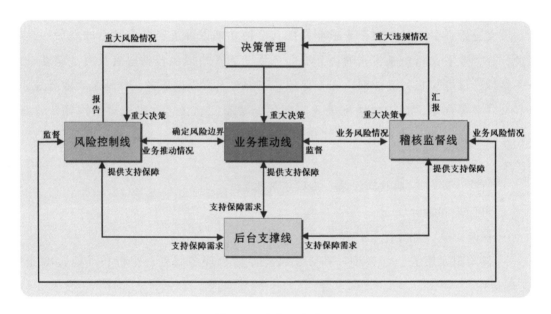

图 3 - 7　银行业务流程

业务体系架构的目标模式主要涉及组织架构、应用系统架构、流程及信息应用。本次案例将不涉及组织架构的设计，应用系统架构和信息应用将在应用体系架构中重点陈述。因此，业务体系架构主要将就流程中涉及的八大管理职能进行论述，包括战略规划、资产负债管理、信贷风险管理、财务管理、产品管理、渠道管理、客户关系管理和营运管理。

二、银行业务管理体系的构成情况（见图 3 – 8）

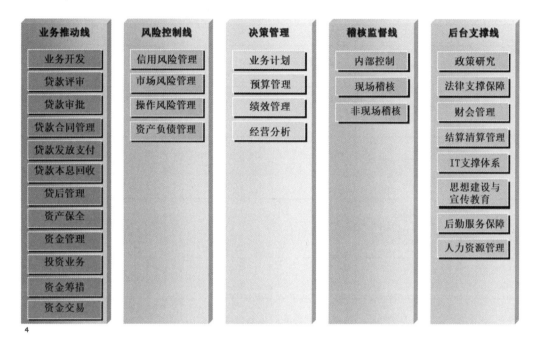

图 3 – 8　银行业务管理体系

（一）银行业务管理体系对信息化的需求（见图 3 – 9 和图 3 – 10）

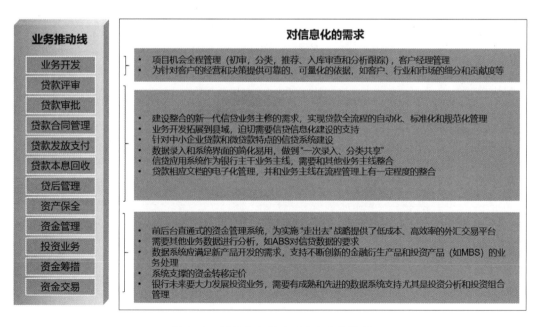

图 3 – 9　银行业务推动对信息化的需求

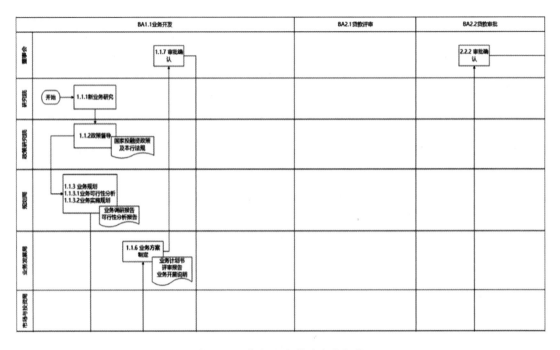

图 3 – 10 银行业务推动主线架构

（二）银行业务管理体系对信息化的需求（见图 3 – 11、图 3 – 12）

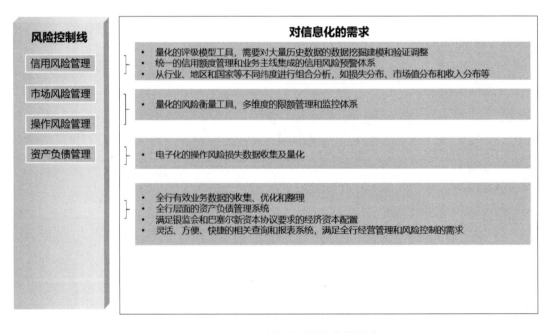

图 3 – 11 银行风险控制对信息化的需求

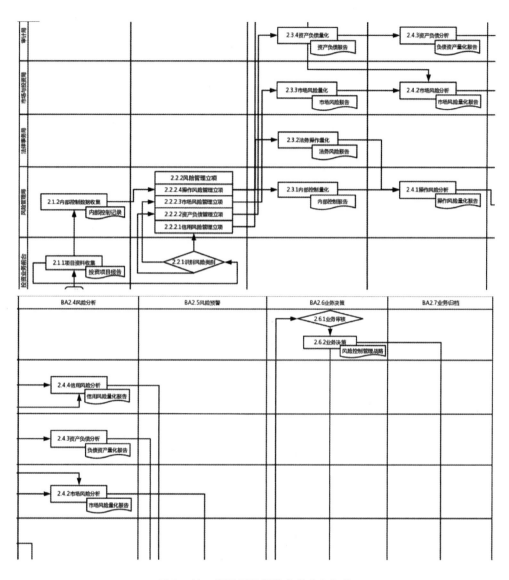

图 3-12 银行风险管控丰线业务架构

（三）银行业务管理体系对信息化的需求（见图 3-13、图 3-14）

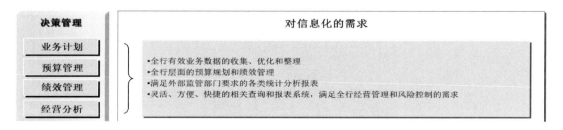

图 3-13 银行决策管理对信息化的需求

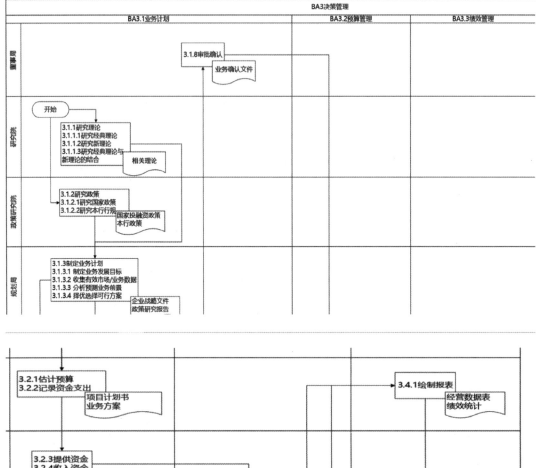

图 3-14　银行决策管理主线业务架构

（四）银行业务管理体系对信息化的需求（见图 3－15、图 3－16）

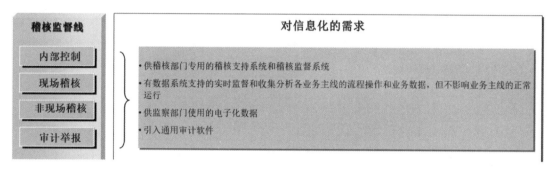

稽核监督线	对信息化的需求
内部控制 现场稽核 非现场稽核 审计举报	• 供稽核部门专用的稽核支持系统和稽核监督系统 • 有数据系统支持的实时监督和收集分析各业务主线的流程操作和业务数据，但不影响业务主线的正常运行 • 供监察部门使用的电子化数据 • 引入通用审计软件

图 3－15　银行稽核监督对信息化的需求

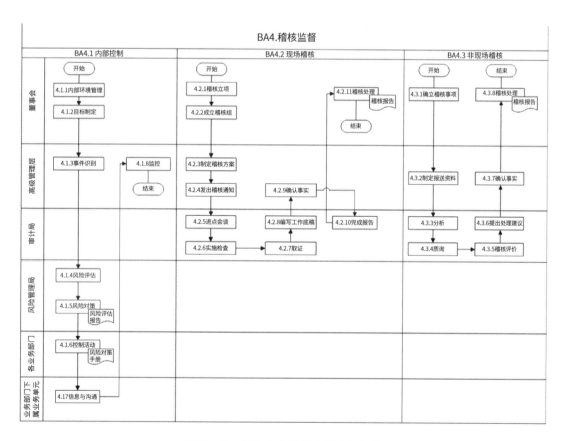

图 3－16　银行稽核监督主线业务架构

（五）银行业务管理体系对信息化的需求（见图 3 – 17、图 3 – 18）

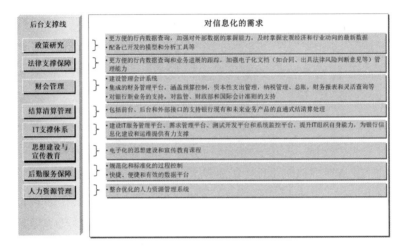

图 3 – 17　银行后台支撑对信息化的需求

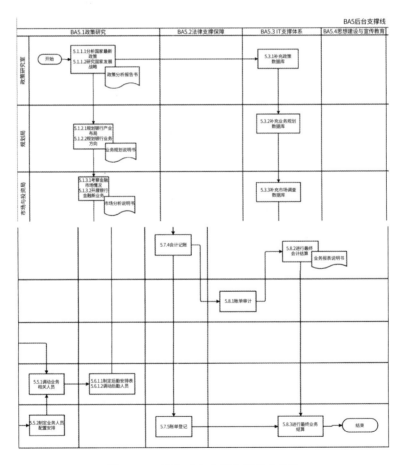

图 3 – 18　银行后台支撑主线业务架构

第三节　金融企业数据架构设计案例

我国银行信息化正处于银行自动化、银行网络化建设阶段。我国银行信息化建设到达了一定的规模：以现代化支付系统为核心，基本形成了现代化支付清算体系，同时金融创新产品也在不断推出；管理信息系统和办公自动化系统发展迅速。同时，我国银行信息化建设面临着挑战：我国银行信息化建设标准无法统一；服务产品的开发和管理信息应用的滞后等。促使我国银行信息化的发展，以及使未来的发展方向更加明朗化：积极推进数据集中和应用的整合；建立客户服务中心，建立数据仓库；加强对管理体系的改革；加强对信息安全防范。

我国银行充分利用电脑网络等先进的信息技术，先后完成了以客户为核心的综合柜员业务处理系统及涵盖对公、储蓄、银行卡等业务的新一代综合业务处理系统，实现了本、外币通存通兑和多种新型中间代理业务的自动化处理，为客户提供了更加方便、多样的银行服务。银行开通并运行了资金清算系统，行内汇划资金可以及时到账，实现了实存资金、即时划拨、头寸控制、集中监督的功能，提高了资金的使用效率，增强了银行防范和提高了化解风险的能力。为拓展海外业务，增强国际金融市场竞争能力，各行国际业务实现了集中处理，部分商业银行建立了海外数据处理中心，进一步提高了外汇资金的结算效率。我国银行为了满足业务发展和经营管理的需要，加快了集中式数据中心的工程建设，逐步将全行主要业务集中到区域中心以至总中心进行处理，实现集约化规模效益。

一、识别为业务体系提供的数据服务（见图 3 - 19）

二、银行的数据分布（见表 3 - 6）

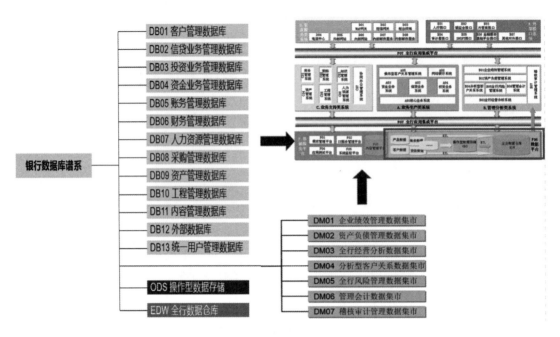

图 3-19　银行数据服务

表 3-6　　　　　　　　　　　　　　银行数据分布情况

序号	数据库	内容
DB01	客户管理数据库	客户数据、客户与银行交互历史、客户营销数据、客户经理数据等
DB02	信贷业务管理数据库	信贷产品数据、申请数据、项目数据、抵质押品数据、评审数据、贷款合同数据、贷款执行情况数据等
DB03	投资业务管理数据库	投资产品数据等
DB04	资金业务管理数据库	资金产品数据、权限数据、交易数据、账号数据等
DB05	账务管理数据库	账户数据、产品数据、贷款账户数据、利率数据、利率结构数据、客户额度数据等
DB06	财务管理数据库	会计科目数据、币种数据、财务账务数据、财务指标体系数据、资金管理数据、财务报表数据、税务筹划数据、核算与分析数据等
DB07	人力资源管理数据库	内部机构数据、内部员工数据、绩效数据、人事档案数据等
DB08	采购管理数据库	采购管理流程与制度、物流管理流程与制度、物料与服务数据、供应商数据、订单管理数据、储存管理数据、结算管理数据、采购分析数据
DB09	资产管理数据库	资产基本数据、资产状态数据、资产变动数据、固定资产折旧方法
DB10	工程管理数据库	项目开发数据、项目规划数据、项目投资收益数据、项目成本数据、项目进度数据
DB11	内容管理数据库	业务流程中产生的非结构化数据、各类培训数据、员工学习记录、个人事务处理数据、公文管理数据、行政管理数据、公用数据
DB12	外部数据数据库	宏观经济数据、市场数据等外部数据

续表

序号	数据库	内容
DB13	统一用户管理数据库	全行用户的认证、授权数据
DM01	企业绩效管理数据集市	财务绩效指标、客户绩效指标、业务流程绩效指标、员工学习与成长绩效指标、风险管理绩效指标、绩效考核数据
DM02	资产负债管理数据集市	账户数据、产品数据、客户行为数据、交易数据、监管数据、外部汇率分析、利率分析、现金流分析
DM03	全行经营分析数据集市	宏观经济与市场数据、行业竞争与趋势数据、经营计划与预算数据
DM04	分析型客户关系数据集市	客户贡献度分析、客户服务满意度数据、客户投诉数据、客户行为分析数据等
DM05	全行风险管理数据集市	抵押物评估、客户资信数据、客户违约数据、内部评级数据、外部评级数据
DM06	管理会计数据集市	账户数据、成本/收益数据、成本动因数据、产品数据、客户行为数据、客户数据、渠道数据
DM07	稽核审计管理数据集市	审计流程与制度、内控风险指标体系、审计计划数据、审计报告数据、风险预警数据、内控风险分析数据、风险处理数据
ODS	操作型数据存储	全行操作型数据的轻度汇总,面向全行应用系统集成和短期操作型报表和查询提供服务
EDW	全行数据仓库	全行分析型数据的集中存储,面向分析主题,集成的汇总数据

三、主要的业务体系与数据库之间使用关系

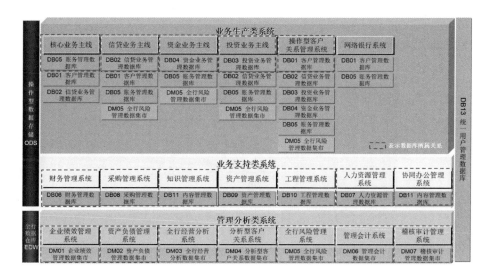

图 3 – 20 数据服务于具体的业务应用场景

四、银行数据架构的目标和原则

数据架构是进行银行数据平台规划和建设的基础，将提高银行总体数据管理水平，有效支持银行信息化。

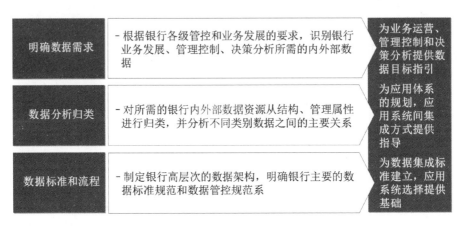

图3-21　银行数据架构建设过程

数据架构强调统一的企业数据模型、完善的企业数据管控、集约的企业数据赋能（见图3-22）。

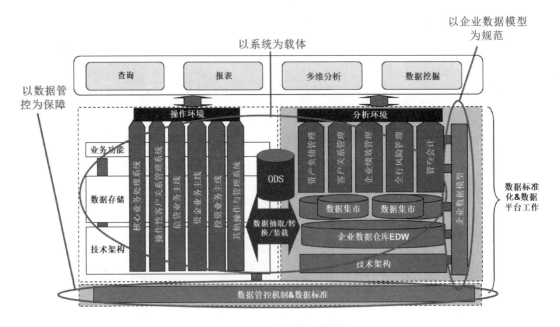

图3-22　银行数据架构简图

◆ 企业数据模型是数据共享和数据整合的基础（见图 3 - 23）

企业数据模型体现数据的核心资产地位，确保数据结构的标准化，规范所有系统数据模型的设计，在数据层面将银行应用系统无缝衔接在一起，为系统能真正支持业务需求，跨系统数据共享、数据整合打下基础。

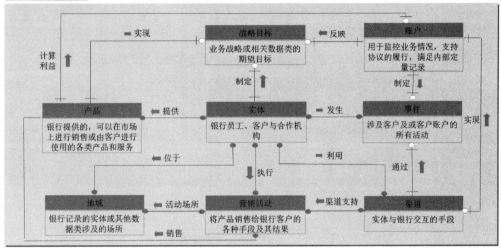

图 3 - 23　企业数据模型

◆ 统一的全行数据标准保证银行数据质量（见图 3 - 24）

为当前和未来支撑银行业务运营的应用系统及数据分析系统的数据制定一套各业务部门可以共同接受并共同遵守的标准，统一数据业务含义的定义和技术实现的标准。

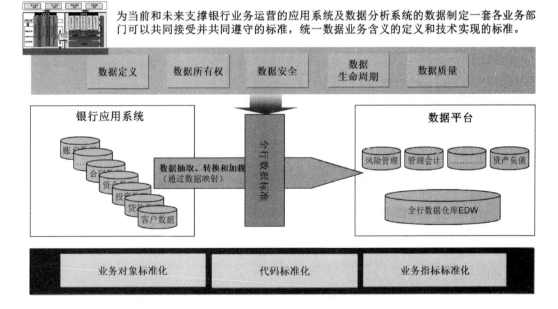

图 3 - 24　统一数据标准实现业务协同

全行数据标准的制定包含许多具体工作，需要通过组织和流程等数据管控机制加以保障，以规范数据的产生、存储和共享。

数据管控机制是数据架构的基础，直接决定银行数据的可用性和价值。数据管控的核心是建立端到端的数据管控流程，通过其将数据、数据拥有者、数据管理机构、数据使用者、数据管理平台有机地整合在一起。

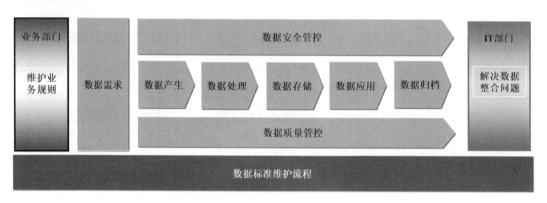

数据管控在本质上是横向的，其职责跨越了数据技术及业务两方面组织架构的界限

图 3 - 25   端到端的数据管控流程

全行数据仓库将分散在不同系统的数据进行标准化处理，形成全面的统一视图。

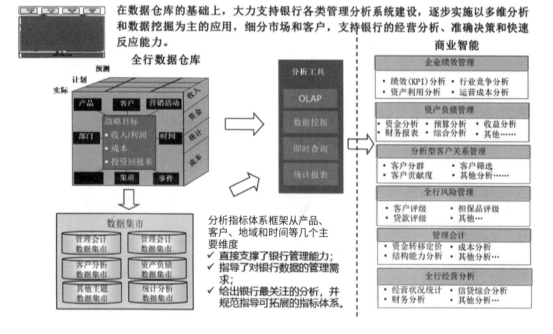

图 3 - 26   数据应用视图

五、数据资产管理是银行数据架构的实现方式（见图 3-27）

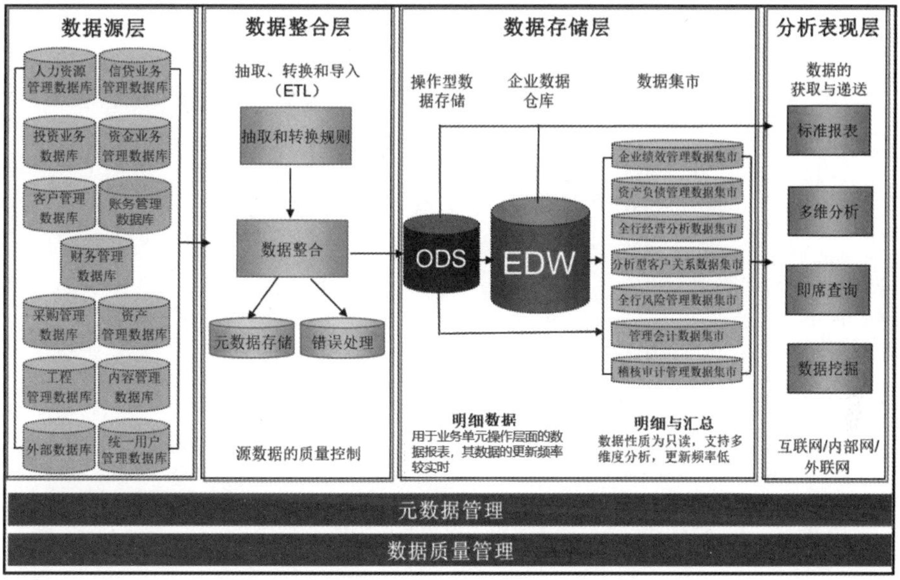

图 3-27 数据资产管理视图

六、银行信息系统数据架构设计实例

（一）数据架构视图（见图 3-28）

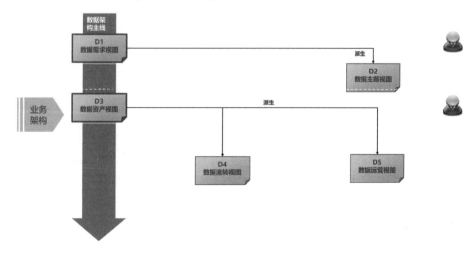

图 3-28 数据架构视图

（二）数据主题视图 – 数据盘点（见图 3 – 29）

经营决策	营销	渠道	主体	账户	品种	交易	合同	资产	服务	风险合规	人资	财务	信息
战略信息	服务事件	柜台	客户	资金账户	股票	委托	投顾合同	持仓	咨询服务	反洗钱	绩效	总账	项目
目标管理	品牌推广	银行	机构	证券账户	债券	成交	产品销售合同	负债	投研服务	交易监控	用工	预算	系统
外部监管	宣传活动	引流渠道	用户	基金账户	基金	资金变动	两融合同	资金余额	投教服务	市场风险	薪酬	核算	规划
投资策略	营销账户	客户终端	客户变更	衍生品账户	期货	行情接入	项目合同		清算服务	信用风险	组织	会计政策	研发
党建工作	客户关系	交易市场	交易权限	理财账户	期权	融资融券	绩效合同		份额登记	流动性风险	员工	会计估计	保障
舆情分析	客户服务			存管账户	代销产品					操作风险	培训		
					OTC					净资本风控指标			
										员工执行行为			

图 3 – 29　数据主题视图

（三）数据资产视图（见图 3 – 30）

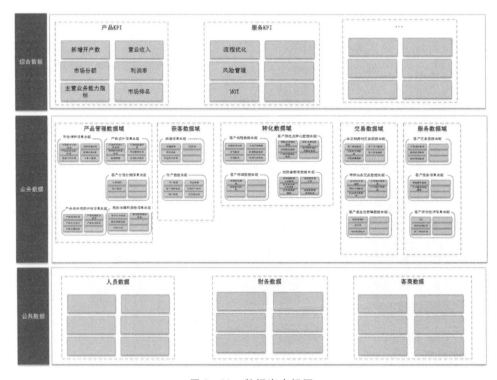

图 3 – 30　数据资产视图

（四）数据流转视图（见图3–31）

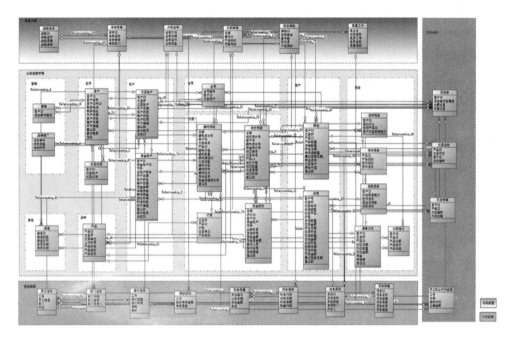

图3–31　数据流转视图

（五）数据运营视图（见图3–32）

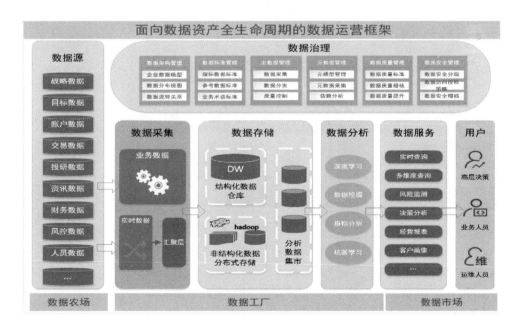

图3–32　数据运营视图

第四节 金融企业应用架构设计案例

以科学发展观统领信息化建设全局，严格按照业务发展规划要求，坚持以整体推进为原则、坚持以整合与统一为主线、坚持以创新为动力、坚持把促进和满足业务发展需要作为根本出发点、坚持"安全第一、稳健经营"的经营理念，通过高起点、跨越式、超常规和持续不断地建设，在完成全省农村信用社业务电子化建设的基础上逐步向管理信息化建设转变，实现业务流程的自动化、网络化、信息化的目标后，以信息的深度挖掘和充分利用转变为方向，进一步实现以建立信息系统基础架构为核心任务向以提升信息化应用水平转变，以科技先导型向科技和业务共同主导型转变，以支持业务经营为主向全面推动业务创新和管理决策水平提升的转变。

一、以服务型金融理论指导未来信息化建设

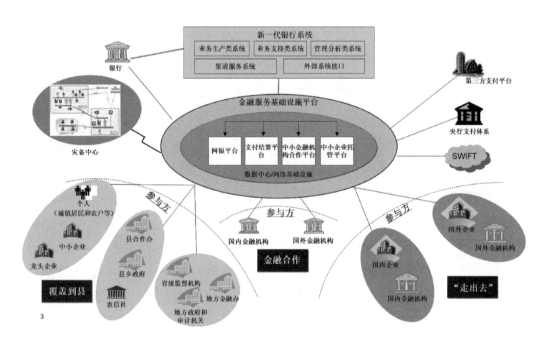

图 3-33 金融服务基础设施平台建设

政策性金融机构种类多样，不仅包括开发性政策性金融机构，还有进出口政策性金融机构、农业政策性金融机构等，各种机构的性质不同，专业性不同，业务范围不

同，职能定位也不同，经济开发政策性金融机构只是其中一个主要的组织形式，因而不能简单地、片面地和不加区别地把政策性银行都统统转型为综合性开发金融机构。尽管目前有少数国家的经济开发政策性金融机构（如巴西社会经济开发银行），在其他类型的政策性金融机构缺失的情况下，也从事进出口、中小企业融资等政策性金融业务，但绝大多数国家的政策性金融机构是严格地分业经营的。除非是像世界银行和亚洲开发银行那样的全球性或区域性的开发性金融机构，才有可能成为业务综合性的开发性金融机构。而且，开发性金融过于突出市场业绩，并采取主动与商业性金融竞争的方式实现盈利，这种有悖于政策性金融宗旨和业务行为原则的经营策略和方式，值得商榷，目前不宜广泛地推广，否则有可能进一步加剧与商业性金融摩擦和竞争的深度和广度，结果是又制造一个新的改革对象，加大改革的机会成本。所以，无论是从理论逻辑上、从大多数国家政策性金融体制改革和发展趋势上，还是从国情和国内金融运行环境上，不同性质和类型的政策性银行都不应当"一刀切"地转型为综合性开发金融机构。

综上所述，我国政策性银行目前改革、转型与未来发展的方向，应该是政策性业务与非主动竞争性盈利的有机统一，即政策性、营利性和非竞争性的"三位一体"，缺一不可。其中，"政策性"是目标，体现了政策性银行的宗旨和性质要求，以及对其业务范围的基本规范；"营利性"是动机，体现了政策性银行作为一种金融企业的基本要求，也比较顺应其未来进一步发展的形势要求；"非竞争性"是手段，体现了政策性银行实现盈利的基本准则和方法，也是实现政策性金融与商业性金融协调与可持续发展的根本途径。

二、未来信息化建设中的银行信息系统架构设计

银行信息化是国家信息化的重要组成部分，是实现国民经济和社会信息化的关键环节，始终得到党和政府的高度重视。近年来，我国银行业紧紧围绕改善金融服务、促进金融创新、增强银行核心竞争力的指导方针，大力推动银行信息化建设，取得了显著的成绩。目前，我国银行业信息化已经跨越了初始的、低水平的发展阶段，进入了全面、综合应用信息技术来保障与促进业务发展创新的新阶段，数据集中和围绕金融创新的应用整合将成为我国银行信息化发展的主要技术方向。这是我国银行业信息化向高水平纵深发展的良好的战略基础，也是我们面临的重要历史机遇。

数据大集中是银行业信息化建设的热点。

（一）数据集中为银行的集中管理奠定基础

这几年，银行信息化领域最热门的词汇非"大集中"莫属，直接动因在于要借助构建集中信息系统，将传统总分体制分散的资源集中到总部。只有完成数据集中，才能实现银行账务数据与营业机构分离，为银行管理集中和科学运营奠定基础，帮助银行从以账务和产品为中心转变为以客户为中心。因为历史原因，我国银行业的组织架构都是总部—分部模式，业务信息系统几乎都是以银行分行为主体建立的。由于银行业对信息的高度依存，企业的很大资源都以数字化形式存在信息系统中，银行的分支机构因为能够调用较多的资源，因此拥有相对独立的经营决策权。这种状况使得银行业很难转向集约化管理模式，而提高统一且标准化的产品和服务，则是现代银行企业的基本生存条件。

（二）数据集中为银行的业务发展奠定了基础

让银行业热衷于"集中"的根本原因是近四五年来，银行业纷纷开始战略转型，向真正的现代企业变革：银行要从简单的存贷款业务转向替客户管理资产，让客户的资产增值，这些战略目标离不开信息化的支持。国内的银行业几乎都开始"以客户为中心，以产品和服务为核心"，展开了大规模的集中信息系统建设，集中成为金融信息化不可逆转的趋势。由于有了全行统一的技术基础条件，使得商业银行可以在全行范围内为客户提供先进的、统一品牌的电子银行产品和优质服务，为客户提供可靠快速的网络汇兑和清算服务，同时也为商业银行进一步发展各项全行性业务奠定了坚实的基础。我国银行业数据集中工作从 1999 年开始至今，各银行的数据集中取得了重大进展。如今，全国四大商业银行基本都完成了数据层面的集中，全国性股份制银行也几乎完成了包括核心交易系统在内的各种业务系统的集中，集中的浪潮甚至已经波及城市商业银行和农村信用社。

（三）数据集中从根本上解决了分散架构带来的经营风险

在分散的信息化架构下，银行内部分支行挪用、贪污巨额资金的案件不时上演，风险隐患巨大。当某银行将原来多达 1040 多处的电脑中心集中到 33 个时，电脑系统的账目中显示出了 4.83 亿美元的巨额亏空；于是，震惊海内外的某银行支行三任行长监守自盗的惊天大案浮出水面。在过去分散管理、分散经营的体系中，一个小小的支行竟然可以用电脑做出假账上报，监守自盗、瞒天过海。而银行原有的监管系统根本难以查出问题，说明原有的管理系统存在着巨大的风险。该银行资金盗窃案的浮出，就是银行大集中所带来的在风险管理方面的一个收获，而大集中不仅仅引发了此案件，还同时揭出了一批类似的案件，从某种意义上来说，大集中达到了在风险管理方面亡羊补牢的作用。它使银行的管理者从原来的盲人骑瞎马的窘境中走出，迈入一个通过准确及时的信息反馈做出科学决策的时代。数据集中后，银行可以随时了解其遍布全球分支机构的经营状况，甚至能随时了解其每日的收支而不会出现盲点。银行利用高度集中的数据构建各种管理系统，用现代化管理手段可以对不同业务风险进行科学而严格的管理，防止其中出现漏洞。

（四）数据集中后，银行业金融创新加速发展

目前，国内各商业银行正快马加鞭，纷纷利用数据集中的成果，着力进行新一轮由技术"主导"的金融自主创新，提升其综合竞争力。多数银行在实现数据集中的同时，通过商业智能决策支持系统对资产类、负债类、中间业务类、财务类、会计类等信息资源进行整体规划和集中开发，进行了有效的业务创新，实现新的效益增长点；通过法规遵从管理、会计管理信息系统、业务流程再造、营销渠道整合、应用集成、客户关系管理、绩效管理、业务连续性管理、电子银行业务等系统建设，不断创新其内部组织管理系统，全面提供管理水平和工作效率。在业务创新和内部管理创新的基础上，通过对业务数据的实时跟踪和监测，及时有效地化解和防范经营管理和业务创新过程中的各种风险；通过业务处理的标准化和规范化，大大缩短银行金融产品包新周期。

三、银行应用系统建设的原则

明确银行应用架构建设的原则，是进行信息化应用系统建设规划的基础，它将提高银行总体数据系统建设和管理的水平，积极有效地支持银行业务战略的实施。

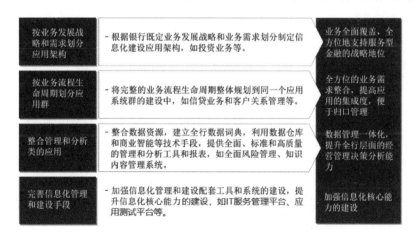

图 3 - 34　银行应用架构建设过程

四、银行未来信息系统架构设计的应用架构（见图3-35）

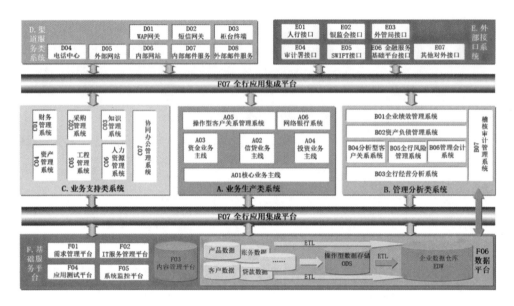

图3-35　银行应用架构简图

五、银行业务管理体系与应用架构的对应

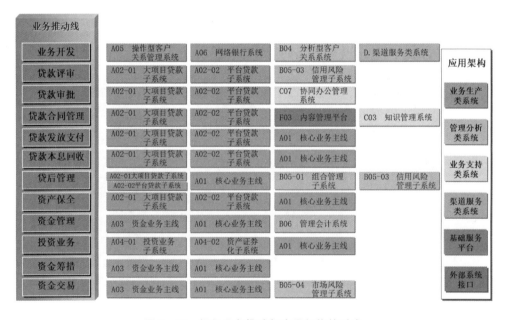

图3-36　银行业务推动与应用架构的对应

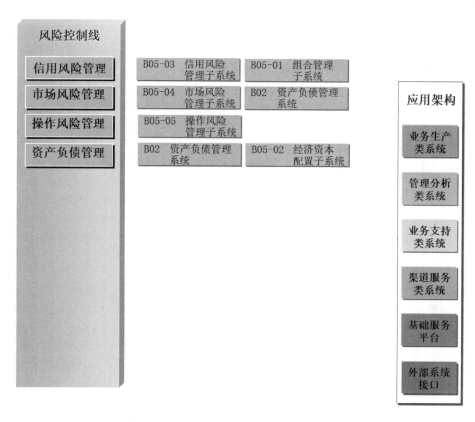

图 3 - 37　银行风险控制与应用架构的对应

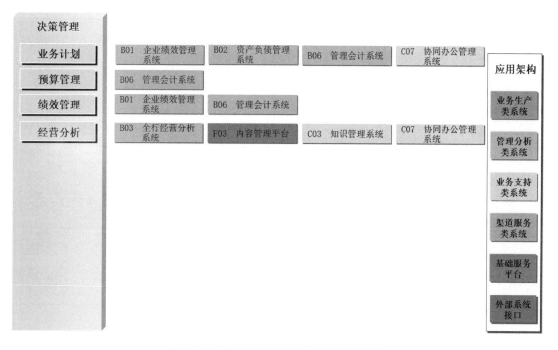

图 3 - 38　银行决策管理与应用架构的对应

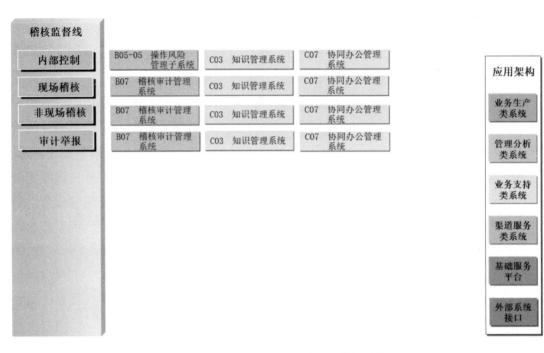

图 3 - 39　银行稽核监督与应用架构的对应

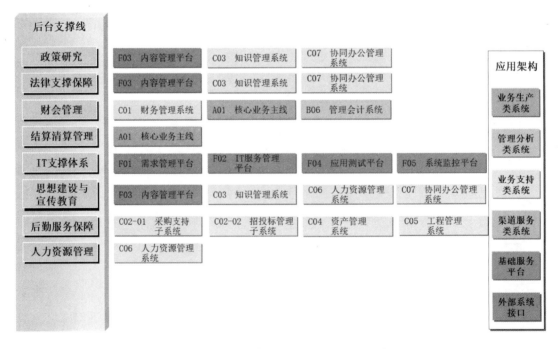

图 3 - 40　银行后台支撑与应用架构的对应

六、银行业务产品体系与应用架构的对应

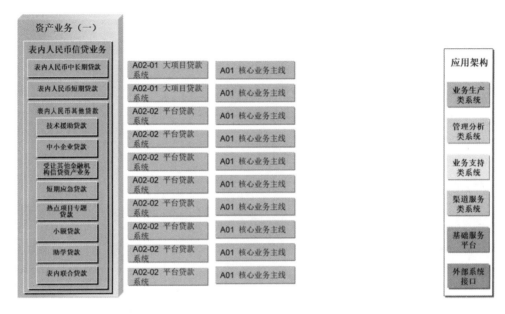

图 3 - 41　银行资产业务（一）与应用架构的对应

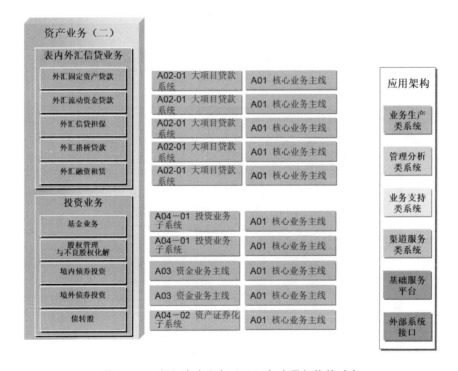

图 3 - 42　银行资产业务（二）与应用架构的对应

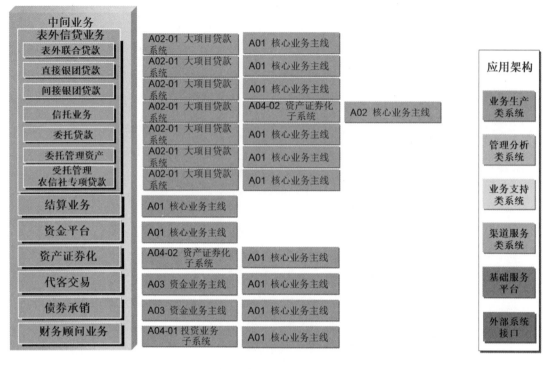

图 3 – 43 银行中间业务与应用架构的对应

七、面向业务主线的应用集成规划（见图 3 – 44）

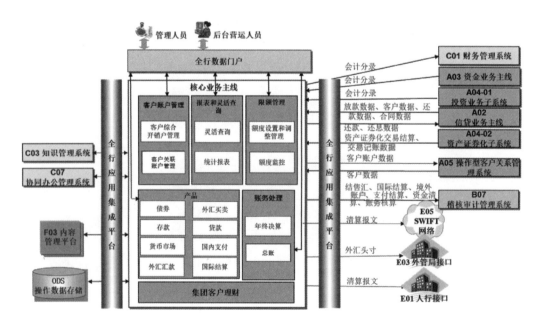

图 3 – 44 面向生产业务主线的应用集成规划

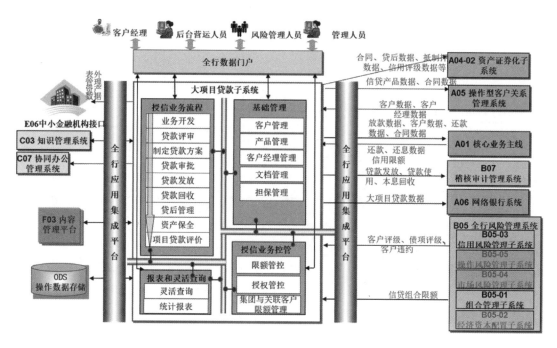

图 3－45　面向贷款业务主线的应用集成规划

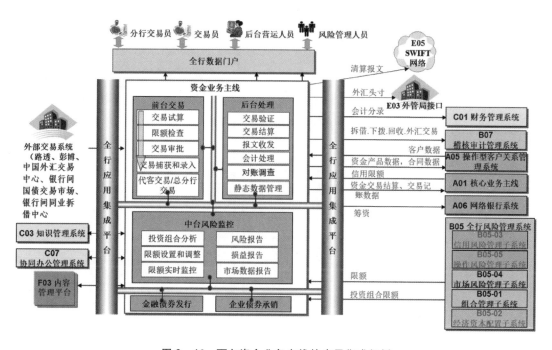

图 3－46　面向资金业务主线的应用集成规划

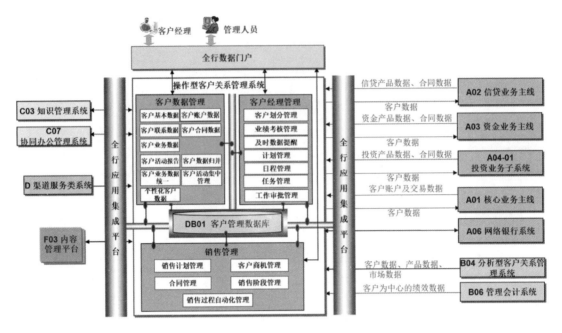

图 3 - 47　面向客户业务主线的应用集成规划

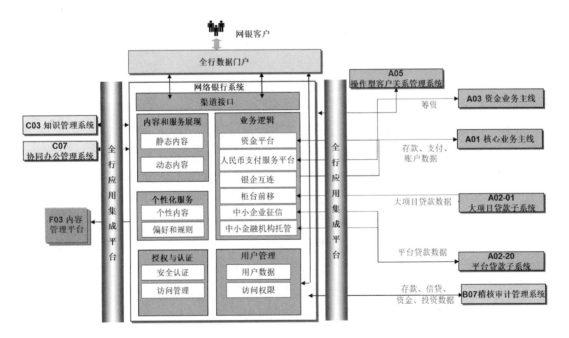

图 3 - 48　面向网银业务主线的应用集成规划

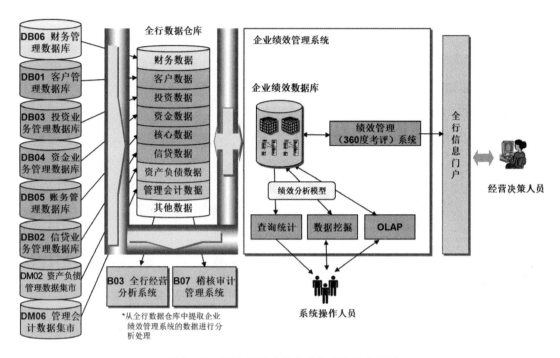

图 3 - 49 面向绩效业务主线的应用集成规划

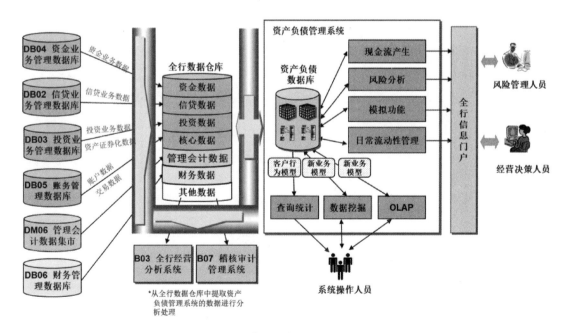

图 3 - 50 面向负债业务主线的应用集成规划

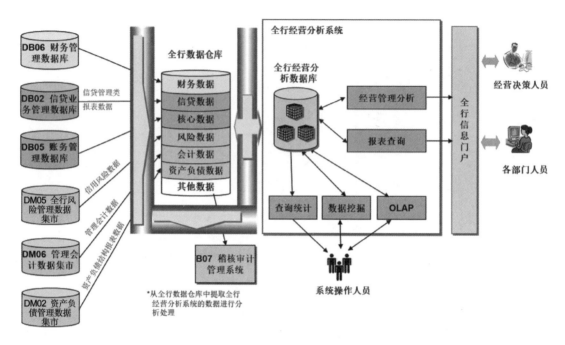

图 3-51　面向经营业务主线的应用集成规划

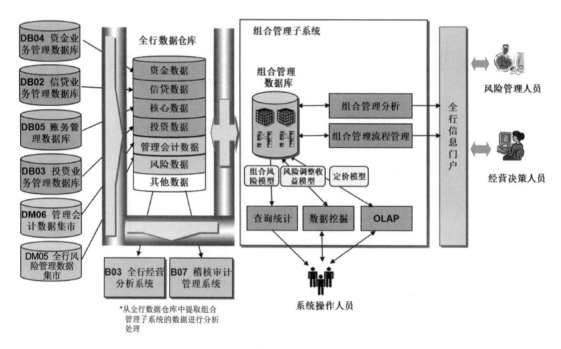

图 3-52　面向组投业务主线的应用集成规划

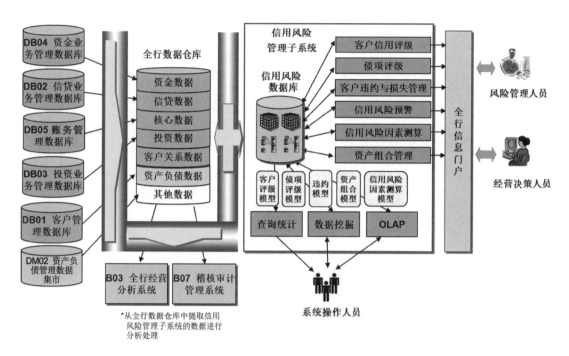

图 3 – 53　面向信用风险业务主线的应用集成规划

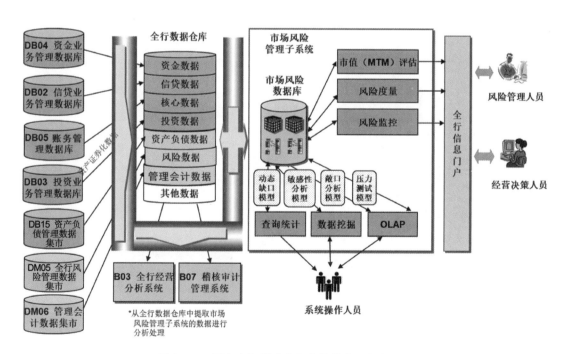

图 3 – 54　面向市场风险业务主线的应用集成规划

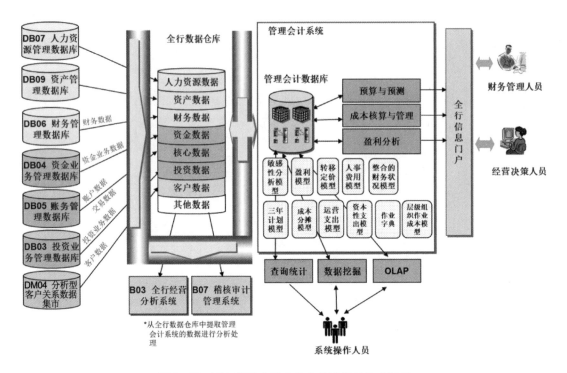

图 3-55　面向管理会计业务主线的应用集成规划

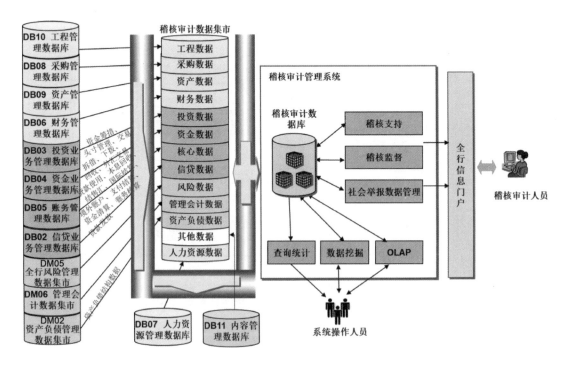

图 3-56　面向稽核业务主线的应用集成规划

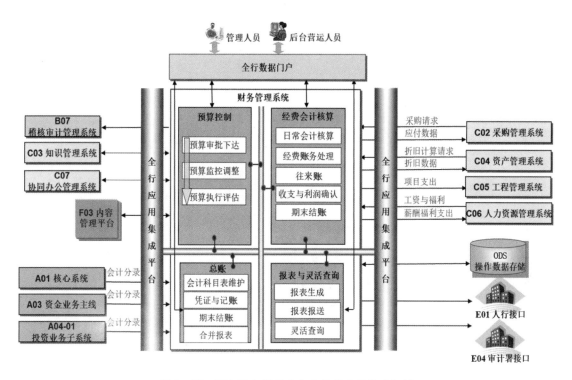

图 3 – 57 面向财务管理业务主线的应用集成规划

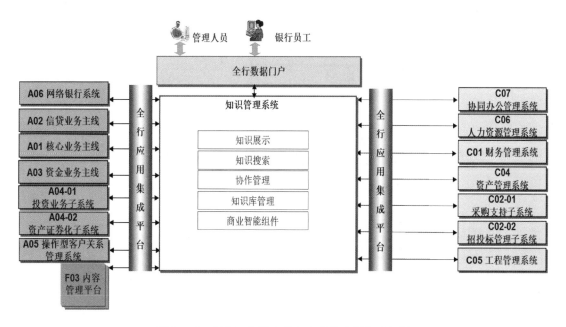

图 3 – 58 面向知识管理业务主线的应用集成规划

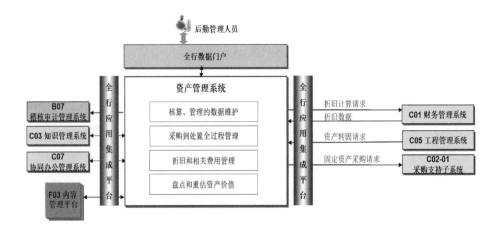

图 3 – 59　面向资产管理业务主线的应用集成规划

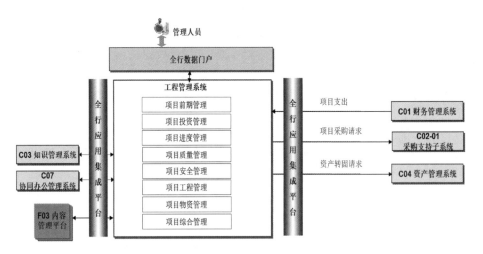

图 3 – 60　面向工程管理业务主线的应用集成规划

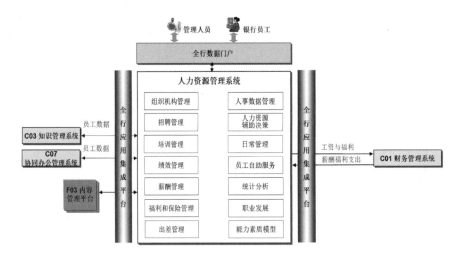

图 3 – 61　面向人力资源管理业务主线的应用集成规划

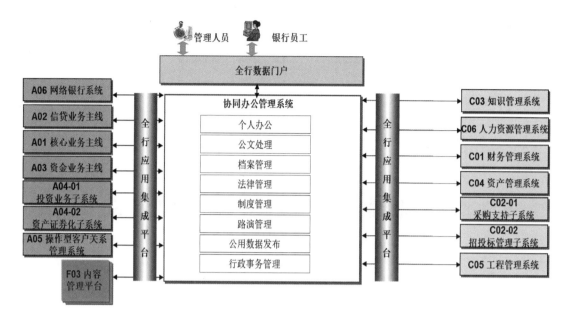

图 3－62 面向办公业务主线的应用集成规划

八、根据业务划分定义应用总体视图，清晰划分了功能边界

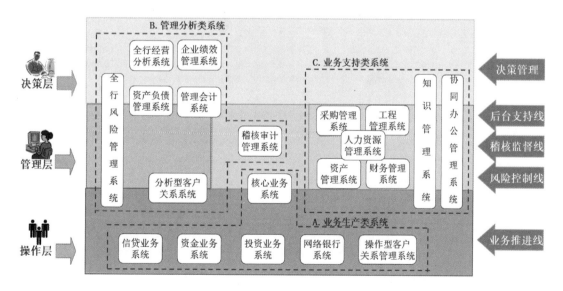

图 3－63 面向办公业务主线的应用集成规划

第五节 金融企业技术架构设计案例

一、应用集成的业务驱动力

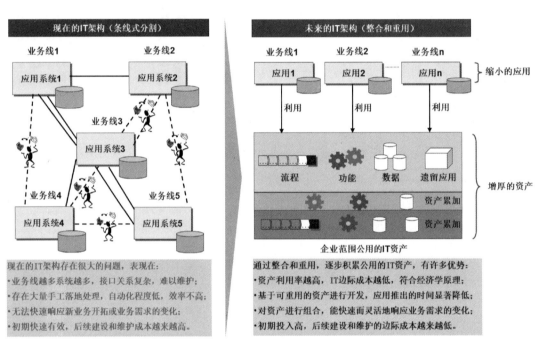

图 3 - 64 IT 架构演变

二、我们认为，效率和灵活性是主要挑战

我们通过访谈和分析，认为未来银行 IT 建设的目标之一是要提高总分行员工的工作效率，要让技术解放员工的生产率，而不是员工受到技术效率瓶颈的束缚。当前重要的工作是提高 IT 系统的整合度，通过业务的直通处理过程提高业务流程的自动化程度，做到数据一次录入、多处使用，增加业务的周转率。

银行的战略目标是成为世界一流的开发性金融机构，未来几年将大力拓展业务渠道，将银行的业务覆盖到县域、覆盖到三农、覆盖到国际，因此不同于国内商业银行，

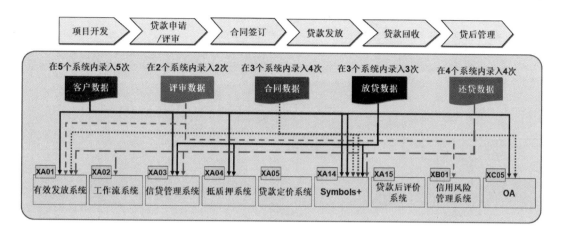

图 3-65 银行 IT 系统支持核心信贷流程的现状举例——大量数据手工落地处理和重复录入

银行未来的业务发展和变化将非常迅速。银行的业务全覆盖和前移战略势必要求 IT 架构具备足够的灵活性和快速反应能力，能够快速地完成开发或者配置支持新的业务渠道和产品。因此，银行未来 IT 建设的另一大目标就是灵活性。

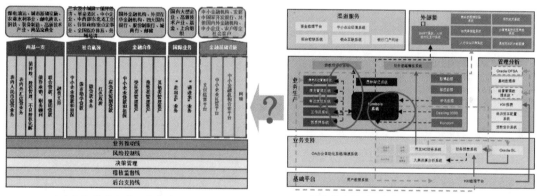

未来银行的业务发展将极为迅速　　　　现有的条线式IT架构难以快速支持银行业务发展

图 3-66 银行业务发展演变

三、用微服务的方法实现银行 IT 系统的高效率和灵活性

如果沿着现有条线式架构的发展思路，随着银行业务的迅速发展，银行的 IT 架构将演变得越来越复杂，复杂的 IT 架构将无法带来效率且缺乏灵活性。

前几年 EAI 的思路因为其技术的复杂性并且重点是解决应用系统之间的数据交换，也不能实现充分的灵活性。

而微服务的建设思路，通过应用整合和服务重用，能为银行带来所需的高效率和灵活性（见图 3-67）。

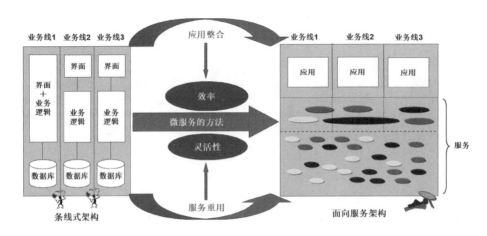

图 3 – 67 用微服务的方法实现银行 IT 系统的高效率和灵活性

四、按照微服务的原则规划银行应用集成平台（见图 3 – 68）

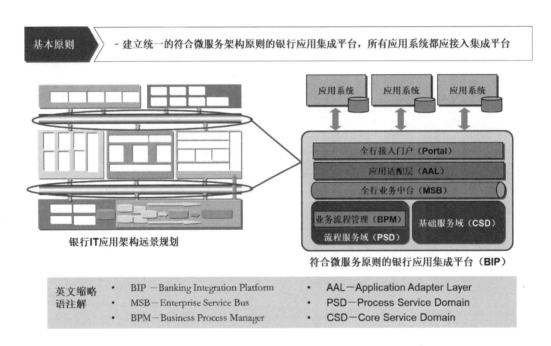

图 3 – 68 银行应用集成平台

（一）银行微服务规划原则

· 将银行 IT 架构划分为前端和中端，应用系统定位在前端，使用中端的服务；

· 通过集中的安全机制进行应用系统访问控制；

· 应用系统通过后端服务进行集成；

- 按服务对象的不同划分不同的服务域；
- 服务之间通过统一的业务中台互相连接；
- 应用系统通过应用适配器接入业务中台；
- 业务中台支持同步调用、异步消息、批量文件和批量数据传输的多总线结构；
- 前后端间、后端服务间根据不同的业务场景使用合适的服务调用方式；
- 支持开放、主流和标准的技术，遵循技术中立和厂商中立的架构原则；
- 能适应市场上成熟的一体化套装软件的引入。

（二）银行应用集成平台的功能模型（见图 3 - 69）

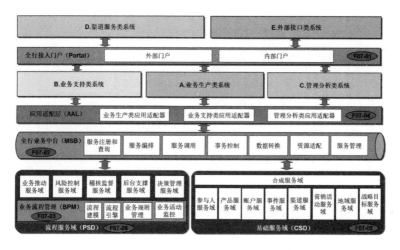

图 3 - 69　银行应用集成平台的功能模型

（三）银行应用集成平台的关键构件说明（见图 3 - 70）

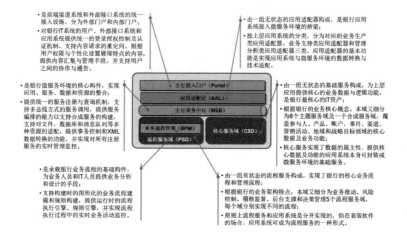

图 3 - 70　银行应用集成平台的关键构件说明

（四）门户功能模型（见图3-71）

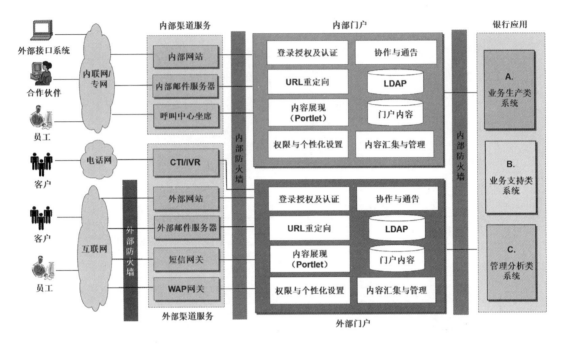

图3-71 银行应用集成平台的门户功能模型

（五）全行业务中台功能模型（见图3-72）

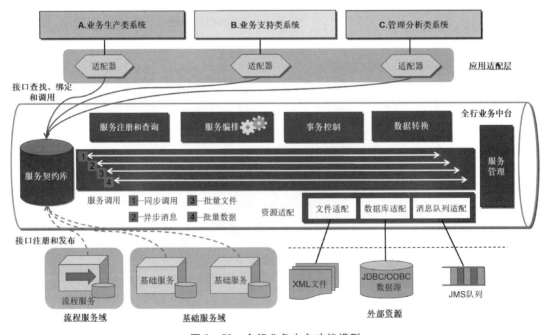

图3-72 全行业务中台功能模型

（六）业务流程管理功能模型（见图 3 - 73）

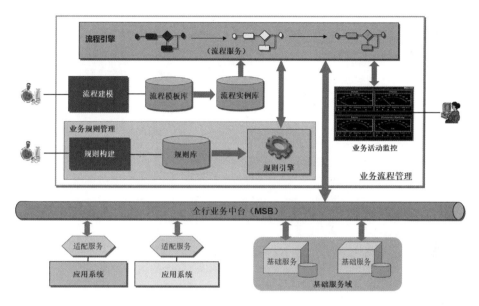

图 3 - 73　业务流程管理功能模型

五、服务重用

（一）服务的基本功能模型（见图 3 - 74）

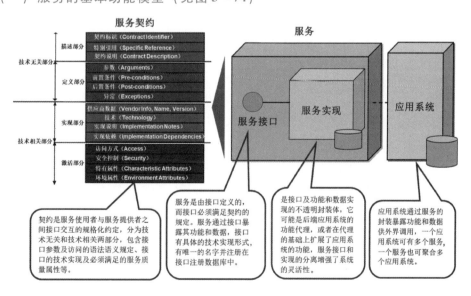

图 3 - 74　服务的基本功能模型

（二）银行的微服务环境应部署三类服务（见图 3 - 75）

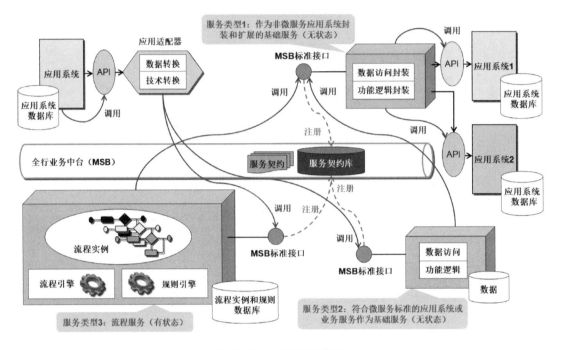

图 3 - 75　三种服务类型

（三）服务调用的原则描述

1. 服务调用的基本原则

服务调用由应用系统发起，应用系统通过私有 API 激活应用适配器。

应用适配器和服务之间、服务和服务之间通过全行数据总线（MSB）互相调用。

2. 应用适配器调用服务的原则

业务生产类应用适配器以同步调用的方式访问流程服务和基础服务。

业务支持类应用适配器以同步调用的方式访问流程服务和基础服务，以批量文件的方式传输数据文件或文档。

管理分析类应用适配器以批量文件的方式传输数据文件，也可以批量数据的方式传输 ODS 和 DW 存储的数据。

3. 流程服务调用其他服务的原则

流程服务由应用适配器以同步调用的方式激活。

流程服务原则上以异步消息的方式访问基础服务和 ODS，根据流程结点的特点，也可选择用同步调用的方式访问基础服务。

流程服务通过批量文件的方式传输流程文档。

4. 基础服务访问资源的原则

基础服务由应用适配器以同步调用的方式激活，也可由流程服务或其他基础服务以同步调用或异步消息的方式激活。

基础服务可以异步消息的方式访问 ODS。

5. 资源的访问原则

数据文件、文档以批量文件传输的方式由业务支持类和管理分析类应用适配器访问。

ODS 以异步消息的方式由核心服务访问，在数据仓库未建成前，可以批量数据传输的方式由管理分析类应用适配器访问。

数据仓库以批量数据传输的方式由管理分析类应用适配器访问。

（四）服务调用的原则图解（见图 3－76）

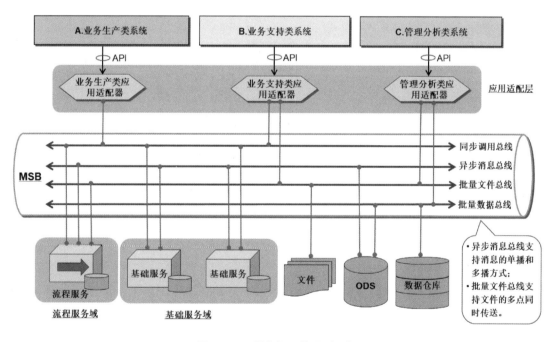

图 3－76　服务调用的原则图解

按与核心数据的属主关系构建基础服务，目标是提供粗粒度的数据及核心业务接口。

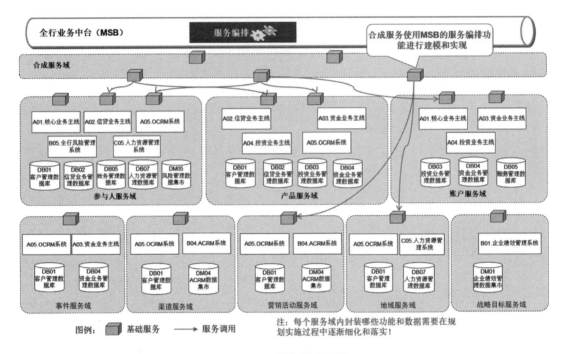

图 3-77　服务调用视图

（五）流程服务的构建原则

流程服务是业务流程的技术实现载体，根据银行的业务和管理领域划分流程服务域，不同的服务域实现不同的业务和管理流程。

流程服务实现有人机交互的长时处理流程，对于短时的全自动不需人工参与的处理流程，一般由基础服务域内基于服务编排成的合成服务来实现。

流程服务调用基础服务获得业务功能和数据，流程服务之间也可以通过互相调用以实现不同流程的串接。

根据业务负载的大小规划每个服务域内流程服务的数量，如业务推动服务域通常负载较重，则构建多个处理不同类流程的流程服务以分担业务负载。

原则上业务流程应独立于应用系统，但在部署一体化套装软件的情况下，应优先使用套装软件提供的业务流程功能，此时对应的服务域内不需部署同类功能的流程服务。

在应用系统自行开发的情况下，应优先重用已有流程服务的功能，或者按照微服务的原则在对应服务域内开发和部署新的流程服务。

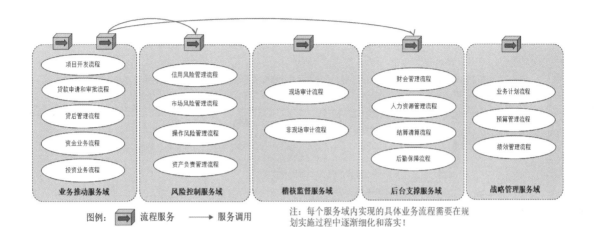

图例：　▣ 流程服务　　→ 服务调用　　注：每个服务域内实现的具体业务流程需要在规划实施过程中逐渐细化和落实！

图 3 − 78　流程服务调用视图

六、集成平台对应用系统的接口开放要求（见图 3 − 79）

基本要求

应用系统必须提供开放接口，存在两种情况：

❖ 情况1：以基本的API形式提供开放接口，可在API的基础上进行应用逻辑扩展和数据转换封装成服务的形式接入银行应用集成平台；

❖ 情况2：有条件的应用系统可直接提供面向服务的接口。

其他要求

❖ 接口功能必须高度聚合，业务逻辑的调用满足事务完整性原则；

❖ 接口提供的数据必须满足粗粒度原则，以聚合业务实体为划分数据粒度的依据，有利于保持接口的稳定以及降低服务间的数据交互频率；

❖ 应用系统须考虑提供数据接口调用的完整性控制机制，要求有接口日志记录功能，以满足事务回滚或补偿的要求。

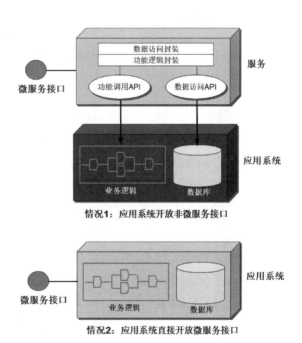

图 3 − 79　集成平台对应用系统的接口开放要求

七、银行微服务原则：大处着眼、小处着手、快速交付

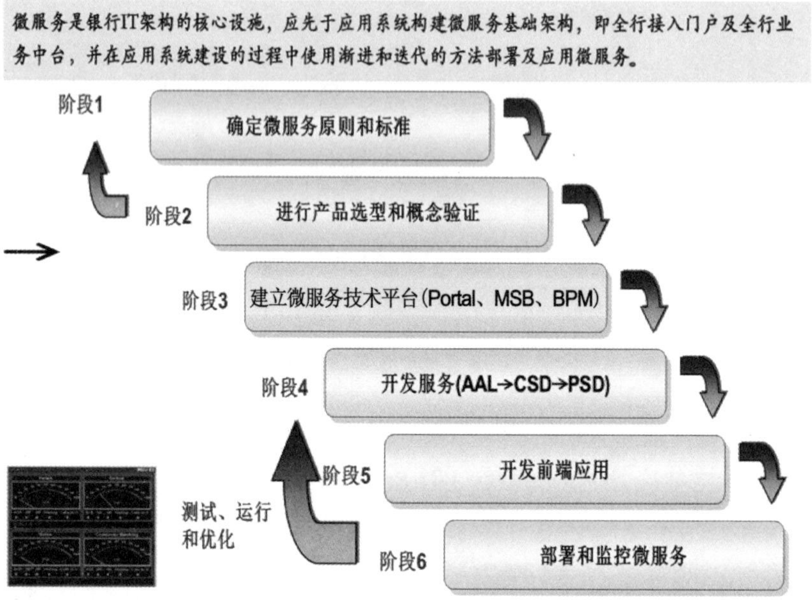

微服务是银行IT架构的核心设施，应先于应用系统构建微服务基础架构，即全行接入门户及全行业务中台，并在应用系统建设的过程中使用渐进和迭代的方法部署及应用微服务。

阶段1 确定微服务原则和标准

阶段2 进行产品选型和概念验证

阶段3 建立微服务技术平台(Portal、MSB、BPM)

阶段4 开发服务(AAL→CSD→PSD)

阶段5 开发前端应用

测试、运行和优化

阶段6 部署和监控微服务

图 3 - 80 微服务落地的六大步骤

八、建立有效的管控机制保障微服务的实施（见图 3 - 81）

角色	主要职责
微服务实施管理	• 在技术和业务部门间维持良好关系，通过协调持续保持架构和业务一致 • 建立和协调发布管理流程及相关质量标准 • 协调和管理核心基础架构及共享服务的开发 • 设计和管理业务服务需求的定义、变更和管控的流程 • 定义和管理安全、接入、服务质量等非功能需求 • 建立和管理预算估计、业务案例、投资回报和投入资源 • 建立和管理微服务架构管理团队和业务应用开发团队之间的沟通协调机制
微服务架构管理	• 建立和维持企业架构标准，包括：企业数据模型、业务中台、核心业务流程、核心服务 • 建立和管理服务元数据库，包括服务接口的规格化描述、服务的版本控制和配置管理 • 评估服务的新建、退役和更改等变更请求对IT整体架构的影响，必要时做出决策 • 监督各业务应用的架构设计小组的设计成果，确保业务应用按照微服务的原则建立 • 组织协调服务开发和组装的培训 • 提供必要的工具和流程指导 • 评估服务的重用度和价值
业务应用开发	• 确保业务应用架构设计小组按照微服务的要求设计应用架构 • 接受微服务架构管理团队的督导，按设计要求分析设计和部署业务服务 • 开发人员在业务应用架构设计小组指导下进行业务应用的开发、配置和实施

组织级管控机制

微服务是全行IT整体架构的核心，是前端应用依赖的基础，因此应该采用组织级而非项目级的管控机制保障微服务的实施！

图 3 - 81 微服务管控机制

第六节　金融信息系统架构治理案例

本部分是在前期调研的基础上对案例企业的企业架构发展现状进行整体性阐述，并结合现状给出提升方向和提升建议，为架构能力提升和架构治理设计提供依据。

一、现状及提升建议总结

围绕现状分析结果发现，案例企业目前主要存在需求散、响应慢、系统散、建设散等方面的问题，需求散主要是因为在项目多个环节缺少可操作的企业级管控标准造成的，从需求立项和需求受理等环节没有能堵住碎片化的需求。响应慢是多方面原因造成的，主要原因是在项目过程中业务规划及设计不足（影响需求质量）、全局架构管控标准缺失（影响项目各环节管控标准细化）、需求统筹职责落实不到位（影响需求扎口及合理排期）、系统耦合度较高（影响能力复用）等方面。

系统散、建设散有其客观的原因和发展规律，是伴随着公司业务发展需求逐渐旺盛、信息化逐渐繁荣产生的。案例企业系统类别众多、百花齐放，建设散而不统一，也由此产生了信息孤岛和重复建设等一系列的问题。这些问题产生的主要原因是由于缺少企业级架构造成的。在新时期，信息化建设在百花齐放的同时必须也要逐步统一架构才能相互协同。

从根本上来说，围绕散和慢的问题，立足整体企业层面是要解决以客户中心化为导向的内外部协同问题。立足客户中心化视角，必须围绕价值链构建内部协同分工关系，构建端到端的流程，让组织去适应端到端的流程（而非流程去适应职能化组织），才能逐步形成端到端的数据和端到端的系统。目前案例企业的现状是部分呈现出职能化分割，各部门分头提需求、开展系统建设，但又缺少企业级架构作为指导，难以按照统一的架构去管控需求和开展建设。需求管不住、企业级能力复用不足（缺架构指导）是导致需求散、响应慢的重要因素。

综上所述，要解决散和慢的问题，必须围绕客户中心化视角解决内外部的业务协同与 IT 协同问题。这是跨业务和 IT 的复杂问题，必须立足顶层设计来解决，统一架构、统一管控才是根本，业界实践表明，企业架构是重要抓手。围绕架构能力的提升必须优先解决企业架构定义和企业架构治理问题，案例企业目前正处于企业架构定义的初步阶段，未来需要在此方面投入一系列的资源和精力，打造企业级架构能力。围绕架构能力的提升，必须有一系列的关键要素支撑，包括公司高层的坚定支持、各部门的实质参与、架构治理组织与队伍的落实、企业架构完整定义、企业架构治理落地等。

二、案例企业现状分析

围绕案例企业快速发展趋势，面向服务集团化模式、服务国际化竞争、服务市场化发展、适应快速创新的多样化发展需求，必须打造案例企业所需的能力，包括客户化的业务响应能力、敏捷的 IT 支撑能力，其中，客户化的业务响应是导向，因为真正解决客户的问题才能发展得更好；敏捷的 IT 支撑能力是快速响应业务的核心生产力。围绕这样的发展目标与需求，对案例企业现状进行了调研，发现案例企业面临以下改进机会：

第一，需求散、响应慢。需求散表现在整个项目过程中缺少企业级需求管控标准、碎片化需求过多，进而影响了需求排期和技术开发等多个环节，立项、需求受理等环节缺少企业级管控标准是根源。响应慢是指从业务需求提出到需求实现整个周期普遍较长，体现立项需求受理与需求澄清、发布部署等诸多环节。在开发环节也因核心系统耦合度较高，存在开发过程中牵一发而动全身的情况。

第二，系统散、建设散。随着信息化建设的深入，案例企业呈现出系统多、类型多、系统散、建设散的特征。各单位分头搞建设，建设单位众多，缺乏统一扎口，已经呈现出一些信息孤岛和重复建设的情况。这种百花齐放的建设模式有其客观的原因和发展规律，是伴随着公司业务发展需求逐渐旺盛、信息化逐渐繁荣产生的，在一定程度上很好地支撑了公司业务发展。然而，由于各部门分头提需求、开展系统建设，案例企业又缺少企业级架构作为指导，难以按照统一的架构去管控需求和开展建设，进一步加剧了系统割裂和重复建设，也强化了部门壁垒。这种壁垒导致了流程断环和数据孤岛，使公司内部协同困难，影响了价值流从后台向前台及客户的有效传递。随着业务规模及系统规模的扩大，以客户中心化为导向的内部协同难度会呈指数级增加。

除了上述现象外，案例企业整体呈现出客户中心化偏弱的状况，这才是导致散和慢的根本性问题，因为内部所有的工作都是以这个为导向开展的。围绕客户中心化服务，对外要有一致的服务接触点、一致的服务体验、一致的服务数据；对内要有端到端的运营，包括端到端的业务流程、端到端的数据服务、端到端的系统支撑等。所谓端到端的运营是指从接纳或启发用户需求开始，经过需求转达、内部协作，到最终实现业务并反馈给用户的过程。目前这方面偏弱，也是各种散乱的情况出现的根源。目前现状是：端到端的流程偏弱。围绕客户中心化的服务，必须要求端到端的流程来支撑，目前有流程断环现象。端到端的数据偏弱。存在数据割裂和数据不一致的现象。如商户的很多其他基础信息在商户管理平台，可能会有数据不一致问题，运营可能也会增加复杂度。目前缺少主数据、元数据等基础数据平台，也是导致各方面问题的原因。端到端的系统偏弱。围绕端到端的流程和数据，系统也应是端到端的，然而目前信息孤岛较多，难以沉淀共性可用的业务组件，从而影响开发效率及业务响应能力。

综合上述分析，必须立足顶层设计解决散和慢的问题，统一架构、统一管控才是根本，业界实践表明，企业架构是重要抓手（见图3-82）。

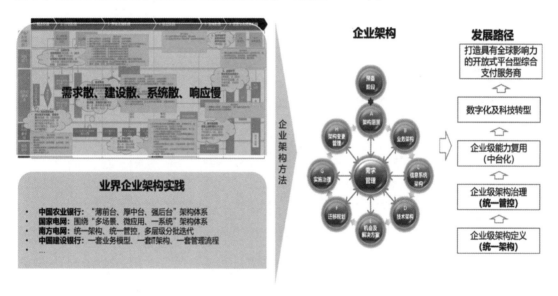

图3-82 企业架构方法助力解决散和慢的问题

围绕案例企业需求散、建设散、系统散、响应慢等问题，从局部入手是不能从根本性上解决问题的。需要立足顶层设计解决散和慢的问题，统一架构、统一管控才是根本。从业界成功实践来看，企业架构是重要的抓手。在这些业界成功实践中，中国农业银行开展"薄前台、厚中台、强后台"架构体系设计，国家电网"多场景、微应用、一系统"开展架构体系设计，南方电网依托统一架构进行统一管控，中国建设银行围绕"一套业务模型、一套IT架构、一套管理流程"开展新一代建设。

依托企业架构方法，参考成熟的建设路径，围绕公司战略目标"打造具有全球影响力的开放式平台型综合支付服务商"，按照"统一架构（企业架构定义）→统一管控（企业架构治理）→统一中台（企业级能力复用）→数字化及科技转型"的发展路径逐步迭代建设，是达到公司战略目标的必由之路。

围绕公司能力提升方向，企业架构能力的建设是非常重要的，必须作为公司未来的战略级能力进行打造。

三、案例企业架构成熟度

（一）案例企业架构成熟度水平

按照 ACMM 模型，结合调研结果综合分析，案例企业的企业架构能力水平正处于第二阶段向第三阶段过渡的状态（见图 3-83）。

◆ 无统一顶层设计
◆ 应用离散
◆ 存在信息孤岛
◆ 信息难以完整、准确、有效集成
◆ 存在重复建设

ACMM模型						
应用系统	低成本的应用程序	拓展应用范围	系统升级	运用数据库技术整合应用	系统使用公共组件	企业级综合信息管理
数据处理与组织	业务部门的数据处理专业化工作	面向用户的系统开发	正式组织	初步实现数据集中	共享的业务组件	实现企业级数据管理
数据顶层设计与控制	松散	更松散	正式的顶层设计和控制	更正式的规划与控制系统	共享数据和公用系统	数据资源管理计划
用户态度	不干涉	表面热情过高期望	用户参与	用户参与	用户有效地承担起系统开发责任	用户与技术人员相融合
	第一阶段 独立建设	第二阶段 项目化建设	第三阶段 企业级架构定义	第四阶段 企业级架构治理	第五阶段 中台化转型	第六阶段 数字化转型

图 3-83 案例企业的企业架构能力水平

按照企业架构发展的一般规律，目前案例企业处于第二阶段向第三阶段过渡的状态，即处于企业架构定义的初期，此时的状态是缺少统一的顶层设计、缺少全局架构管控组织、应用相对离散、存在信息孤岛和重复建设等现象。通过开展第三、第四阶段的工作（即企业架构定义和架构治理），达到统一架构、统一管控的目标，逐步实现企业级能力复用，向中台化转型，进而逐步实现数字化和科技转型。

（二）架构成熟度水平评估过程

上述架构成熟度评估主要围绕架构治理和企业架构设计两个维度开展。架构治理评估包含了组织、制度、流程和工具四个维度，企业架构评估包含了业务架构、数据架构、应用架构和技术架构等维度。由于案例企业尚未全面开展过企业架构类工作，在架构治理域和企业架构域评分总体偏低，总体的状态是架构散、管控弱。在架构治理方面的具体表现是：缺少正式的架构组织及分工、架构管理流程与制度，架构工具亟待建设。在企业架构方面的具体表现是：技术架构较为夯实，但亟须显性化；业务架构和应用架构在现有非正式模型的基础上正向公司级的架构迈进。数据架构也亟须从系统级模型抽象出公司级模型。

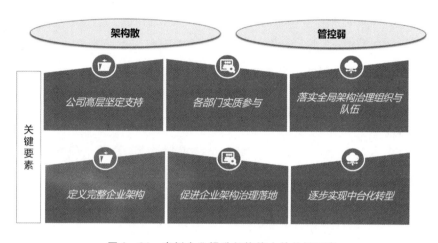

图 3 - 84 案例企业提升架构能力的关键要素

围绕案例企业架构散、管控弱的现状，企业架构能力的提升是当务之急，是解决需求散、建设散、系统散、响应慢等问题的基础。围绕架构能力的提升，有一系列的关键要素，包括公司高层的坚定支持、各部门的实质参与、落实架构治理组织与队伍、定义完整的企业架构、促进企业架构治理落地、逐步实现中台化转型（见图 3 - 84）。

如前文所述，企业架构能力提升是案例企业未来一定时期内的重要任务，架构治理能力是其中的重要内容，本次项目侧重点也在治理机制的建设中。

围绕上文的现状分析和提升建议，归纳出架构治理设计要点。案例企业目前是架构总体缺失，因此架构治理设计需要考虑四个方面：

第一，引入企业架构设计、架构更新机制，以保证在没有架构的情况下，有一套机制产生和更新企业架构。

第二，引入架构遵从与评审机制，以保证有企业级的架构管理机制来规范项目建设过程。

第三，部分改进现有业务/技术项目流程：现有业务/技术项目全周期中，存在部分缺失环节，需作轻微的弥合设计，以利于架构治理机制引入。

第四，在业务/技术项目全周期重点环节引入架构治理：结合现状分析，建议"先管两头、逐步管中间"，因此宜在立项管理、需求受理、评估等环节融入架构治理节点，其他环节逐步迭代。

结合前文所述设计思路，需开展三方面的工作：

第一，围绕架构治理引入企业架构规划设计、架构维护与更新、架构遵从三类事项与流程，并成立专门的架构管理办统筹管理，保证这套机制的稳健运行。

第二，改进现有项目流程，在部分重要环节做弥合设计。如图 3 - 85 所示，在主办方/需求方所负责的流程中，增加了业务规划与设计流程，以解决前面提到的需求质量不高的问题；针对无需预算的项目增加方案审核流程，对此类需求进行管控，以解决散和乱的问题。需求分析环节后加入了业务架构设计（系统级）流程，以解决当前业务项目中业务设计薄弱的问题。

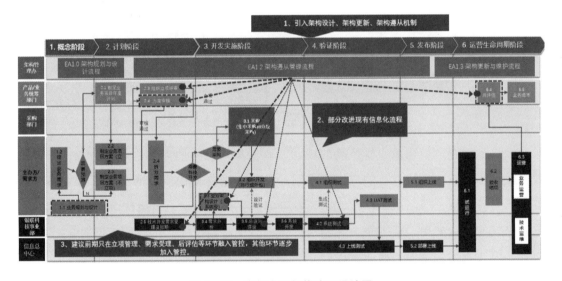

图 3 - 85　案例企业架构治理设计图

第三，优先将架构遵从管控嵌入立项管理、需求受理和评估等环节（如图 3 - 85 圆点所示），其他环节逐步加入管控。总体思路是先管住两头，靠管两头驱动间接管住中间。

围绕总体架构规划与设计、架构维护与更新、架构遵从评审三类治理事项，以下将从架构治理的核心要素：架构治理组织、架构治理流程、架构治理制度和架构治理工具分别论述。

本部分就案例企业未来架构治理组织的结构、职责及成员给出建议（见图 3 - 86）。

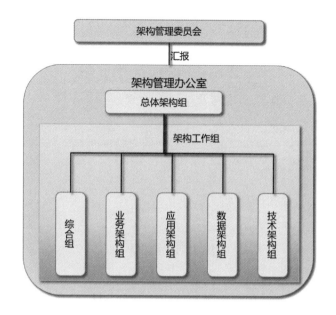

图 3 – 86 案例企业架构治理组织结构图

架构治理组织设计主要包含了决策、管理、执行三个层次，其中架构管理委员会是负责决策，架构管理办公室作为委员会的日常办事机构负责统筹，架构工作组则在架构管理办公室的领导下开展业务、数据、应用、技术等方面的架构规划设计与架构评审工作。具体而言，各自的职责分工如下：

• 架构管理委员会

架构管理委员会作为决策机构，主要负责：

➢ 架构重要决策：主要处理架构相关重大事项，进行架构相关的决策

➢ 方向与组织

➢ 设定架构工作方向和优先级

➢ 评审架构管理指导原则、政策、组织流程等，给出决策意见

➢ 规划与落地

➢ 审定公司信息化总体规划或重大更新

➢ 审定重大专项架构规划

➢ 审定重大项目立项、方案

➢ 进行架构相关重大问题决策

• 架构管理办公室

架构管理办公室作为架构管理委员会下设的日常运作支撑组织，汇报给架构管理委员会，主要推动总体架构规划编制，确保与战略管控融合一致。架构管理办公室设置总体架构组，主要负责：

> 方向与组织
> 组织落实架构管理委员会意见
> 架构规划设计
> 开展公司信息化总体架构规划及其他专项规划
> 更新与维护架构资产
> 架构落地
> 制订架构年度发展计划
> 进行架构相关问题和例外处理的决策
> 评审重大项目立项、方案
> 由总体架构组牵头开展架构遵从性评审

• 架构工作组

架构工作组由业务架构组、数据架构组、应用架构组和技术架构组构成，主要负责：

> 架构规划
> 开展各自领域的架构规划（业务、数据、应用、技术等）
> 更新与维护各自领域的架构资产
> 架构落地
> 在总体架构组下，负责各自领域的架构遵从性评审（业务、数据、应用、技术）

针对上述治理组织，角色设置及成员建议如下：

• 架构管理委员会（见表3-7）

表3-7 架构管理委员会成员建议

角色	建议的成员来源	职责
组长	公司总裁	主持架构管理委员会工作，给出重大决策与建议
副组长	技术部、战略部、企划部、业务部、数据部分管领导	
成员	技术部、战略部、企划部、业务部、大数据部总经理	参与架构委会议和相关工作，从架构与实现的角度给出意见、建议

架构管理委员会建议设置组长、副组长、成员三类角色，其中组长建议由公司总裁担任，副组长建议由技术、战略、企划、业务和数据的分管领导担任，成员应包括技术部、战略部、企划部、业务部、大数据部的总经理。由组长和副组长负责主持架构管理委员会日常工作，给出重大决策与建议。架构成员参与架构委员会会议和相关工作，从架构与实现的角度给出意见、建议。

• 架构管理办公室（见表 3 - 8）

表 3 - 8   架构管理办成员建议

角色	建议的成员来源	职责
主任	技术部或战略部总经理或副总经理	主持架构管理办公室的日常工作
总体架构组	至少由 1 名专职的总体架构师组成	组织开展总体架构规划 组织开展架构遵从性评审

架构管理办公室设置主任，建议主任由技术部或者战略部总经理或副总经理担任，主持架构管理办公室的日常工作。此外，架构管理办公室设置总体架构组，总体架构组至少由 1 名总体架构师构成，统筹业务、数据、应用和技术等架构工作组，组织开展总体架构规划和架构遵从性评审工作。

• 架构工作组（见表 3 - 9）

表 3 - 9   架构工作组成员建议

角色	建议的成员	能力要求	职责
业务架构组	至少 2 名专职架构师，后续视实际需要进行增补	熟悉公司业务，具备业务分析、业务建模及业务流程设计能力	业务架构规划 业务架构评审标准制定 业务架构遵从性合规评审
数据架构组	至少 2 名专职架构师，后续视实际需要进行增补	熟悉公司业务，具备数据建模/设计/分析能力	数据架构规划 数据架构评审标准制定 数据架构遵从性合规评审
应用架构组	至少 2 名专职架构师，后续视实际需要进行增补	熟悉公司业务，具备一定的开发经验，并具有系统分析、应用功能/接口设计、系统集成等方面的技能	应用架构规划 应用架构评审标准制定 应用架构遵从性合规评审
技术架构组	至少 2 名专职架构师，后续视实际需要进行增补	5 年以上的技术开发经验，具备 IT 基础设施、硬件/软件、软件工程、信息安全等方面的理论功底与实践经验，熟悉当前技术趋势和主流的产品特性	技术架构规划 技术架构评审标准制定 技术架构遵从性合规评审
综合组	1—2 名综合人员	有一定架构经验，为各架构组提供日常行政职能，负责推动架构流程，做好协调工作	架构流程推动与协调

架构工作组主要包含业务架构组、数据架构组、应用架构组、技术架构组和综合组，其中，业务、数据、应用、技术等架构工作组主要在总体架构组的统一领导下开展各自领域的架构规划设计、架构标准制定以及架构遵从性评审，每个工作组至少 2 名专职架构师，后续视实际需要逐步增补。综合组则是架构管理办的日常行政职能，

负责架构流程的推动与协调以及架构流程的更新维护工作。

上述各架构工作组应具备一定的技能,其中,业务架构组应熟悉公司业务,具备业务分析、业务建模及业务流程设计能力。数据架构组应熟悉公司业务,具备数据建模/设计/分析能力。应用架构组应熟悉公司业务,具备一定的开发经验,并具有系统分析、应用功能/接口设计、系统集成等方面的技能。技术架构组应具有5年以上的技术开发经验,具备IT基础设施、硬件/软件、软件工程、信息安全等方面的理论功底与实践经验,熟悉当前技术趋势和主流的产品特性。综合组也最好有一定架构经验。

四、架构治理流程设计

本部分主要结合前文圈定的治理事项范围(总体架构设计、架构更新维护与架构遵从性评审三类事项)阐述治理流程运转机制。

(一)架构治理设计(见图3-87)

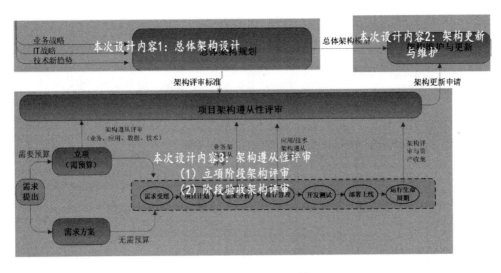

图 3-87　架构治理设计框架

结合前面定的架构治理范围,案例企业架构治理设计主要包括总体架构规划设计、架构更新与维护、架构遵从性评审三个方面的事项,依次对应三个方面的流程。总体架构规划设计流程、架构更新与维护流程是立足架构治理本身的运作机制设置的,保证架构的迭代产生和维护更新;架构遵从性评审流程是围绕项目全生命周期设置的,对各个关键环节的架构合规性进行评审;结合本次实际情况,案例企业架构遵从性评审重点针对立项环节与项目阶段性检查环节开展,因此有立项阶段架构评审流程和阶段性验收架构评审。针对项目过程中各阶段设置通用的阶段验收架构评审，评审流程都一样，只是评审标准有所区别而已，评审标准须在企业架构设计出来后才能产生。

结合案例企业架构能力提升需求，要解决散和慢的问题，核心要解决统一架构和统一管控的问题，从任务落地可实施角度，主要按照统一组织、统一架构、统一标准和迁移转型四个步骤开展。

统一组织是因为企业架构能力提升不是单一某个部门能力解决的，必须要有公司全局性的统筹部门，协同业务与技术各方通过多年努力才能实现逐步转型。统一架构是要打造公司级的企业架构模型，作为未来公司信息化建设的参考依据。统一标准是要将架构转换为在项目中可以执行的标准，并与现有标准结合与配套、相互补充印证。迁移转型是要依据企业架构对存量系统进行解耦，逐步实现服务化和中台化；新增系统必须按照新的架构要求开展建设。当然这是一个长期过程，需要逐步开展。架构治理过程贯穿全过程。

（二）架构治理实施步骤

第一步：统一组织。

由人力资源部牵头成立建设架构治理组织，包括架构管理委员会、架构管理办公室，并设置总体、业务、数据、应用、技术等工作组。同时，建立内外部架构师资源池，提升案例企业架构管控的专业化能力。内部架构师根据不同的领域可以从现有业务和技术骨干中培养（见图 3-88）。

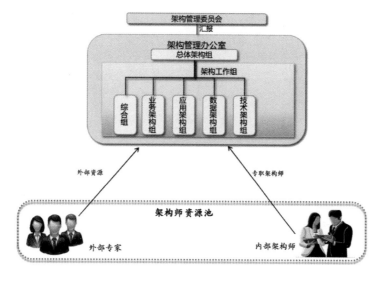

图 3-88　建设架构治理组织

第二步：统一架构。

统一架构立足顶层设计视角，围绕公司战略发展目标和业务需求，从业务、应用、数据和技术等方面开展架构设计，使现实中的业务和技术内容实现与模型的映射，以便于持续优化和改进。打造统一的包括业务、数据、应用和技术的统一企业架构是当务之急。

第三步：统一标准。

架构标准建设包括架构标准及支撑性的架构标准库。架构标准包括业务架构标准、数据架构标准、应用架构标准和技术架构标准。架构标准库是对标准进行管理的工具，可以融入架构治理工具，也可以与现有标准管理库结合，但是必须相互衔接。

第四步：迁移转型。

迁移转型主要是在业务/技术项目建设过程中，依据企业架构对系统架构进行管控，使系统架构和系统建设朝着总体目标靠拢。迁移转型过程是漫长的，必须做好迁移计划，分阶段、分步骤迭代进行。系统架构迁移过程中，按照系统架构定义、系统架构评审、系统架构复核和系统架构评估四个阶段开展，系统架构定义是在迁移项目启动时由项目组开展，系统架构评审是在设计阶段由架构管理办公室评审，系统架构复核是在测试阶段由架构管理办公室与测试人员开展，系统架构评估是在上线后定期开展，可以融入后评估环节（见图3-89）。

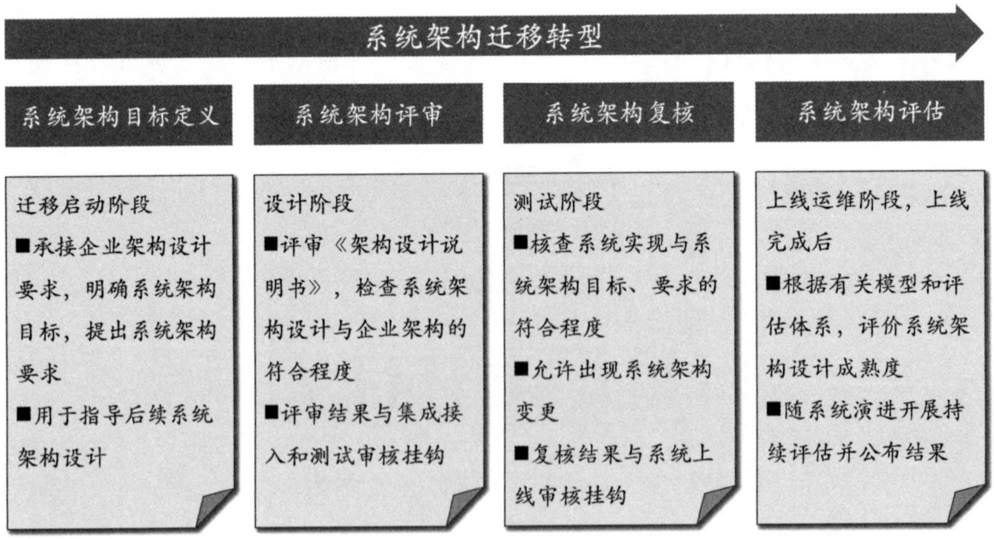

图3-89　架构迁移转型过程图

第四章

信息化建设与项目管理案例集

由于可以使项目顺利实施，降低项目风险性，最大限度地达到预期的目标，项目管理越来越为各大组织和个人所重视。项目管理的内容包括组织管理、项目的立项启动、质量管理、制定规划、风险管控以及项目的验收交付等，本章将以案例的形式讲述项目管理的全过程。

第一节　项目整体组织管理案例

项目整体组织管理就是项目管理过程中不同过程和活动进行识别、定义、整合、统一和协调的过程，它需要在相互影响的项目目标和方案中做出平衡，以满足或超出项目干系人的需求和期望。

一、项目组织结构（见图 4-1）

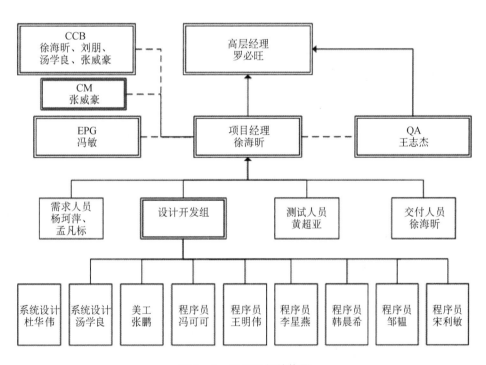

图 4-1　项目组织结构图

二、项目组织职责（见表 4 - 1）

表 4 - 1 　　　　　　　　　　　　项目参与人员及职责分工表

序号	角色	职　责
1	项目经理 （PM）	◇ 负责整个项目周期过程中的工作计划、组织、跟踪、执行等管理工作，对整个项目向公司及客户负责 ◇ 严格控制项目执行进度，确保项目组在预算和时间进度计划内完成既定项目目标 ◇ 能够与客户有效沟通，充分理解整合客户需求与流程 ◇ 负责客户详细需求的建立与跟进，并管理客户需求变更 ◇ 制定项目开发计划文档，量化任务，并合理分配给相应的人员 ◇ 跟踪项目的进度，协调项目组成员之间的合作 ◇ 监督产生项目进展各阶段的文档，并与同事即时沟通，保证文档的完整和规范 ◇ 负责向上级汇报项目的进展情况，需求变更等所有项目信息 ◇ 负责项目总结，并产生项目总结文档
2	需求开发 人员	◇ 参与用户需求调研，引导用户明确项目范围、确认用户需求 ◇ 根据产品或项目的具体需要，进行组织、协调需求人员进行相关的需求调研、需求分析、系统分析、参与编制、指导系统设计方案 ◇ 参与需求阶段、概要设计和模块详细设计和测试阶段的评审 ◇ 根据公司项目管理规范，组织用户需求分析、软件需求系统分析和用户需求说明书、软件规格说明书的编写、应用系统技术方案编写等 ◇ 负责各种需求文档的审核及编写整齐、规范
3	系统设计 人员	◇ 根据需求文档设计软件系统的体系结构、用户界面、数据库、模块等，并撰写相应的设计文档（技术解决方案、概要设计说明书、数据库设计说明书、详细设计说明书）
4	开发人员	◇ 按照工作进度和编程工作规范编写系统中的关键模块、关键算法的程序 ◇ 根据概要设计和数据库设计编写详细设计 ◇ 配合测试员修改相应的程序 ◇ 向业务部门提供软件的后期技术支持
5	测试人员	◇ 完成公司项目、产品的所有相关系统测试工作 ◇ 根据产品需求和设计文档，制定测试计划，并分析测试需求、设计测试流程、编写测试用例 ◇ 根据产品测试需求完成测试环境的设计与配置工作 ◇ 执行具体测试任务并确认测试结果、缺陷跟踪，完成测试报告以及测试结果分析
6	配置管理 人员	◇ 参与项目计划的制定，编写《配置管理计划》 ◇ 创建配置项、基线 ◇ 对配置项和基线进行审计 ◇ 向高级经理报告工作 ◇ 跟踪和度量配置项、基线计划

续表

序号	角色	职　责
7	项目 QA	◇ 参与《项目计划》的制定，协助和辅导项目经理执行体系规定 ◇ 负责制定和维护《质量保证计划》 ◇ 负责制定、维护和跟踪质保工作计划进度 ◇ 参与项目相关会议，包括项目例会 ◇ 参与项目评审和测试活动 ◇ 负责项目过程检查和产品检查 ◇ 跟踪发现的不符合项，直至解决 ◇ 协助项目经理进行度量数据采集分析工作 ◇ 向高级经理及组织级 QA 组长报告工作
8	美工	◇ 运用辅助制图软件规划、创意，制作图片及图形材料 ◇ 参与作品的定位、定向、定风格的研究 ◇ 为网站、图文广告、宣传单、电视广告、网络广告及其他的展示品设计艺术作品

第二节　项目立项启动管理案例

项目立项管理是新产品研发管理的一个重要内容。项目管理中的项目计划是保证实现项目的目标，而立项管理正是确定项目的目标，立项决策是否正确，直接导致整个企业的成败。

项目立项过程通常为提交项目立项申请书至审批单位，审批通过后，审批单位发布项目立项公告，进入项目筹备阶段。否则，重新回到立项建议阶段。

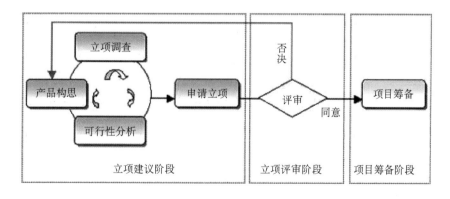

图 4-2　项目立项过程图

一、项目立项公告

根据公司领导层审批决定，现批准成立"一体化客服系统"项目，任命"徐海昕"为该项目的项目经理，负责项目的组建、实施，请相关部门予以支持配合。

特此公告！

表 4 - 2　　　　　　　　　　　　　　"一体化客服系统"项目

项目全称	一体化客服系统			
项目简称	CMOCCMCC_ HQ_ Uditf		项目编号	CMOCCMCC_ HQ_ Uditf
项目类型	■定制项目（应用开发/网站实施/维护型）			
	□产品项目（完整产品/完整项目/开发模块）			
	□内部项目		□其他项目，请说明：	
项目简介 （范围/目标）	目前客服系统业务受理的模块主要都是集成 CRM 和计费的页面，由于营业、网厅的使用习惯和客服存在很大的差异，很多界面操作交互设计并不符合客服一线人员的使用，而且在营业改动页面时往往会影响客服的使用 新一代客服系统采用调用服务的方式，做到了和 CRM、计费的解耦，同时界面按照客服人员的使用习惯自行设计，便于提高客服人员的业务办理效率			
预计项目周期	起：2019/1/15		止：2019/10/24	
项目预算	约 924 万元人民币			
项目成员	角色	姓名	角色	姓名
	项目经理	徐海昕	需求调研、分析	杨珂萍、孟凡标
	程序开发	冯可可、宋利敏、王明伟、邹韫、韩晨希、李星燕	系统设计	汤学良、杜华伟
	测试	黄超亚	美工策划	张鹏
	CM	张威豪	QA	王志杰
项目干系人	商务：赵楠，客户：黄华林			
里程碑计划	阶段名称	开始日期	结束日期	阶段目标
	需求及设计里程碑	2019/2/1	2019/5/6	项目计划、软件需求说明书、设计文档完成并通过评审
	编码及集成里程碑	2019/5/7	2019/9/24	编码完成、集成测试通过
	系统测试里程碑	2019/9/4	2019/9/29	系统测试通过
	产品交付里程碑	2019/9/30	2019/10/14	客户验收通过
项目文件	项目管理办公室（PMO）			

二、项目立项申请审批表（见表 4 - 3）

表 4 - 3　　　　　　　　　　　　项目立项申请审批表

立项申请审批表			
立项申请人填写栏			
申请部门/人	赵楠	申请日期	2019/1/15
项目名称	一体化客服系统	项目类型	定制型
项目建设内容、目标	目前客服系统业务受理的模块主要都是集成 CRM 和计费的页面，由于营业、网厅的使用习惯和客服存在很大的差异，很多界面操作交互设计并不符合客服一线人员的使用，而且在营业改动页面时往往会影响客服的使用	项目紧急程度	正常
	新一代客服系统采用调用服务的方式，做到了和 CRM、计费的解耦，同时界面按照客服人员的使用习惯自行设计，便于提高客服人员的业务办理效率	要求上线时间	2019/10/12
客户信息	客户名称/地址	客户联系人	电话/FAX/手机	E - MAIL
	服务有限公司河南省郑州市长椿路 32 号	黄华林	15038355528	huanghualin@cmos.chinamobile.com
合同情况	■有合同	合同名称	合同编号	合同金额（元）
		省端客服系统应用运维项目技术服务合同	CMOS15HT20181209001	340 万
付款方式	支付方式	简要说明	金额（元）	支付日期/支付条件
	□一次性支付			
	□定期支付		340 万	
	■分期支付	一期	108 万	需求规格说明书，产品设计，客户评审
		二期	184 万	系统上线
		三期	48 万	完成终验
立项资料	文件名称	版本	主要编写人	主要复核人
	一体化客服系统——技术合同	V1.0	汤学良	徐海昕
	一体化客服系统——需求规格说明书	V1.1	杨珂萍	徐海昕
项目经理填写栏			

续表

项目组	项目经理	徐海昕	项目成员	汤学良、杜华伟、杨珂萍、孟凡标、冯可可
预计项目周期	启动日期	2019/1/15	结束日期	2019/10/24
预计收入（元）		预计成本（元）	￥1349000.00	其他费用：

	角色	人员	工作量（人日）	说明
工作量预算	项目立项及计划	徐海昕	18	
	需求调研、分析	杨珂萍、孟凡标	106.5	
	系统设计	汤学良、杜华伟	72.5	
	程序开发	冯可可、宋利敏、王明伟、邹韫、韩晨希、李星燕	351	
	产品集成	冯可可、宋利敏、王明伟、邹韫、韩晨希、李星燕	25	
	测试	黄超亚、冯可可、王明伟、韩晨希	63.5	
	配置管理	张威豪	4	
	质量保证	王志杰	5	
	产品交付	徐海昕	15	
	培训学习	汤学良、杜华伟、徐海昕、杨珂萍、孟凡标、冯可可、宋利敏、王明伟、邹韫、韩晨希、李星燕、黄超亚	4	
	项目结项	徐海昕	10	
	工作量合计（人日）		674.5	

	阶段名称	开始日期	结束日期	阶段目标
里程碑计划	需求及设计里程碑	2019/2/1	2019/5/6	项目计划、软件需求说明书、设计文档完成并通过评审
	编码及集成里程碑	2019/5/7	2019/9/16	编码完成、集成测试通过
	系统测试里程碑	2019/9/17	2019/9/29	系统测试通过
	产品交付里程碑	2019/9/30	2019/10/14	客户验收通过

审批意见栏

审批意见	项目管理部门	同意立项 部门负责人：于明辉 日期：2019/1/15	公司领导	同意立项 分管领导：罗必旺 日期：2019/1/15

项目编号开立栏

项目编号	CMOCCMCC_ HQ_ Uditf	审批表更新日期	2019/1/15

第三节　项目质量保证管理案例

项目质量管理（Project Quality Management）是对整个项目质量进行把控、管理的过程。质量保证通常提供给项目管理组以及实施组织（内部质量保证）或者提供给客户或项目工作涉及的其他活动（外部质量保证）。

一、质量保证计划

（一）基本信息（见表4－4）

表4－4　　　　　　　　　　　　　项目基本信息表

项目名称	一体化客服系统
项目计划周期	2019/1/15 至 2019/10/24
质量目标	项目周期内阶段活动和工作产品的检查单通过率达到95%
质量保证工具	SVN、Excel、Word

表4－5　　　　　　　　　　　　　项目参与人员及职责分工表

角色名称	职责描述	人员列表
项目经理	检查项目成员相关工作 负责解决QA人员发现的不符合项 参与制定《质量保证计划》 参与计划评审 接受QA相关培训	徐海昕
高级经理	协调和解决项目组内不能解决的问题 定期审查质量保证活动和结果 QA人员与项目经理产生不一致时，负责协调解决 参加QA相关培训	罗必旺
开发人员	负责代码开发、自测和维护，负责程序质量稳定 执行代码复审活动和伙伴审查活动 分析对界面的需求并构建用户界面 在适当的时候负责部分功能需求的分析设计	杨珂萍、孟凡标、汤学良、 杜华伟、冯可可、宋丽敏

续表

角色名称	职责描述	人员列表
测试人员	设计和执行测试过程 评估测试执行过程并修改错误 生成测试计划和测试用例 评估测试范围和测试结果，以及测试的有效性 生成测试报告	黄超亚
QA 人员	参与项目计划的制定，并负责制定和维护《质量保证计划》 根据《质量保证计划》，执行检查和评审工作，识别和记录存在的不符合项到《QA 问题跟踪表》里，并跟踪问题直到关闭 QA 人员本身应该参加 QA 方面的专业培训 必要时在项目组内组织相关的培训 发现的过程问题即时向 EPG 反映，用于过程改进	王志杰
配置管理员	对该过程产生的文档进行配置管理	张威豪

（二）主要活动（见表 4 - 6）

表 4 - 6　　　　　　　主要活动

审核方式	审核计划	估计工作量
根据项目计划审核	按照项目计划不定期评审，项目计划的每个阶段的活动至少审核一次，每个工作产品至少审核一次	216
事件驱动的审核	当发生客户投诉时进行审核	依据实际情况
	当组织要求审核时进行审核	依据实际情况
	…	…

（三）参与活动（见表 4 - 7）

表 4 - 7　　　　　　　参与活动

参与的主要活动	1. 参与项目重要阶段例会 2. 参与重要评审（根据项目计划，参加项目评审，如需求、设计、代码的技术评审等） …

（四）NC 处理机制

说明：主要描述 NC 处理机制和 NC 升级机制，可以参照《质量保证指南》，也可以直接在这里说明参照《质量保证指南》即可。

（五）报告机制（见表 4 - 8）

表 4 - 8　　　　　　　　　　　　　　　　报告机制

报告周期	1 次／月
提交方式	电子文档（《QA 工作报告》/《QA 问题跟踪表》/QA 检查单）
报告对象	项目经理、EPG、分管领导

二、项目级 QA 检查单

项目级 QA 检查单通常包括项目立项过程检查单、同行评审过程、项目计划检查表、质量保证计划检查表、配置管理计划检查表、测试计划检查表、项目策划、配置过程等。

（一）项目立项过程检查单（见表 4 - 9）

表 4 - 9　　　　　　　　　　　　　　　项目立项过程检查单

项目名称	一体化客服系统	检查人	王志杰
检查日期	2019/1/23	工作量（工时）	8
检查项	检查要素	是/否/不适用	检查说明
立项建议	未采纳立项建议，是否将建议书存档，并回复申请人	不适用	
可行性分析	是否成立筹备组编制《可行性分析报告》	不适用	
	筹备组是否填写了《预审准备表》向评审管理部门提出评审申请	不适用	
	评审是否采用了技术评审会议的方式	不适用	
	是否根据评审结论进行了正确的处理	不适用	
立项申请	是否提出了立项申请表，且提供了纸质与电子质各一份	是	
	立项申请资料是否正确	是	
立项评审	是否按要求采用的适当的评审方式	是	
	评审参与人（审核人、审批人、评审组成员）是否符合要求	是	
	评审输入、输出是否符合文件的要求	是	
	立项申请表是否最终经过了项目管理部门分管领导的审批	是	
	多项目决策或项目多方案选择时，是否引用了《决策分析和决定过程》进行决策分析	是	
	未批准立项的项目资料是否进行了分类管理	是	

续表

项目名称	一体化客服系统	检查人	王志杰
项目公告	项目编号是否符合规定的要求	是	
	是否形成了立项公告	是	
	立项信息是否通知到了相关的利益关系人	是	
	是否组建了项目组，获取相关的资源与费用	是	
检查结果统计		12 个	符合项
		0	不符合项
		5 个	不适用
QA 意见与建议 （签字/日期）	检查通过 王志杰，2019/1/23		

（二）同行评审过程（见表 4 – 10）

表 4 – 10   同行评审过程

项目名称	一体化客服系统	检查人	王志杰
检查日期	2019/1/29	工作量（工时）	4
检查项	检查要素	是/否/不适用	检查说明
评审准备	是否确定了评审组组长与会议记录员	是	
	评审组成员的构成是否符合相关评审的评审组成员要求（见各具体的过程中的规定）	是	
	是否确定了评审检查单、评审重点与评审组成员的评审侧重点	是	
	是否使用了适用的评审检查单	是	
	评审组长是否制定并形成了评审计划	是	
	评审组长是否至少提前三天将评审资料发送给评审组成员	是	
会前检查	评审组成员是否均及时地反馈了评审检查单，提出了评审意见	是	
	评审组长是否将预审时发现的问题反馈给了项目组	是	
	若评审准备不够充分，评审组长是否采取了一定的措施以提高评审的有效性，如推迟评审、召开必要的小型讨论会等	是	
召开会议	评审人员是否与会议通知一致？出席情况是否有记录	是	
	评审会议是否按计划议题进行，关注讨论提出的问题	是	
	是否按要求记录评审发现问题	是	
	评审中重点是否突出	是	
	评审会议是否顺利进行，且没有出现评审不能进行的情况	是	

续表

项目名称	一体化客服系统	检查人	王志杰
评审报告	评审报告是否有明确结论	是	
	评审报告中记录是否完整	是	
	评审出现问题是否都指明了解决的责任人与解决时限	是	
	评审结果是否得到评审组与分管领导的审批结果	是	
	评审结果是否按规定方式通知项目组和关联部门	是	
问题跟踪	评审问题的改正情况是否得到了跟踪	是	
	评审问题改正时间是否符合要求	是	
	评审相关资料是否按规定保管	是	
	评审通过后的文件是否受控	是	
检查结果统计		23 个	符合项
		0	不符合项
		0	不适用
QA 意见与建议 （签字/日期）	检查通过 王志杰，2019/1/29		

（三）项目计划检查表（见表 4 – 11）

表 4 – 11　　　　　　　　　　项目计划检查表

项目名称	一体化客服系统	检查人	王志杰
检查日期	2019/1/29	工作量（工时）	4
检查项	检查要素	是/否/不适用	检查说明
1	文件结构是否清晰、组织是否合理	是	
2	文件结构是否便于维护和修改	是	
3	是否符合模板要求	是	
4	是否识别了项目范围	是	
5	是否识别了项目目标	是	
6	是否有明确的人员职责分工	是	
7	是否正确的选择了软件生命周期，并对各阶段的入口、出口进行了正确的描述	是	
8	是否有划分正确的、符合模板要求的 WBS	是	
9	是否合理地确定了待开发的软件工作产品	是	
10	是否确定了估计策略	是	
11	是否有合理的软件规模估计	是	
12	是否有合理的工作量/成本估计	是	

续表

项目名称	一体化客服系统	检查人	王志杰
13	是否有合理的关键计算机资源估计	是	
14	是否有合理的外部成本估计	是	
15	是否有合理的进度表	是	
16	是否对项目软件风险进行了正确地识别	是	
17	是否对识别出的软件风险分析了其发生的可能性和影响值	是	
18	是否对风险进行了优先级排序	是	
19	是否确定了风险解决措施	是	
20	是否制订了工具、设备计划	是	
21	是否确切地识别了培训需求，并制订了合理的培训计划	是	
22	是否定义了项目的软件过程	是	
检查结果统计		22 个	符合项
		0	不符合项
		0	不适用
QA 意见与建议 （签字/日期）	检查通过 王志杰，2019/1/29		

（四）质量保证计划检查表（见表 4 – 12）

表 4 – 12　　　　　　　　　　质量保证计划检查表

项目名称	一体化客服系统	检查人	王志杰
检查日期	2019/1/29	工作量（工时）	2
检查项	检查要素	是/否/不适用	检查说明
1	文件结构是否清晰、组织是否合理	是	
2	文件结构是否便于维护和修改	是	
3	是否说明了 QA 的工作和职责	是	
4	是否明确了要审计的产品	是	
5	是否确定了审计产品参照的标准	是	
6	是否明确了要评审的过程	是	
7	是否确定了审计过程参照的标准规程、过程	是	
8	是否说明了 QA 在项目策划期间的工作和职责	是	
9	是否识别了 QA 活动所需的资源	是	
10	是否识别了 QA 人员或项目组所需的培训	是	

续表

项目名称	一体化客服系统	检查人	王志杰
11	是否合理的制定了活动时间表	是	
12	是否对不符合问题的解决方法进行了描述	是	
13	是否确定了报告的发布频率和发布方式	是	
14	QA 计划是否以软件开发计划为基础制定的	是	
15	QA 计划是否与 CM 计划、测试计划相协调一致	是	
检查结果统计		15 个	符合项
		0	不符合项
		0	不适用
QA 意见与建议 （签字/日期）	检查通过 王志杰，2019/1/29		

（五）配置管理计划检查表（见表 4 – 13）

表 4 – 13 配置管理计划检查表

项目名称	一体化客服系统	检查人	王志杰
检查日期	2019/1/29	工作量（工时）	2
检查项	检查要素	是/否/不适用	检查说明
1	文件结构是否清晰、组织是否合理	是	
2	文件结构是否便于维护和修改	是	
3	是否说明了 CM 的工作和职责	是	
4	是否识别了配置项	是	
5	是否进行了配置标识	是	
6	是否定义了要建立的基线	是	
7	是否要求记录配置状态信息	是	
8	是否确定了配置状态报告的发布方式和发布频率	是	
9	是否说明了对变更的处理方法	是	
10	是否对基线发布信息进行了说明	是	
11	是否确定了配置审计时间	是	
12	是否描述了如何构造产品	是	
13	是否识别了 CM 活动所需的资源	是	
14	是否识别了 CM 人员或项目组所需的培训	是	
15	是否合理的制定了活动时间表	是	
16	是否建立了配置管理库并设定了访问权限	是	
17	是否确定了配置库备份频率	是	

续表

项目名称	一体化客服系统	检查人	王志杰
18	CM 计划是否以软件开发计划为基础制定的	是	
19	CM 计划是否与 QA 计划、测试计划相协调一致	是	
检查结果统计		19 个	符合项
		0	不符合项
		0	不适用
QA 意见与建议 （签字/日期）	检查通过 王志杰，2019/1/29		

（六）测试计划检查表（见表 4 – 14）

表 4 – 14 测试计划检查表

项目名称	一体化客服系统	检查人	王志杰
检查日期	2019/1/29	工作量（工时）	1
检查项	检查要素	是/否/不适用	检查说明
1	文件结构是否清晰、组织是否合理	是	
2	文件结构是否便于维护和修改	是	
3	定义测试范围了吗	是	
4	定义测试内容了吗	是	
5	定义测试方法了吗	是	
6	确定测试时间了吗	是	
7	计划要求按照测试用例进行测试了吗	是	
8	计划要求在测试结果表中记录测试结果了吗	是	
9	是否描述了测试环境，包括所需的软件和硬件	是	
10	定义测试结果评价准则了吗	是	
11	要求在测试完成后对发现的缺陷进行评价了吗	是	
12	要求在测试完成后对软件能力进行评价了吗	是	
13	测试计划是否以软件开发计划为基础制定的	是	
检查结果统计		13 个	符合项
		0	不符合项
		0	不适用
QA 意见与建议 （签字/日期）	检查通过 王志杰，2019/1/29		

（七）项目策划（见表 4 – 15）

表 4 – 15　　　　　　　　　　　　项目策划表

项目名称	一体化客服系统	检查人	王志杰
检查日期	2019/1/31	工作量（工时）	4
检查项	检查要素	是/否/不适用	检查说明
过程定义	是否识别了项目的特征信息并填写于 PDP 中	是	
	项目的 PDP 是否依据项目特征信息、SSP 生成	是	
	所生成的 PDP 是否符合公司的文件要求	是	
	PDP 是否得到了 EPG 组长的审批	是	
	审批后的 PDP 是否纳入了受控库	是	
结构分解	项目经理是否根据项目范围组织进行 WBS 工作结构分解工作	是	
	WBS 分解详细程度的准则是否满足： （1）任务包是否有利于分配与跟踪 （2）任务完成的状态是否可验证 （3）任务所分配的时长是否利于管理与控制	否	项目进度表中部分任务分解不合理
	WBS 分解结果是否有具体的输出（PROJECT 或 EXCEL）	是	
项目估计	项目的估算活动是否依据 WBS 进行	是	
	估算前是否确定了估算的项、范围与单位	是	
	项目组使用的估算方法是否适用	是	
	项目估算是否包括项目规模、工作量、成本，以及由此产生的其他工作与资源的估算？估算的方法、公式是否明确、正确	是	
	项目组是否正确地按照所选择方法实施了估算	是	
	项目组是否可以提供估算的过程数据与结果	是	
	最终估算结果是否体现在项目总体计划里	是	
项目计划	是否根据过程要求与项目需求编制了进度、评审、资源、采购、沟通、风险、成本和度量计划	否	缺少干系人计划
	是否依据项目总体计划形成了支持计划，支持计划是否与总体计划保持一致	是	
	项目计划的输出是否符合规定的要求	是	
	项目组成员是否参与了项目策划的过程	是	

续表

项目名称	一体化客服系统	检查人	王志杰
测试策划	测试经理是否在项目策划阶段策划测试活动？测试策划是否依据项目总体计划进行（检查测试计划与项目计划的一致性）	是	
	总体测试计划是否包含了规定的内容？所选择的测试阶段、类型、管理方式是否合适	是	
	总体测试计划是否经过了项目经理的审核与测试管理部门经理的审批	是	
	审批通过的总体测试计划是否纳入了受控库管理	是	
配置策划	项目立项后，是否为项目分配了一名 CM 工程师	是	
	配置策划工作是否在项目策划阶段开始？并且依据项目总体计划编制	是	
	配置策划是否考虑了公司文件中规定的要求	是	
	项目组是否成立了 CCB，且 CCB 的成员是否符合规定的要求	是	
	是否策划并形成了项目的基线计划	是	
	配置策划是否输出了配置管理计划	是	
	配置计划是否得到了项目经理的审核与测试管理部门经理的审批	是	
	配置管理计划是否纳入了配置库	是	
计划评审	计划评审的方式是否符合规定的要求	是	
	计划评审的过程是否符合《评审过程》的要求	是	
	项目支持计划是否由规定的人员进行了审批	是	
	评审通过的项目计划是否进行了受控管理	是	
	合同开发类与实施类项目的项目计划是否得到了用户的确认	是	
	批准后的项目计划是否发送给了相关利益人	是	
检查结果统计		35 个	符合项
		2 个	不符合项
		0	不适用
QA 意见与建议（签字/日期）	检查不通过（修正不符合项） 王志杰，2019/1/31		

（八）配置过程（见表 4 - 16）

表 4 - 16 配置过程表

项目名称	一体化客服系统		检查人	王志杰
检查日期	2019/1/31		工作量（工时）	4
检查项	检查要素		是/否/不适用	检查说明
配置库管理	项目是否按要求建立了四个库		是	
	各个库的目录设置是否符合规定的要求		是	
	各个库的权限设置是否符合规定的要求		是	
	配置项在各个库之间的流转是否符合配置策划的要求		是	
	清除配置库员的过时版本时，是否进行了有效完整的备份		是	
	CM 工程师是否按要求定期进行全目录备份与增量备份		是	
	备份文件的保留是否符合规定的要求		是	
配置项标识	抽查一定比例的文件配置项，查看其标识是否遵循《文件编写规范》的要求		是	
	抽查一定比例的代码配置项，查看其代码标识是否遵循编码规范或者项目组的内部约定		是	
	抽查若干 LABEL，查看其是否遵循《配置管理指南》的规定（抽查单元、集成、确认的 LABEL）		是	
	检查所有产品的版本标识，查看其是否遵循《配置管理指南》的规定（检查 HOTFIX、SP、基线、大版本的标识）		是	
基线管理	项目建立的基线是否与基线计划中所描述的一致		是	
	建立基线时是否由项目经理提出了《基线创建申请单》		是	
	CM 工程师是否在发布前进行了基线审计并形成了《配置管理记录表》		是	
	通过审批的基线，是否提交到了基线库，并通知了项目组成员和相关项目组		是	
配置项状态跟踪	CM 工程师是否定期跟踪配置项状态并形成了《配置管理记录表》		是	
	《配置管理记录表》是否至少每个里程碑汇报一次		是	
	《配置管理记录表》是否能够体现配置项的变更情况与相关信息		是	

续表

项目名称	一体化客服系统	检查人	王志杰
配置审计	基线审计是否是在基线发布前进行	是	
	基线审计是否进行了功能审计与物理审计	是	
	基线审计的执行人是否包括 CM 工程师、QA 工程师与项目经理	是	
	审计完成是否形成了《配置管理记录表》? 该表是否在配置库中得到了管理	是	
CM 活动报告	是否在项目里程碑点编制了《CM 里程碑报告》,并汇报给项目经理	是	
检查结果统计		23 个	符合项
		0	不符合项
		0	不适用
QA 意见与建议 (签字/日期)	检查通过 王志杰, 2019/1/31		

第四节 项目整体计划管理案例

一、项目概述（见表 4–17）

表 4–17　　　　　　　　　　　　　　项目概述表

1. 项目概要

1	项目编号	CMOCCMCC_ HQ_ Uditf
2	项目名称	一体化客服系统
3	项目类型	定制开发类、网站实施类、产品开发、其他类
4	项目预算 (万元)	150
5	项目规模 (人月)	31
6	项目周期	2019/1/15 至 2019/10/24

续表

1. 项目概要		
7	项目简介（背景、范围、目标等）	目前客服系统业务受理的模块主要是集成 CRM 和计费的页面，由于营业、网厅的使用习惯和客服存在很大的差异，很多界面操作交互设计并不符合客服一线人员的使用，而且在营业改动页面时往往会影响客服的使用 新一代客服系统采用调用服务的方式，做到了和 CRM、计费的解耦，同时界面按照客服人员的使用习惯自行设计，便于提高客服人员的业务办理效率

2. 项目目标		
1	项目目标详见 CMOCCMCC_ HQ_ Uditf 文件	
2	项目团队准则	（1）任务在团队间的传递机制 — PM 新建任务到《项目进度表》中，然后和项目成员进行沟通确认，发布《项目进度表》
		（2）工作检查、监督和批准职责 — 请参见项目概述中的"项目组织结构"
		（3）工作交付和评价工作成果机制 — 通过 SVN 提交成果，项目经理通过《项目周报》来审核工作进度 代码类的通过走查和功能完成情况确认，文档类的通过评审和非正式评审
		（4）团队报告关系、报告内容 — ①项目经理向部门经理提交 《立项申请审批表》（放在 SVN 指定目录即可） 每周《项目周报》（放在 SVN 指定目录即可） 里程碑结束《里程碑报告》（放在 SVN 指定目录即可） 项目结项时《项目结项报告》（放在 SVN 指定目录即可） ②项目组成员向项目经理提交 每日在公司项目管理系统提交工作计划以及下班工作日志 每月在公司项目管理系统提交本月工作总结 ③QA 向项目经理提交 每月《QA 工作报告》（放在 SVN 指定目录即可） 里程碑评审前《QA 里程碑报告》（放在 SVN 指定目录即可） ④配置管理员向项目经理 里程碑评审前《CM 里程碑报告》（放在 SVN 指定目录即可） ⑤测试人员向项目经理提交 系统测试结束后《系统测试报告》（放在 SVN 指定目录即可） ⑥项目经理向 EPG 提交 过程裁剪后，提交《项目已定义过程》进行审批（放在 SVN 指定目录即可） 项目结项后，提交项目过程资产（放在 SVN 指定目录即可）
		（5）工作进展的度量方法 — 从项目周报中收集

二、项目组织结构（见图 4 - 3）

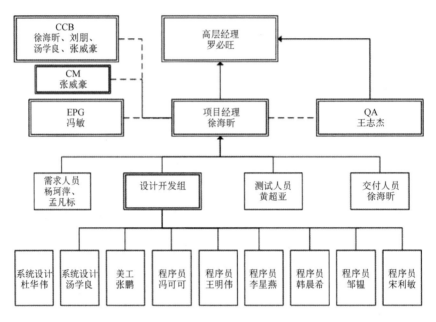

图 4 - 3 项目组织架构图

三、项目人员计划（见表 4 - 18）

表 4 - 18 项目人员计划表

序号	角色	职责	所需技能要求	是否满足要求	需求人数	缺口人数	到岗时间	姓名
1	项目经理（PM）	◇负责整个项目周期过程中的工作计划、组织、跟踪、执行等管理工作，对整个项目向公司及客户负责 ◇严格控制项目执行进度，确保项目组在预算和时间进度计划内完成既定项目目标 ◇能够与客户有效沟通，充分理解整合客户需求与流程 ◇负责客户详细需求的建立与跟进，并管理客户需求变更	教育背景： ◆计算机相关专业，本科以上学历，英语四级以上 培训经历： ◆受过软件开发或测试、项目管理及产品知识等方面的培训 经验： ◆6 年以上工作经验，其中至少 3 年以上 J2EE 软件编码经验，3 年以上软件产品分析设计或项目管理经验	Y	1	0	2019/1/10	徐海昕

续表

序号	角色	职责	所需技能要求	是否满足要求	需求人数	缺口人数	到岗时间	姓名
1	项目经理（PM）	◇制定项目开发计划文档，量化任务，并合理分配给相应的人员 ◇跟踪项目的进度，协调项目组成员之间的合作 ◇监督产生项目进展各阶段的文档，并与同事即时沟通，保证文档的完整和规范 ◇负责向上级汇报项目的进展情况，需求变更等所有项目信息 ◇负责项目总结，并产生项目总结文档	技能技巧： ◆熟悉 CMM 体系，有能力按 CMM 要求建立公司软件开发过程管理体系；熟悉 STEUTS2＋SPRING＋BERNATE，B/S 体系架构的设计、开发、部署技术 ◆精通软件系统分析和设计方法，熟练掌握主流的系统建模、分析、设计工具，能够与设计人员进行体系架构的设计讨论；有手机终端开发经验者优先 态度能力： ◆具有与客户良好沟通的能力，项目协调能力 ◆较强的客户服务意识和团队协作意识 ◆工作积极主动、责任心强、吃苦耐劳，能承受较大的工作压力	Y	1	0	2019/1/10	徐海昕
2	需求开发人员	◇参与用户需求调研，引导用户明确项目范围、确认用户需求 ◇根据产品或项目的具体需要，进行组织、协调需求人员进行相关的需求调研、需求分析、系统分析、参与编制、指导系统设计方案 ◇参与需求阶段、概要设计和模块详细设计和测试阶段的评审 ◇根据公司项目管理规范，组织用户需求分析、软件需求系统分析和用户需求说明书、软件规格说明书的编写、应用系统技术方案编写等 ◇负责各种需求文档的审核及编写	教育背景： ◆计算机、软件工程、交通工程及相关专业，本科以上学历 经验： ◆5 年以上工作经验，其中 3 年以上独立承担软件需求分析及需求文档编写工作经验 ◆具有 CMMI、ISO 等标准化经验者优先 ◆思路清晰，逻辑性强，具备优秀的需求分析、设计能力和项目实施能力 技能技巧： ◆精通 Rational Requisite Pro 或其他需求分析工具 ◆精通 Oracle、SQL Server 等大型关系数据库 态度能力： ◆良好的沟通技巧及团队合作精神，能与客户和项目成员进行深入业务沟通 ◆良好的质量意识、市场意识以及自主意识 ◆高度的责任感，踏实肯干，耐心细致，有责任心	Y	1	0	2019/1/11	杨珂萍、孟凡标

续表

序号	角色	职责	所需技能要求	是否满足要求	需求人数	缺口人数	到岗时间	姓名
3	系统设计人员	◇根据需求文档设计软件系统的体系结构、用户界面、数据库、模块等，并撰写相应的设计文档（技术解决方案、概要设计说明书、数据库设计说明书、详细设计说明书）	教育背景： ◆计算机、电子信息技术及其相关专业专科以上学历 经验： ◆3年以上软件开发工作经验 技能技巧： ◆熟练使用Struts2、Spring、Hibernate框架 ◆具备良好的编码习惯和文档编写能力 ◆有手机移动办公开发经验者优先 态度能力： ◆工作认真负责，有较强的学习能力 ◆思路清晰，独立性强，较强的沟通协调能力，具有团队合作精神	Y	2	0	2019/1/13	汤学良、杜华伟
4	开发人员	◇按照工作进度和编程工作规范编写系统中的关键模块、关键算法的程序 ◇根据概要设计和数据库设计编写详细设计 ◇配合测试员修改相应的程序 ◇向业务部门提供软件的后期技术支持	教育背景： ◆计算机、电子信息技术及其相关专业专科以上学历 经验： ◆3年以上软件开发工作经验 技能技巧： ◆熟练使用Struts、Spring、Hibernate框架 ◆具备良好的编码习惯和文档编写能力 ◆会试用SONAR进行走查者优先 态度能力： ◆工作认真负责，有较强的学习能力 ◆思路清晰，独立性强，较强的沟通协调能力，具有团队合作精神	Y	3	0	2019/1/13	冯可可、宋利敏、王明伟、邹韫、韩晨希、李星燕
5	测试人员	◇完成公司项目、产品的所有相关系统测试工作 ◇根据产品需求和设计文档，制定测试计划，并分析测试需求、设计测试流程、编写测试用例 ◇根据产品测试需求完成测试环境的设计与配置工作 ◇执行具体测试任务并确认测试结果、缺陷跟踪，完成测试报告以及测试结果分析	教育背景： ◆大专以上学历，计算机相关专业 培训经历： ◆受过软件开发或测试、产品知识等方面的培训 经验： ◆3年以上软件测试工作经验 技能技巧： ◆熟悉测试理论，掌握基本的测试方法，能够进行测试案例编写	Y	2	9	2019/1/14	黄超亚

续表

序号	角色	职责	所需技能要求	是否满足要求	需求人数	缺口人数	到岗时间	姓名
5	测试人员	◇完成公司项目、产品的所有相关系统测试工作 ◇根据产品需求和设计文档，制定测试计划，并分析测试需求、设计测试流程、编写测试用例 ◇根据产品测试需求完成测试环境的设计与配置工作 ◇执行具体测试任务并确认测试结果、缺陷跟踪，完成测试报告以及测试结果分析	◆熟悉主流数据库，如 SQL Server、Oracle 等，能够进行配置和管理，使用 SQL 语句进行数据库操作，熟悉数据库存储过程 ◆能够进行 WEB 应用测试，有使用自动化测试工具经验 ◆对 Web 方面知识有所了解，熟悉 HTML、CSS、Javascript 等，有 Web 应用开发经验者优先 态度能力： ◆工作细致、认真负责 ◆有韧性，有潜能 ◆积极主动、性格开朗、讲求效率、乐于接受挑战 ◆具备良好的业务沟通和理解能力，有较强的责任心及进取精神	Y	2	0	2019/1/14	黄超亚
6	配置管理人员	◇参与项目计划的制定，编写《配置管理计划》 ◇创建配置项、基线 ◇对配置项和基线进行审计 ◇向高级经理报告工作 ◇跟踪和度量配置项、基线计划	教育背景： ◆计算机、电子信息技术及其相关专业专科以上学历 经验： ◆3 年以上软件开发工作经验 技能技巧： ◆熟练使用 SVN 管理工具 态度能力： ◆工作认真负责，有较强的学习能力 ◆思路清晰，独立性强，较强的沟通协调能力，具有团队合作精神	Y	1	0	2019/1/13	张威豪

续表

序号	角色	职责	所需技能要求	是否满足要求	需求人数	缺口人数	到岗时间	姓名
7	项目QA	◇参与《项目计划》的制定，协助和辅导项目经理执行体系规定 ◇负责制定和维护《质量保证计划》 ◇负责制定、维护和跟踪质保工作计划进度 ◇参与项目相关会议，包括项目例会 ◇参与项目评审和测试活动 ◇负责项目过程检查和产品检查 ◇跟踪发现的不符合项，直至解决 ◇协助项目经理进行度量数据采集分析工作 ◇向高级经理及组织级QA组长报告工作	教育背景： ◆计算机相关专业，本科以上学历，英语四级以上 培训经历： ◆受过软件开发或测试、项目管理及产品知识等方面的培训 经验： ◆4年以上工作经验 技能技巧： ◆熟悉CMM体系，有能力按CMM要求建立公司软件开发过程管理体系 态度能力： ◆具有与客户良好沟通的能力，项目协调能力 ◆较强的客户服务意识和团队协作意识 ◆工作积极主动、责任心强、吃苦耐劳。能承受较大的工作压力	Y	1	0	2019/1/13	黄超亚
8	美工	◇运用辅助制图软件规划、创意，制作图片及图形材料 ◇参与作品的定位、定向、定风格的研究 ◇为网站、图文广告、宣传单、电视广告、网络广告及其他的展示品设计艺术作品	教育背景： ◆美术、艺术、广告设计或相关专业大专以上学历 培训经历： ◆受过消费者心理学、广告策划与装潢、产品知识等方面的培训 经验： ◆2年以上美术设计、室内设计、网页设计相关工作经验 技能技巧： ◆具备网页设计、平面设计、消费者心理学、广告装潢方面的知识技能 ◆熟练操作办公软件以及网页设计、制图软件 态度能力： ◆工作细致、认真负责 ◆有韧性，有艺术气质和潜能 ◆积极主动、性格开朗、讲求效率、乐于接受挑战	Y	1	0	2019/1/13	张鹏

四、项目培训计划（见表 4 – 19）

表 4 – 19　　　　　　　　　　　　**项目培训计划表**

序号	所需技能	培训课程	受训人员	讲师	培训时间
1	需求讲解培训	系统需求培训	汤学良、杜华伟、徐海昕、孟凡标、冯可可、宋利敏、王明伟、邹韫、韩晨希、李星燕、黄超亚	杨珂萍	2019/3/26
2	项目总体架构培训	总体框架培训	汤学良、杜华伟、杨珂萍、孟凡标、冯可可、宋利敏、王明伟、邹韫、韩晨希、李星燕、黄超亚	徐海昕	2019/4/5
3	开发指南培训	开发工作指南培训	徐海昕、杜华伟、杨珂萍、孟凡标、冯可可、宋利敏、王明伟、邹韫、韩晨希、李星燕、黄超亚	汤学良	2019/5/6

五、项目估算（见表 4 – 20）

表 4 – 20　　　　　　　　　　　　**项目估算表**

1. 规模、工作量

序号	衡量指标	计算方法	计划值	单位
1	项目工作量	PPM	674.5	人天
2	项目规模	DELPHI	70044.06	LOC
3	项目成本	PPM	1349000	元
4	…	…	…	…

2. 估算记录历史

序号	估算时机	文件名	版本	备注
1	项目启动后	项目估算表（DELPHI）	v1.0	
2	需求确认后	项目估算表（DELPHI）	v1.1	
3	…	…	…	

注：估算时机通常指项目提出预案时，项目启动时，需求分析完成时，设计完成时，发生重大偏差时，变更发生时。

六、里程碑计划（见表 4-21）

表 4-21　　　　　　　　　　里程碑计划表

序号	里程碑名称	开始时间	结束时间	入口条件	出口条件
1	需求及设计里程碑	2019/2/1	2019/5/6	已经签订项目开发合同，项目开始启动	项目计划、软件需求说明书、设计文档完成并通过评审
2	编码及集成里程碑	2019/5/7	2019/9/24	需求、设计通过评审	编码完成、集成测试通过
3	系统测试里程碑	2019/9/4	2019/9/29	集成测试通过	系统测试通过
4	产品交付里程碑	2019/9/30	2019/10/14	系统测试通过	客户验收通过

七、资源管理计划（见表 4-22）

表 4-22　　　　　　　　　　资源管理计划表

1. 硬件要求（PC/PC server）

序号	设备名称	数量	规格/配置	用途	获取方式	到位时间	归还时间	支持部门/责任人
	开发服务器	1	4 核 CPU、16G 内存、50G 硬盘	用于搭建开发服务器	已经存在	2019/2/10	2050/12/30	IT 系统部/刘晨
	测试服务器	1	4 核 CPU、16G 内存、100G 硬盘	用于搭建测试服务器	已经存在	2019/3/1	2050/12/30	IT 系统部/刘晨
	生产服务器	8	6 核 CPU、16G 内存、320G 硬盘	用于搭建生产服务器	已经存在	2019/7/19	2050/12/30	IT 系统部/刘晨

2. 软件要求（操作系统/数据库/中间件/操作系统等）

序号	软件名称	数量	规格/配置	用途	获取方式	到位时间	归还时间	支持部门/责任人
	Github	1	2.21.0	代码管理	已经存在	2019/1/29	2050/12/30	IT 系统部/刘晨
	Apache ZooKeeper	3	3.0.0	分布式应用程序协调服务	已经存在	2019/1/29	2050/12/30	IT 系统部/刘晨
	Apache Dubbo	1	2.5.4	高性能优秀的服务框架	已经存在	2019/1/29	2050/12/30	IT 系统部/刘晨
	Apache Tomcat	24	7.0.53	应用服务器容器	已经存在	2019/1/29	2050/12/30	IT 系统部/刘晨
	Redis	6	3.2.100	数据缓存	已经存在	2019/1/29	2050/12/30	IT 系统部/刘晨

续表

序号	软件名称	数量	规格/配置	用途	获取方式	到位时间	归还时间	支持部门/责任人
	MySQL	1	5.6	业务、操作、日志等数据存储	已经存在	2019/1/29	2050/12/30	IT系统部/刘晨
	Nginx	4	1.4.7	负载均衡、数据分流	已经存在	2019/1/29	2050/12/30	IT系统部/刘晨
	Linux	4	3.10.0	操作系统	已经存在	2019/1/29	2050/12/30	IT系统部/刘晨
	JDK	4	JDK8	JAVA的运行环境		2019/1/29	2050/12/30	IT系统部/刘晨

3. 环境要求

（1）机房环境

序号	类别	要求	到位时间	责任人	备注
1	温度	设备温度在15℃—30℃，最佳温度是22℃	2019/1/1	刘晨	
2	湿度	湿度在40%—70%之间，最佳湿度是55%	2019/1/1	刘晨	
3	尘埃	大于或等于0.5Um，粒子数＜18000粒/升，＜50万粒/ft	2019/1/1	刘晨	
4	电源	2个不间断电源（UPS）	2019/1/1	刘晨	
5	噪声	计算机系统停机时，机房内的噪声在主机房中心处测试应小于6SdB（A）	2019/1/1	刘晨	
6	照度	计算机机房在距地0.8m处，照度不应低于300lx，辅助房间照度不低于200lx	2019/1/1	刘晨	
7	磁场	磁场干扰场强不大于800A/m	2019/1/1	刘晨	

（2）工作环境

序号	类别	要求	到位时间	责任人	备注
1	网络	在办公区能够接入开发和测试环境	2019/2/16	刘晨	
2	网络	提供能够远程接入网络的VPN	2019/2/16	刘晨	
3	网络	通过VPN能接入云桌面（淮安云桌面和洛阳云桌面）	2019/2/16	刘晨	
4	网络	使用云桌面可以访问GIT和内部网络资源	2019/2/16	刘晨	

4. 工具使用要求

序号	类别	名称	使用方法	使用阶段	责任人	备注
1	网络	Fiddler	是一个HTTP协议调试代理工具，它能够记录并检查所有你的电脑和互联网之间的Http通信，设置断点，查看所有的"进出"Fiddler的数据（指cookie，html,js,css等文件）	整个阶段	刘晨	

续表

序号	类别	名称	使用方法	使用阶段	责任人	备注
2	网络	MobaXterm	一款增强型远程连接工具，类似于 Xshell、SecureCRT，用于连接 Linux 服务器的客户端工具	整个阶段	刘晨	
3	开发	Eclipse	Java 代码开发工具	整个阶段	刘晨	
4	开发	Mysql Workbench	Mysql 数据库连接客户端	整个阶段	刘晨	
5	开发	Sonar	代码走查	整个阶段	刘晨	
6	设计	Visio	绘制处理流程图	整个阶段	杜华伟	
7	测试	Junit	功能点测试	整个阶段	黄超亚	
8	管理	Minitab	绘制缺陷密度控制图查看是否有异常点、双样本 T 检验	整个阶段	徐海昕	
9	管理	Crystal ball	蒙特卡洛模测试估算规模	整个阶段	徐海昕	

八、项目监控计划（见表 4 - 23）

表 4 - 23　　　　　　　　　　项目监控计划表

序号	跟踪对象	细分、描述	跟踪频率	计算公式	偏差处理方法
1	进度	1. 统计每个任务的实际完成时间 2. 统计项目进展到各里程碑的实际时间 3. 计算实际进度与计划进度的偏差	每天/每周/每月/每阶段/每里程碑	(当前实际进度 - 计划进度)/计划进度	增加/减少项目投入时间
2	工作量	1. 统计每个重要任务的实际工作量 2. 计算实际工作量与计划工作量的偏差	每天/每周/每月/每阶段/每里程碑	(实际工作量 - 计划工作量)/计划工作量	增加/减少项目投入时间
3	质量	1. 监控评审的效率 2. 监控测试的效率	每阶段	评审缺陷密度 = 评审发现的缺陷数/评审规模 测试缺陷密度 = 测试发现的缺陷数/测试规模	

续表

序号	跟踪对象	细分、描述	跟踪频率	计算公式	偏差处理方法
4	成本	1. 统计项目进展到各里程碑的成本 2. 计算实际成本与计划成本的偏差	每阶段/每里程碑	（当前实际成本 − 计划成本）/计划成本	

九、量化管理计划（见表 4 – 24）

表 4 – 24 量化管理计划表

量化预测阶段	计划执行日期	负责人	输出文档	量化预测阶段
计划阶段	2019/1/15	PM	《一体化客服系统——量化项目管理表》	立项阶段完成
需求阶段	2019/2/1	PM		需求阶段完成
设计阶段	2019/3/29	PM		设计阶段
编码阶段	2019/5/7	PM	《一体化客服系统——量化项目管理表》《一体化客服系统——原因分析报告》（有异常时产出）	编码阶段完成50%
	2019/8/8	PM		编码阶段完成
系统测试阶段	2019/9/4	PM	《一体化客服系统——量化项目管理表》	系统测试阶段完成
验收测试阶段	2019/9/30	PM		验收测试阶段完成

首先，根据组织 QPPO 和客户要求，建立项目的 QPPO。

其次，根据项目 QPPO 建立项目的 PPM 模型，每个阶段完成后，输入项目实际数据到 PPM 模型，运行水晶球来预测目标达成的概率，确定项目 QPPO 是否达成（概率值80%以上即为可达成 QPPO 目标）。

再次，量化管理计划（预测目标是否达成）。

最后，量化管理计划（关键子过程 SPC 控制）（见表 4 – 25）。

表 4 – 25 量化管理计划表

关键过程名称	度量属性	控制频率	分析频率
编码过程	单位工作量	每天收集数据	每周一次（控制图）
系统测试过程	发现缺陷密度	每天收集数据	每周一次（控制图）

十、产品评审计划（见表 4 – 26）

表 4 – 26   产品评审计划

序号	评审工作产品	评审类别	计划执行日期	计划评审人员	评审主持人	完成标准
1	《软件需求规格说明书》和系统开发原型（Demo）	正式评审	2019/3/23	徐海昕、杜华伟、汤学良、罗必旺、黄华林、杨珂萍	徐海昕	评审通过
2	《详细设计说明书》《数据库设计说明书》	正式评审	2019/4/29	徐海昕、汤学良、杜华伟、罗必旺、黄华林、杨珂萍	徐海昕	评审通过
3	代码	走查	2019/8/7	徐海昕、杜华伟、汤学良、黄超亚、冯可可、宋利敏、王明伟、邹韫、韩晨希、李星燕	徐海昕	核心代码 100% 评审，新员工代码前 5K 做代码走查，走查及单元测试要覆盖 100%
4	《单元测试用例》	走查	2019/8/15	王明伟、冯可可、韩晨希	徐海昕	功能覆盖率 100%
5	《系统测试用例》	正式评审	2019/9/8	黄超亚、冯可可、王明伟、韩晨希、李星燕、邹韫	徐海昕	功能覆盖率 100%
6	《用户操作手册》	正式评审	2019/9/24	徐海昕、汤学良、杜华伟、黄华林、孟凡标、黄超亚	徐海昕	评审通过

十一、干系人计划（见表 4 – 27）

表 4 – 27   干系人计划表

序号	任务名称	干系人	完成时间	完成标准	干系人姓名	所需信息	沟通频率	联系方式
1	进行需求调研	客户	2019/2/13	《用户需求说明书》签字确认	黄华林	行程安排	每周	现场沟通
2	美工设计	跨组	2019/4/26	页面完成	张鹏	关键进展	每天	邮件/口头沟通：zhang-pengc@si – tech. com. cn

续表

序号	任务名称	干系人	完成时间	完成标准	干系人姓名	所需信息	沟通频率	联系方式
3	审批、里程碑评审	领导	2019/10/14	审批确认	罗必旺	关键进展	每周	邮件/口头沟通：*luobw@si－tech.com.cn*
4	进行验收测试	客户	2019/10/12	《系统测试报告》输出	黄华林、徐海昕、黄超亚、王明伟、冯可可	关键进展	每天	邮件/口头沟通：*huanghualin@cmos.chinamobile.com*
5	组织客户周例会	客户	2019/10/24	客户周例会会议纪要输出	徐海昕、汤学良、黄华林、杜华伟	行程安排	每周	现场会议沟通

第五节　项目阶段控制管理案例

一、里程碑管理

说明：里程碑是项目中的重大事件，在项目过程中不占资源，是一个时间点，通常指一个可支付成果的完成。

（一）编码及集成阶段

1. 概述（见表4-28）

表4-28　　　　　　　　　　编码及集成里程碑概述表

项目名称	一体化客服系统	项目简称	CMOCCMCC_ HQ_ Uditf	项目经理	徐海昕
项目计划开始日期	2019/5/7	项目计划结束日期	2019/9/24	项目周期	140
当前里程碑		编码及集成里程碑		报告日期	2019/9/24
里程碑计划完成日期	2019/9/24	里程碑实际完成日期	2019/9/24	偏差天数	0

2. 任务完成状态检查（见表4-29）

表4-29　　　　　　　　　　任务完成状态检查表

计划任务	计划提交的工作产品	实际完成状态描述
编码实现（单元测试）	源代码、单元测试用例	已完成

续表

计划任务	计划提交的工作产品	实际完成状态描述
编写《单元测试用例》	测试用例	已完成
产品集成	项目集成测试用例、 项目集成计划、用户使用手册	已完成

说明：概述中里程碑的主要工作内容和项目状态。对应表4-28说明计划任务和工作产品未完成的原因。

3. QPPO完成情况（见表4-30）

表4-30 QPPO完成情况表

	目标值	实际值	原因分析	措施	备注
工作量（人日）	376.00	376.00			
质量					

4. 分类总结（见表4-31）

表4-31 分类总结表

分类	总结
质量	编码、集成输出完成并进行评审确认修改完成，可按时进入下一阶段里程碑
成本	项目成本在预算范围内可按时进入下一阶段里程碑
进度	编码、集成进度按计划进行变更较小不影响下一阶段里程碑
需求	需求变更影响范围较小，可按时进入下一阶段里程碑
资源	编码、集成资源状态良好，可按时进入下一阶段里程碑
风险	已对可预测风险做准备，执行良好，可按时进入下一阶段里程碑

5. 里程碑工作安排（见表4-32）

表4-32 里程碑工作安排

计划开始时间	2019/9/4	计划结束时间	2019/9/29
系统测试阶段			
里程碑计划任务		里程碑计划提交的工作产品	
系统测试用例编写与评审		测试用例	
执行系统测试		测试缺陷记录	
编写系统测试报告与审批		系统测试报告	

（二）产品交付阶段

1. 概述（见表4-33）

表 4 – 33   产品交付阶段概述

项目名称	一体化客服系统	项目简称	CMOCCMCC_ HQ_ Uditf	项目经理	徐海昕
项目计划开始日期	2019/9/30	项目计划结束日期	2019/10/14	项目周期	14
当前里程碑	产品交付里程碑			报告日期	2019/10/14
里程碑计划完成日期	2019/10/14	里程碑实际完成日期	2019/10/14	偏差天数	0

2. 任务完成状态检查（见表 4 – 34）

表 4 – 34   任务完成状态检查表

计划任务	计划提交的工作产品	实际完成状态描述
更新《用户操作手册》	《用户操作手册》终稿	已完成
评审支持文档（非正式评审）	评审支持文档	已完成
产品打包交付	产品打包清单	已完成
用户使用培训	用户操作手册	已完成
系统试运行		已完成
用户确认测试		已完成
客户验收	客户验收报告	已完成

说明：概述中里程碑的主要工作内容和项目状态。对应表 4 – 33 说明计划任务和工作产品未完成的原因。

3. QPPO 完成情况（见表 4 – 35）

表 4 – 35   QPPO 完成情况表

	目标值	实际值	原因分析	措施	备注
工作量（人日）	15.00	15.00			
质量					

4. 分类总结（见表 4 – 36）

表 4 – 36   分类总结表

分类	总结
质量	产品交付输出完成并进行评审确认修改完成
成本	项目成本在预算范围内
进度	产品交付进度按计划进行变更较小，不影响项目整体进度

续表

分类	总结
需求	需求变更影响范围较小，不影响整体交付
资源	产品交付资源状态良好
风险	已对可预测风险做准备，执行良好

5. 里程碑工作安排（见表 4 - 37）

表 4 - 37　　　　　　　　　　里程碑工作安排表

计划开始时间		计划结束时间	
概述里程碑主要工作			
里程碑计划任务		里程碑计划提交的工作产品	

（三）系统测试阶段

1. 概述（见表 4 - 38）

表 4 - 38　　　　　　　　　　系统测试阶段概述表

项目名称	一体化客服系统	项目简称	CMOCCMCC_ HQ_ Uditf	项目经理	徐海昕
项目计划开始日期	2019/9/4	项目计划结束日期	2019/9/29	项目周期	25
当前里程碑		系统测试里程碑		报告日期	2019/9/29
里程碑计划完成日期	2019/9/29	里程碑实际完成日期	2019/9/29	偏差天数	0

2. 任务完成状态检查（见表 4 - 39）

表 4 - 39　　　　　　　　　　任务完成状态检查表

计划任务	计划提交的工作产品	实际完成状态描述
系统测试用例编写与评审	测试用例	已完成
执行系统测试	测试缺陷记录	已完成
编写系统测试报告与审批	系统测试报告	已完成

说明：概述中里程碑的主要工作内容和项目状态。对应表 4 - 38 说明计划任务和工作产品未完成的原因。

3. QPPO 完成情况（见表 4 - 40）

表 4 - 40   **QPPO 完成情况表**

	目标值	实际值	原因分析	措施	备注
工作量（人日）	64.00	64.00			
质量					

4. 分类总结（见表 4 - 41）

表 4 - 41   **分类总结表**

分类	总结
质量	系统测试输出完成并进行评审确认修改完成，可按时进入下一阶段里程碑
成本	项目成本在预算范围内可按时进入下一阶段里程碑
进度	系统测试进度按计划进行变更较小，不影响下一阶段里程碑
需求	需求变更影响范围较小，可按时进入下一阶段里程碑
资源	系统测试资源状态良好，可按时进入下一阶段里程碑
风险	已对可预测风险做准备，执行良好，可按时进入下一阶段里程碑

5. 里程碑工作安排（见表 4 - 42）

表 4 - 42   **里程碑工作安排表**

计划开始时间	2019/9/30	计划结束时间	2019/10/14
产品交付			
里程碑计划任务		里程碑计划提交的工作产品	
产品打包交付		产品打包清单	
用户使用培训		用户操作手册	
系统试运行			
用户确认测试			
客户验收		客户验收报告	

（四）需求及设计阶段

1. 概述（见表 4 - 43）

表 4 - 43   **需求及设计阶段概述表**

项目名称	一体化客服系统	项目简称	CMOCCMCC_ HQ_ Uditf	项目经理	徐海昕
项目计划开始日期	2019/2/1	项目计划结束日期	2019/5/6	项目周期	94
当前里程碑		需求、设计里程碑		报告日期	2019/5/6
里程碑计划完成日期	2019/5/6	里程碑实际完成日期	2019/5/6	偏差天数	0

2. 任务完成状态检查（见表4-44）

表4-44　　　　　　　　　　　　　任务完成状态检查表

计划任务	计划提交的工作产品	实际完成状态描述
项目启动	项目立项公告	已完成
项目计划制定与评审	项目总体计划及附属计划	已完成
需求开发与评审	用户需求说明书、软件需求规格说明书	已完成
系统设计与评审	概要及详细设计说明书、数据库设计	已完成
…	…	…

说明：概述中里程碑的主要工作内容和项目状态。对应表4-43说明计划任务和工作产品未完成的原因。

3. QPPO完成情况（QPPO：质量过程绩效目标）（见表4-45）

表4-45　　　　　　　　　　　　　QPPO完成情况表

	目标值	实际值	原因分析	措施	备注
工作量（人日）	179.00	179.00			
质量					

4. 分类总结（见表4-46）

表4-46　　　　　　　　　　　　　分类总结表

分类	总结
质量	需求、设计文档输出完成并进行评审确认修改完成，可按时进入下一阶段里程碑
成本	项目成本在预算范围内可按时进入下一阶段里程碑
进度	需求、设计进度按计划进行变更较小，不影响下一阶段里程碑
需求	需求变更影响范围较小，可按时进入下一阶段里程碑
资源	需求、设计资源状态良好，可按时进入下一阶段里程碑
风险	已对可预测风险做准备，执行良好，可按时进入下一阶段里程碑

5. 里程碑工作安排（见表4-47）

表4-47　　　　　　　　　　　　　里程碑工作安排表

计划开始时间	2019/5/7	计划结束时间	2019/9/24
编码实现，单元测试，集成测试			

里程碑计划任务	里程碑计划提交的工作产品
编码实现（单元测试）	源代码、单元测试用例
产品集成	项目集成计划

第六节 项目全面风险管理案例

一、风险参数说明

风险概率，指的是风险实际发生的可能性。风险的发生概率用0—100%来表示，数值越大表示风险发生的可能性越高（见表4–48）。

表 4 – 48 　　　　　　　　　　　　风险概率说明表

概率范围	概率级别	说明
80%—100%	极高	基本上可以认为一定会发生
60%—80%	较高	发生的可能性很大，只有少数情况可能不发生
40%—60%	中等	有可能发生，且发生的可能性较大
20%—40%	较低	有可能发生，但发生的可能性较小
0—20%	极低	几乎不太可能会发生

风险影响，是指当风险说明中所预料的结果发生时可能会对公司或项目产生的影响（见表4–49）。

表 4 – 49 　　　　　　　　　　　　风险影响说明表

影响程度	范围值	说明
致命的	8—10	会导致整个公司或项目彻底失败；导致项目不能在一定的时间、成本范围内，按照客户的需求完成（进度延误 >30% 或成本超支 >30%）
严重的	6—8	对公司或项目的整体目标会造成较大影响；对项目进度、成本或质量产生重大的影响，有使项目失败的可能，但可以通过某种方式得以弥补，从而避免失败的结果。采用该方式需要付出较大代价（进度延误 20%—30%，或成本超支 20%—30%）
中等的	4—6	对公司或项目的整体目标会产生影响，但是仍在可以接受的范围内；对项目进度、成本或质量有影响，但影响力度相对较小，基本上不会致使项目失败，可以通过适当措施弥补或纠正，但要付出一定的代价（进度延误 <20% 或成本超支 <20%）
轻微的	2—4	对公司或项目某些次要目标会产生一定影响；对项目进度、成本或质量的影响轻微，不会致使项目失败，做轻微调整就可以弥补或纠正（进度延误 <10% 或成本超支 <10%）
可忽略	0—2	对公司或项目目标影响不明显，几乎察觉不到（进度延误 <5% 或成本超支 <5%）

风险值（风险系数）= 风险概率 × 风险影响。

风险阈值是风险控制点，对于达到该阈值的风险，需要制订风险缓解措施。风险阈值定义为1.6。

二、风险分类指南

（一）需求

1. 需求没有文档化

是否仅有未成文的需求？

如果项目的需求只是通过口头表达，则需要考虑风险。

2. 需求不稳定

需求是否正在变化或是已经确定下来了？

如果需求正在被增加、变更或是没有被确定下来，则需要考虑风险。

3. 需求不完全

需求中所有项目是否都有详细说明？

如果需求中有未列出详细说明的项目，则需要考虑风险。

4. 需求可读性差

需求文档的可读性如何？

如果需求文档的可读性差，则需要考虑风险。

5. 需求不清晰

你是否可以理解需求，如同作者想要表达的？

如果关键的需求是模糊的、不明确的，则需要考虑风险。

6. 需求进度紧张

进度中是否安排了足够的需求分析时间？

如果需求分析阶段的进度紧张，则需要考虑风险。

7. 需求分析能力有限

需求分析人员的能力是否有限？

如果需求分析人员的能力有限，则需要考虑风险。

8. 需求无经验可借鉴

项目需求的关键部分是否有以往的经验可以借鉴？

如果需求的关键部分无法借鉴以往项目的经验，则需要考虑风险。

9. 需求不可行

是否存在在实现时有技术困难的需求？

如果不能确定某一项需求在所用的开发语言环境中实现的方法，则需要考虑风险。

10. 需求不可跟踪

是否有计划在设计、编码和测试阶段对需求进行跟踪？

如果需求与开发过程出现偏差，或是在各个阶段没有被把握住，则需要考虑风险。

（二）设计

1. 设计的算法有问题

是否存在没有满足需求或是仅仅部分满足需求的算法？

如果算法有可能是错误的、不完整的，或是太复杂，则需要考虑风险。

2. 设计难度大

是否存在难于设计的需求或是功能？

在某些时候，如一个复杂的树的查询可能需要很多的精力来设计，则需要考虑风险。

3. 设计难度偏大或偏小

设计中的任何一部分是否是基于不切实际的或是乐观的假设？

如果对需求的设计太乐观或者太悲观，则需要考虑风险。

4. 设计的接口定义不完全

是否内外部接口都已经定义好了？

如果在系统内部或是系统间存在复杂的、大量的联系，则需要考虑风险。

5. 设计不易测试

软件是否易于测试？

如果在测试产品时有很大的复杂性，则需要考虑风险。

6. 设计有硬件约束

开发或是运行硬件是否对满足需求有限制？

如果在硬件速度、容量、可用性和功能方面有限制，则需要考虑风险。

7. 设计有软件复用性要求

是否存在软件复用？

需要考虑复用软件时的修改可能导致比设计新软件更多问题的风险。

（三）编码和单元测试

1. 编码和单元测试的可行性

产品中是否有某些部分没有在设计说明书中被完全定义？

如果没有在设计时跟踪需求就编码，则需要考虑风险。

设计说明书是否有足够的细节描述代码？

如果设计处于太高的层次，则需要考虑风险。

2. 编码进度偏差

是否存在充分的时间进行编码？

如果在进度表中没有安排充分的时间进行编码，则需要考虑风险。

是否对项目组在编码时间和工作量方面的估计有意见？

如果过于低估你的工作量，则需要考虑风险。

编码的实际进度是否与计划相比有比较大的偏差？

如果编码的实际进度与计划相比有比较大的偏差，则需要考虑风险。

3. 测试进度偏差

是否存在充分的时间进行全部的单元测试？

如果在进度表中没有安排充分的时间进行测试，则需要考虑风险。

如果进度出现问题，是否会妥协，对单元测试进行调整？

考虑谁将妥协，在什么模块，考虑什么可能被遗漏。

是否对项目组在编码时间和工作量方面的估计有意见？

如果过于低估你的工作量，则需要考虑风险。

测试的实际进度是否与计划有比较大的偏差？

如果测试的实际进度与计划有比较大的偏差，则需要考虑风险。

4. 编码工具问题

开发语言是否适合开发的软件产品？

如果开发语言不适合开发的软件产品，则需要考虑风险。

项目组是否在开发语言、开发平台或是开发工具方面有足够的经验？

如果项目组在开发语言、开发平台或是开发工具方面没有良好的开发经历，则需要考虑风险。

5. 编码缺乏配置管理

是否有代码的配置管理计划？

如果没有版本控制或是代码修改不受控，则需要考虑风险。

（四）集成和测试

1. 集成和测试硬件支持不足

是否有足够的硬件做充分的集成和测试工作？

如果没有足够的硬件资源，则需要考虑风险。

2. 集成和测试进度紧张

是否有足够的产品集成方面的说明，是否安排了充足的时间做集成工作？

需要考虑满足进度和足够测试覆盖率要求的风险。

（五）验收和维护

1. 产品验收标准不一致

是否对全部需求的验收标准都已经达成一致？

如果不确切明了什么是用户所期望得到的，则需要考虑风险。

2. 产品的可维护性不好

产品设计和相关文档是否可以充分满足另外一个组维护代码的要求？

如果产品设计和相关文档不能充分满足另外一个组维护代码的要求，则需要考虑风险。

（六）团队

1. 员工经验不足

在项目组中是否有很多新员工？

如果新员工比较多，则需要考虑风险。

项目经理和开发组长的工作经验是否丰富？

如果项目经理或开发组长在以往没有相应的工作经验，则需要考虑风险。

2. 员工流动性大

项目组成员在项目结束前是否有流动的可能性？

如果项目组成员在项目结束前有流动的可能性，则需要考虑风险。

3. 内部缺乏交流

在项目组中是否缺乏方便的、有效的交流？

如果进度表与项目会议冲突，则需要考虑风险。

是否和上级缺乏有关项目的方便、有效的交流？

在缺乏完整的信息情况下，需要考虑工作产品的质量风险。

4. 项目组内部合作缺乏氛围

项目是否以前合作过？

如果项目组不能很好地合作或是以前没有很好的合作经历，则需要考虑风险。

项目组是否对任务有清楚的认识？

如果项目组内存在分歧，则需要考虑风险。

（七）成本

缺乏成本管理和跟踪

是否对成本有测量和跟踪？

如果没有对成本进行测量和跟踪，则需要考虑风险。

预算偏差

如果实际成本和预算有比较大的出入，则需要考虑风险。

（八）组织和管理

1. 组织缺乏管理

组织是否有专门的人员负责管理？

如果组织没有人负责管理，则需要考虑风险。

2. 决策者能力有限

管理层是否有威信，是否果断，决策人是否有很高的素质？

如果管理层没有威信，处理事务优柔寡断，业务素质不高，则需要考虑风险。

三、风险管理计划及跟踪表（见表 4－50）

表 4－50 　　　　　　　　　　　风险管理计划及跟踪表

风险识别					
编号	周次	风险状态	风险分类	风险描述	识别时间
1	第 8 周	（5）新识别风险	组织和管理	开发人员不足可能会造成延长开发时间的风险	2019/3/6
2	第 8 周	（5）新识别风险	需求	客户需求不明确，造成设计或开发不理想	2019/3/6
3	第 9 周	（5）新识别风险	需求	客户提出新需求或者已有需求随业务变化而不断变更导致项目进度延迟	2019/3/11
4	第 9 周	（5）新识别风险	成本	客户不配合产品评审，进度延迟	2019/3/11

表 4 – 51　　　　　　　　　　　　　　　　风险分析表

风险分析

编号	风险概率	风险影响	风险值	风险等级
1	20%	8	1.6	中
2	60%	7	4.2	高
3	30%	6	1.8	中
4	50%	2	1.0	低

表 4 – 52　　　　　　　　　　　　　　　　风险应对表

风险应对

编号	应对策略	缓解措施	应急计划	应对人	应对时间	缓解措施执行情况
1	减缓	1. 向部门上级寻求开发人力资源，满足开发工作需要		徐海昕	2019/3/6	（1）正在执行
2	减缓	1. 需求分析阶段取得客户的配合与充分的介入，和客户进行需求确认 2. 需求评审邀请业务专家的参与	紧急与客户确认，按需求变更流程进行，更改完善需求	徐海昕	2019/3/6	（1）正在执行
3	减缓	1. 需求阶段进行详细调研，与客户充分配合 2. 需求内容要求客户确认		徐海昕	2019/3/8	（1）正在执行

表 4 – 53　　　　　　　　　　　　　　　　风险跟踪表

风险跟踪

编号	风险概率	风险影响	风险值	风险等级	应对策略	跟踪时间	结论
1	10%	7	0.7	低	减缓	2019/3/11	缓解成功
2	60%	7	4.2	高	减缓	2019/3/9	缓解不成功
3	20%	4	0.8	低	减缓	2019/3/13	缓解成功
4	20%	1	0.2	低		2019/3/13	

四、风险汇总

表 4 – 54　　　　　　　　　　　　风险测量表

风险测量			
风险类别（分布）			
需求	14	验收和维护	13
设计	0	团队	15
编码和单元测试	13	成本	10
集成和测试	0	组织和管理	2
风险状态（数目）		风险优先级（分布）	
（1）风险被缓解，关闭	1	高 ≥ 3.6	1
（2）风险已发生，转入问题	0	中 ≥1.6 <3.6	39
（3）监控中，缓解措施正在实施	34	低 <1.6	27
（4）监控中	21		
（5）新识别风险	8		
（6）风险发生前提条件已不存在，关闭	3		
风险总量（数目）	67		
提交人	徐海昕	提交日期	

表 4 – 55　　　　　　　　　　　　风险状态表

风险状态	高	中	低	合计
（1）风险被缓解，关闭	0	1	0	1
（2）风险已发生，转入问题	0	0	0	0
（3）监控中，缓解措施正在实施	0	34	0	34
（4）监控中	0	0	21	21
（5）新识别风险	1	4	3	8
（6）风险发生前提条件已不存在，关闭	0	0	3	3
合计	1	39	27	67

五、图表显示

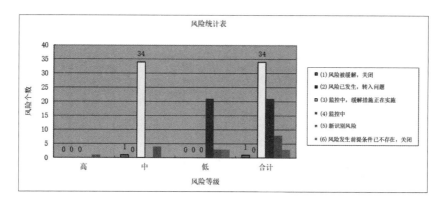

图 4-4　风险统计表

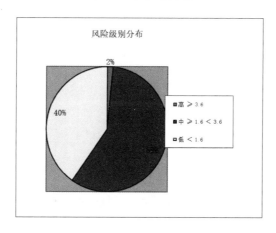

图 4-5　风险级别分布图

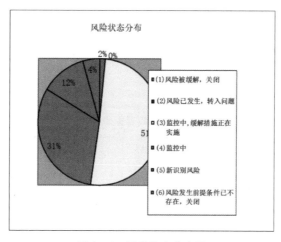

图 4-6　风险状态分布图

第七节　项目验收交付管理案例

项目验收，也称范围核实或移交（Cutover）。它是核查项目计划规定范围内各项工作或活动是否已经全部完成，可交付成果是否令人满意，并将核查结果记录在验收文件中的一系列活动。

一、项目成果

（一）工作产品成果

详见《一体化客服系统——项目移交清单》。

（二）技术成果

无

（三）管理成果

在管理的过程中不断的锻炼和提升了项目团队的管理能力，为公司储备了管理方面的人才。

二、项目管理目标总结

（一）成本管理目标（见表 4－56）

表 4－56　　　　　　　　　　　　　成本管理目标表

指标名称	目标上限	目标下限	最终值	偏差 RMB
成本	10%	10%		
	经验或教训			
	无			

（二）工作量管理目标（见表 4 – 57）

表 4 – 57　　　　　　　　　　工作量管理目标表

指标名称	目标上限	目标下限	最终值	偏差
工作量	10%	10%		
	经验或教训			
	在项目设置的合理区间			

（三）进度管理目标（见表 4 – 58）

表 4 – 58　　　　　　　　　　进度管理目标表

指标名称	目标上限	目标下限	最终值	偏差
进度	5 天	5 天	138	2
	经验或教训			
	在过程中出现偏差，管理工作量太大导致进度偏差，在项目设置的合理区间			

（四）质量管理目标（见表 4 – 59）

表 4 – 59　　　　　　　　　　质量管理目标表

指标名称	目标上限	目标下限	最终值	偏差
Bug 修复率	无遗留	无遗留	全部修复	0
	经验或教训			
	对于功能逻辑不复杂的软件，代码评审和单元测试比较重要，系统测试主要检验性能，案例编写应该只针对性能编写			

三、项目变更总结

（一）需求变更

变更发生次数：1 次

变更原因：客户功能新增需求

变更影响工作量：8 个小时

变更影响工作量说明：对于影响的工作量安排了在周末进行加班，从而不影响正常项目进度目标的完成

（二） 计划变更

变更发生次数：1 次
变更原因：需求变更
变更影响进度：1 天
变更影响进度说明：进度的影响对于项目的整体情况的冲击不大

（三） 预算变更

变更发生次数：0 次
变更原因：无
变更影响预算：无
变更影响预算说明：无

四、项目评价

（一） 对产品的评价

评价依据：一体化客服系统—软件需求规格说明书
评价方式：验收测试
评价人：余嘉月
是否达到要求：是
存在的问题：验收测试发现问题已修复

（二） 对实现方案的评价

评价依据：一体化客服系统—概要及详细设计说明书
评价对象：技术实现方案
评价人：余嘉月
是否达到要求：是
存在问题：架构的设计符合实际情况的需求，满足了公司的开发需求

（三） 对开发过程的评价

评价依据：公司 OSSP

评价对象：项目过程

评价人：徐海昕

是否达到要求：是

存在的问题：部分 OSSP 的填写说明和指引不够明确，有需要进一步的完善说明的地方

五、经验与教训

（一）经验总结

（1）契合一线市场需求，收集客户诉求，在需求支撑中分析共性需求、提炼需求价值、挖掘客户潜在商机。

（2）积极配合验收工作，年内提前完成全额验收任务。

（3）制定了项目级、个人自学、读书会等全员学习的计划并落实执行，且对参与人员进行有针对性的交付跟踪评估，确保培训学习的延续性和可度量，人员业务能力和综合素质提升效果良好。

（4）风险很多情况下属于同一个来源和分类，因此在风险分类时，应该考虑能否合并相似的风险，从而使处理风险的成本最优化。

（5）分析运营数据，对客户运营存在问题提出合理化建议，提升与客户交互的黏性。

（6）运营兼顾工作流程优化，产品需求后向跟踪评估，维护工具提炼，以运营客户长期价值和传递安全生产意识为己任。

（7）项目经理在对原始的度量数据进行验证，避免在错误数据的基础上进行分析。

（8）项目监控过程中，对于完成的成果要进行检查，达到标准才通过。

（9）系统测试案例尽早编写，这样能够尽早发现需求的问题。

（10）对于代码中好的方法可以在以后类似的项目中复用，可以大大提高开发效率。

（二）教训总结

（1）改进计划涉及其他厂家的要提前与客户沟通，达成一致意见。如新工程或者新开发框架涉及技能培训资料等。

（2）产品需求方面重点跟进新需求的跟踪运营，包括前向需求跟踪的和需求后向分析评估的落实。达到沉淀高价值需求，并减少甚至提前避免低价值需求落地的目的。

（3）个人交付物按要求及时提交留痕、严格评审不延迟。

（4）制定项目日历，对流程执行各环节按计划执行并推动销售，售前及时响应不延迟。

（5）做好设计回归工作。记录设计与开发功能之间的差异，完善相应的流程机制。

六、改进建议

（一）组织过程资产库的改进建议（见表 4 - 60）

表 4 - 60　　　　　　　　　　　　　改进建议表

改进内容类别	涉及过程域	建议改进项	提出人
过程规程类	项目计划［PP］	项目计划评审的内容拆分不详细，建议更加细化计划	徐海昕
过程规程类	技术解决方案［TS］	技术选型方案优缺点描述不是很突出，建议增加亮点描述	杜华伟
文档模板类	需求开发与管理域［RDM］	对需求计划不需要正式的同行评审活动，建议改为非正式的交流	汤学良

（二）其他改进建议

无

七、可纳入的项目过程资产

本项目需要纳入到组织过程资产库中的内容项主要有：

（1）项目风险列表。

（2）项目计划、估算、度量、结项数据。

（3）项目过程改进建议。

（4）开发框架（包括：公共类库、界面图标、交互脚本）等。

（5）业务需求文档（软件需求规格说明书）。

八、遗留问题处理计划（见表 4 - 61）

表 4 - 61　　　　　　　　　　　遗留问题处理计划表

序号	问题描述	BUGID	处理决策	负责人	期限

九、审批意见（见表 4 - 62）

表 4 - 62　　　　　　　　　　　审批意见表

审批意见表
项目主管意见： ■　同意进行"结项评审"。 □　拒绝进行"结项评审"，退回该报告。 其他指示： 签字：徐海昕　　　日期：2019/10/24

第八节　系统建设项目管理制度案例

项目管理制度是针对项目范畴和项目特点所规范的管理制度。项目管理制度的主要内容是管人和理事。管人和理事是在一个特定的环境下和具体的专业领域内进行的。

对公司产品在工程项目的工作量和工程周期进行分析，发现一些基本规律：

产品 A：工程周期在 1 年内，在完成工程 1 后，依序在其他客户项目进行工程实施。从其工程花费的工作量和工程周期看，呈现较大波动（见图 4 - 7）。

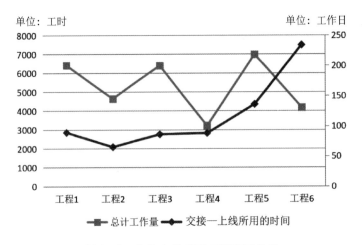

图 4 - 7　产品 A 的系列工程项目分析

产品 B：在完成前 2017 年完成 2 个项目后，在 2018 年和 2019 年进行了持续的研发投入用于促进产品成熟；2019 年第 3 个项目落地定版，成本略超过前 2 个项目；从第 4 个项目（即研发落地定版后的第一个工程项目）开始，工程成本和工程周期有显著的降低（见图 4 - 8）。

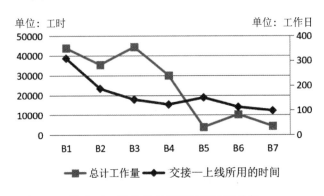

图 4 - 8　产品 B 的系列工程项目分析

产品 C：2017 年和 2018 年持续 2 年的研发投入，2019 年初第一个工程项目落地定版，在后续工程实施过程中，工程成本约是第一个项目的 25%，工程周期约是第一个工程项目的 30%（见图 4 - 9）。

公司的所有产品平台、技术平台，都重复出现上述情况。基于公司所有的产品和工程项目进行分析，总结出：

当产品相对成熟时，工程项目的工作量和工程周期会稳定在某个区间中。

一个产品从初始到相当成熟，一般需要 2 年周期、通过 3 个项目的演进。通过研发项目，能显著加速产品的演进，使产品成熟、稳定，降低工程成本，缩短工程周期。

基于分析结果，制定了公司的研发模式，目的是通过提前的技术和业务储备，产

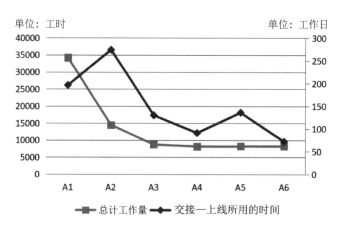

图 4 - 9　产品 C 的系列工程项目分析

品预研 + 第一次产品落地定版，加速产品成熟稳定，后续进行并行的工程实施，通过研发复用，大幅度降低工程成本及缩短工程周期，提升工程项目的利润。

公司的研发模式是：2 年规划、1 年预研、1 年工程的三年滚动式迭代增量模式见图 4 - 10。

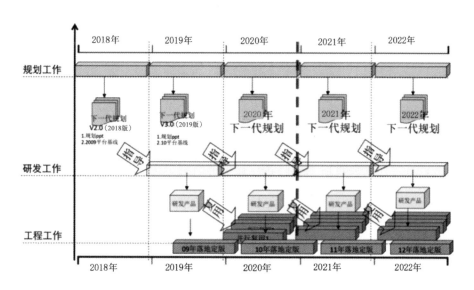

图 4 - 10　2 年规划、1 年预研、1 年工程的三年滚动式迭代增量模式

规划、研发、工程三线并行，循环往复。在 2019 年输出《下一代规划 v3.0（19版）》；在 2020 年依据《2020 年研发规划清单》进行研发、落地定版，2021 年进行新版本的并行工程部署工作（见图 4 - 11）。

一、专业分工说明

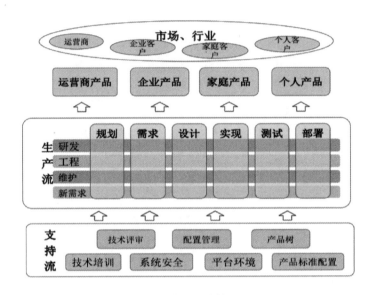

图 4 - 11　产品上市简要流程

按照工作类型不同，技术人员分四类：研发、工程、维护、新需求，简称为 4 维分工。其中：

研发：负责产品的研发；

工程：负责商务项目的工程落地实施；

维护：负责商务项目上线后的运维；

新需求：负责商务项目落地后，客户提出的新需求类项目的设计开发测试等。

从另外一个维度，按照专业角色，技术人员分出 6 个岗位，岗位主要职责是：

规划：收集业务需求，完成业务建模，负责规划产品的业务、数据、应用、技术4 个架构。

需求：负责需求开发管理工作，概述系统功能，界定系统外延，明确和维护详细的系统需求。

设计：负责系统的软件架构和关键技术，负责系统的概设、详设等。

实现：遵照设计要求，完成编码、单元测试等工作。

测试：遵照测试流程，完成测试的计划、案例编写、测试执行、BUG 管理等。

部署：负责集成构建、部署、软硬件的安装配置、技术工具的配置和使用指导，产品资料的编写等。

二、技术管理说明

对于类型为研发的工作，根据 Framwork 和业界相关的规范和前瞻，研发管理工作由技术管理体系负责。技术管理工作按照两级组织构架开展工作（见图 4 - 12）。

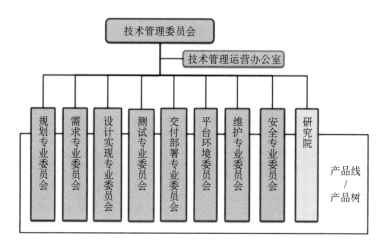

图 4 - 12　技术管理组织架构图

第一级，技术管理委员会。

第二级，各专业委员会：规划专业委员会、需求专业委员会、设计实现专业委员会、测试专业委员会、交付部署专业委员会、平台环境委员会、维护专业委员会、安全专业委员会；按工作维度，各专业委员会深入到产品线/产品树的研发团队中。

工作制度由例会制度、技术问题规范化处理流程、技术评审流程及技术管理奖惩机制四部分构成。

技术管理运营管理办公室下设研发项目经理，负责承接产品策划和产品规划的输出（产品研发计划），组织各产品研发团队按研发管理流程进行工作。根据工作阶段和工作内容，技术管理各专业委员会的人员参加到研发过程中；研发过程中遇到的问题提交到各专业委员会进行讨论和解决。

（一）研发团队划分

产品系统：简称系统，由一组联合起来相互协同的产品平台组装而成，用来满足属于不同机构的多个最终用户对业务运营支撑的 IT 需要。

产品平台：是针对某个一电信应用领域提供解决方案的相互协同的业务功能集合。

技术平台：是指可以在不同产品之间共用的软件包，如框架、中间件、开发工具等。

产品系统和产品平台、技术平台的示意图见图4-13。

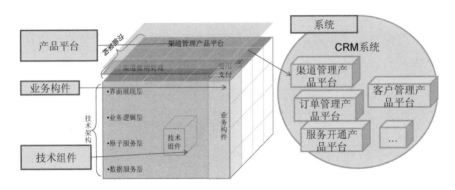

图4-13　产品系统和产品平台、技术平台的示意图

每个产品系统指定具体的负责人，负责管控和协调该产品系统内多个产品平台/技术平台之间的组装关系（邮图4-14）。产品系统负责人一般由技术经理及以上级别人员负责，技术管理进行管控。

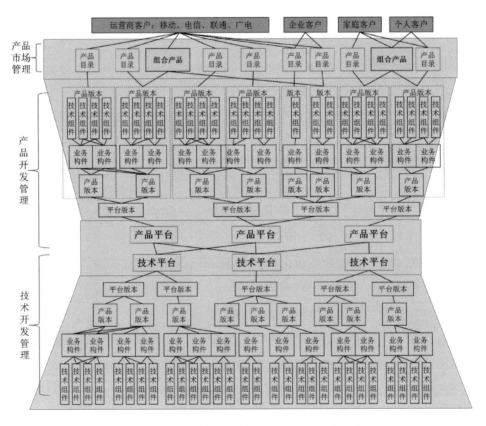

图4-14　产品系统和产品平台、技术平台的应用

每个产品平台/技术平台指定具体的产品负责人，带领具体的团队成员，负责该产品的规划、产品开发、工程落地等工作。产品负责人一般由主任工程师/技术主管以上级别人员负责。业务相近的产品平台组合成产品线。技术平台组合为研究院。

研究院下设研发中心，提炼在不同产品之间共用的软件包形成技术平台，如框架、中间件、开发工具等，支撑产品线和产品团队的研发工作。

技术管理体系下的各专业委员会，负责提炼方法论并形成对应的规程、指南、模板，对相关的技术人员进行培训和宣贯，以指导具体的软件开发和管理工作。

（二）研发管理流程

公司的研发流程示意图见图 4 – 15。

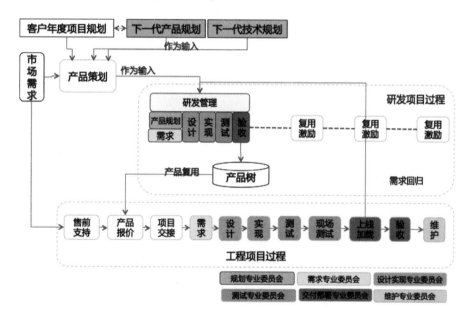

图 4 – 15 公司的研发流程

（三）研发项目管理过程综述

研发项目流程基于迭代模式展开，见图 4 – 16。

具体的流程说明如下：

1. ST – RP – 01 – 01 研发项目立项及预算规程

本规程重点对产品研发项目的立项和二阶段预算过程进行描述，根据研发项目的特点定义研发项目立项和预算的活动。

研发项目预算分为两个阶段进行，第一阶段只完成立项和产品规划阶段的预算，

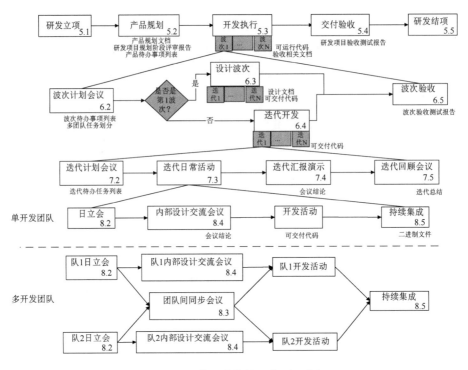

图 4 - 16 基于迭代的研发项目流程

第二阶段完成后续研发阶段的预算工作，即二阶段预算。

研发项目必须来源于研发项目年度规划（季度更新）。

2. ST - RP - 01 - 02 研发项目跟踪和管控规程

项目跟踪和管控的目的是建立对实际进展的适当的可视性，使管理者能在软件项目性能明显偏离软件计划时采取有效措施。由研发项目负责人和技术负责人负责研发项目跟踪与监控活动。

研发项目的跟踪与管控依据已批准的产品规划以及项目进度计划作为跟踪软件活动、通报状态和修订计划的基础。各里程碑点，项目负责人将实际的软件工作量、成本和进度表与计划相比较，来确定进展情况。当确定有偏差时，项目负责人和技术负责人应及时采取纠正措施，包括：

调整有关产品规划、项目进度计划文档的内容。并根据项目组的约定，通过多种方式在组内或向管理层就项目进展进行沟通和确认。

3. ST - RP - 02 - 01 研发项目策划规程

本规程关注于项目的以下三个方面：

（1）制订项目计划：为了形成合理、可行、可跟踪的项目计划，需要在项目需求已明确的前提下对项目后续阶段进行策划，策划阶段进行一系列的策划活动。

（2）获得对项目计划的承诺：保证上述活动的有效性。保证相关组和相关人员能够有效地参与到活动中，对策划的结果达成一致，并进行承诺。项目计划的评审应在项目产品规划评审结束前完成。

（3）重策划：在项目范围和项目目标发生重大变化或项目偏差超过阈值时，应重新开展策划活动，完成制订项目计划和项目计划评审发布活动。

4. ST－RP－07－01 项目验收及结项规程

项目验收主要由研发项目技术负责人提出研发项目验收申请，根据项目的级别确定评审级别。由评审组织人组织研发项目成果的验收，并最终出具《研发项目验收测试报告》。

验收评审通过后，才可以进行研发项目结项，由项目负责人提出研发项目结项申请，由相关人员进行审批处理。结项条件为该项目不再发生任何工作量，且项目发生的费用已报销完毕。结项分为正常结项和异常结项。

5. ST－RP－03－01 研发项目产品规划规程

本规程重点对产品研发项目的规划过程进行描述，根据研发项目的特点定义研发项目规划活动。

产品规划活动的目标：

健全产品生命周期管理，填补产品规划空缺，完善产品规划研发阶段；

通过产品规划，定义产品的蓝图，包括功能、数据、技术、集成等架构；

通过产品规划，对具体项目中的设计开发活动进行指导和约束，可作为设计审核的依据；

通过产品规划，明确产品定位，分清产品主次和优先级，合理分配资源。

6. ST－RP－03－02 研发项目需求管理规程

研发项目在产品规划阶段完成需求开发工作，包括：需求获取、需求分析、需求波次计划安排、需求确认和需求基线建立。软件需求必须经过相关方评审确认后才能发布需求基线，并纳入配置管理。

项目组应在项目整个生命周期内开展对软件需求的管理，包括需求跟踪、需求变更和需求基线管理。

7. ST－RP－04－01 研发项目设计规程

研发项目的产品规划阶段/需求分析阶段结束后进行软件设计工作。软件设计分为概要设计和详细设计两个阶段。

8. ST－RP－05－01 编码和单元测试规程

根据设计文档和编码规则书写代码；编译、调试通过后，进行代码检查。

开发人员根据测试案例、脚本执行单元测试，测试后评估测试执行情况是否正常，核实测试结果是否可靠，其中有一项不符合，即需进行必要的修改和重测；如两项均正常则记入单元测试报告。

9. ST－RP－06－02 集成测试规程

集成测试过程的重点是：测试计划、测试设计开发、测试执行、测试评估。

在内部集成测试阶段要完成集成测试和系统测试的活动。填写《测试进度表》进行测试跟踪，《集成测试方案》要在《概要设计规格说明书》通过评审后执行，《集成测试用例》要在《集成测试方案》通过评审后执行。

10. ST－RP－06－04 验收测试规程

验收测试主要是检验研发项目的交付质量：一方面要验证项目的需求是否可以实现，另一方面要关注项目的代码、文档、产品树、项目树等的交付。

11. ST－RP－08－01 正式评审规程

公司所有项目都必须进行评审，评审活动应依据公司的相关规程进行。

公司的正式评审活动是从项目管理角度和成本管理角度对项目的执行情况进行评价和审核，对项目是否继续执行、是否可转接到下一阶段、应如何调整项目进度、如何重新分配资源等问题的决策提供依据；同时，审查软件产品的技术成熟度，发现遗留的技术问题，评估存在的技术风险，给出技术上的建议。

12. ST－RP－09－01 研发项目配置管理规程

配置管理是应用于整个项目过程的保护性活动。通过识别配置项并系统的控制配置项的更改来帮助开发团队"维持秩序"，避免开发过程中混乱、不可控；通过审计活动来保证软件工作产品被正确的管理；通过状态报告来提高项目的可视性。

配置管理活动主要包括配置管理计划（包含配置标识）、在建阶段配置库管理、维护阶段配置库管理、变更控制、配置审计、配置报告等几个部分。其中，变更控制、配置管理、配置报告适用于项目全生命周期。

13. ST－RP－10－01 研发项目过程和产品质量保证规程

PPQA 应负责执行所有的评审和审计活动以客观地验证以下内容：

项目活动都遵循了适用的标准规程和计划实施；

PPQA 必须对工作产品进行评审，验证是否符合适用的产品标准和规程，并且所有的工作产品的技术内容的评审得到了执行。

14. ST_TM_0.2 产品树管理规程

产品树作为公司生产运营的主线，覆盖研发项目、工程项目、新需求项目、维护项目，涉及产品规划、产品研发、产品定价、预测、交接、需求分析、设计、测试、上线、维护等生产活动，衔接产品管理、项目管理、经营管理、质量管理、客户满意度管理等多个管理体系，涉及公司各个部门和所有技术人员。为了促进产品树管理的高效化、精细化，特制定本规程。

（四）研发复用激励

公司研发项目产品复用激励用于对为产品研发成果做出突出贡献的个人和团队进行激励，鼓励产品研发和技术创新，鼓励对粗粒度可复用构件（产品平台/技术平台）的生产，以最终达到积累产品研发成果、提高产品在项目实施中的复用率、降低项目实施成本的目的，促使产品研发成果更快、更多、更好地在项目中予以实际运用。本办法旨在鼓励创新和研发，提高工作效率，降低工程实施成本，从研发产品的产品利润中，提取一定比例，奖励为研发产品做出突出贡献的个人和团队（见图4－17）。

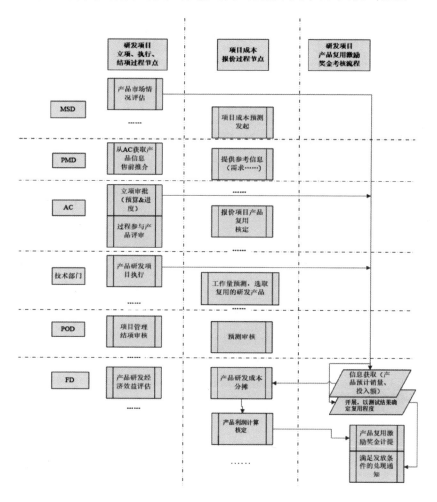

图4－17　研发项目全流程

第五章

软件研发低代码化与敏捷转型

面向新一代适应数字化转型的新一代研发需求，本章进一步展望提出了基于软件研发低代码化的工程过程框架案例，以期帮助读者更好地掌握我国软件工程的最佳实践。

第一节 传统技术向低代码方案转型过渡方案研究

一、现状及问题

（一）现状

目前组织内部管理系统主要分为三个部分：

（1）以 SAP ERP、Oracle Siebel 为首的套装软件；

（2）通过开发工具（如普元）进行系统设计开发；

（3）通过内外部工程师（供应商）进行代码开发。

ERP 等软件项目历史悠久，运行整体稳定但配置复杂、缺乏可扩展性，难以应对企业业务变化对系统灵活度的要求，在发展过程中，大量的二次开发依赖开发团队或供应商，不仅为企业带来了一定的负担，且项目实施周期长、人力投入高，等到项目落地时，可能已不能满足业务彼时的业务需求，交付质量不可控。遗留系统消耗了大量的 IT 预算，却不能帮助企业快速向前发展，限制了组织的响应能力。

目前使用的开发工具，整体架构已过时，开发语言、运行环境、性能、开发框架已逐渐无法满足目前快速开发需求，且开发工具使用过程中代码比重较高。

纯代码开发可以解决个性化场景的复杂逻辑，但整体开发周期较长，二次调整比较困难，需求一旦变化，成本急剧上升。由于开发过程涉及外部资源的调用，沟通成本和信息损耗也是不可忽视的因素。

从长期发展角度来看，保持企业数字化持续发展的同时，减少参与方、系统集成需求，从而进一步提高效率；在内部沉淀技术能力，不再"重复造轮子"，在利用社会资源的同时，保留业务核心、关键部分，最大程度上释放业务部门能力，将内部人员的生产率最大化。

每年上百个系统的新增/迭代需求和高企的研发投入如何解决？

市场雷达需不间断地运行，从全球信息行业中寻找、引入新技术、新方式、新平台解决新时代下组织的数字化诉求（见图 5-1）。

图 5-1　数字化之路的需求

（二）行业现状

在众多前沿技术（AI、RPA、OCR、5G、Block Chain、Deep Learning…）中，低代码是离企业数字化升级最近的技术之一，可以帮助企业以更高的效率去完成信息系统的落地，减少代码开发和 IT 部门的压力，快速响应业务部门调整策略，更快的发布、迭代。

根据 Gartner 的数据，2024 年超过 65% 的应用程序开发将有低代码平台完成。近年来国内外企业数字化转型都考虑引入低代码平台，主要凭借其可以有效降低企业应用开发人力成本，将原有数月甚至数年的开发时间成倍缩短，减少开发过程步骤且无视技术栈，不限编程人员。

低代码平台更好的响应客户对系统个性化需求的定制以及减少项目交付的成本。传统企业系统管理软件的实施团队一直面临着系统落地时间长、成本高、交付质量不可控的问题。而 SaaS 软件虽然实施门槛低却也面临着客户对产品定制化要求高，厂商在通用性 SaaS 产品及个性化定制功能间难以平衡，同时内部许多软件的功能大同小异，重复度很高，导致很大部分的软件开发成本都浪费在重复的功能编程上。

图 5-2　企业现状

二、概念及趋势

（一）概念

低代码这一概念并非近年来首次出现。20 世纪 80 年代，就有美国公司和实验室开始研究程序可视化编程领域，做出了 4GL "第四代编程语言"，后来衍生成 VPL（Visual Programming Language 可视化编程语言）。2010 年麻省理工又将这一概念应用于儿童编程领域，产出了风靡全球的 Scratch。直到 2014 年，研究机构 Forrester Research 正式提出了 "低代码/零代码" 的概念，它的完整定义是 "利用很少或几乎不需要写代码就可以快速开发应用，并可以快速配置和部署的一种技术和工具"。Gartner 随后又提出了 aPaaS 和 iPaaS 的概念，其中 aPaaS 概念和低代码/零代码非常吻合。

随着这一概念的不断推广，全球市场上涌现出了很多低代码开发平台（LCDP，Low – Code Development Platform）。国外包括 OutSystems、Mendix、Kony、Salesforce、App Maker（Google）、PowerApps（Microsoft）等。

2018 年以后，海外市场在该赛道的投融资也比较活跃。OutSystems 宣布融资 3.6 亿美元，成为该领域的独角兽；与此同时，荷兰公司 Mendix 以 7 亿美元被西门子收购。这样的业绩迅速引起了全球市场的广泛关注，一方面专注于低代码/零代码技术的研发公司与日俱增，另一方面越来越多的企业开始尝试以低代码/零代码技术重构数字化业务。

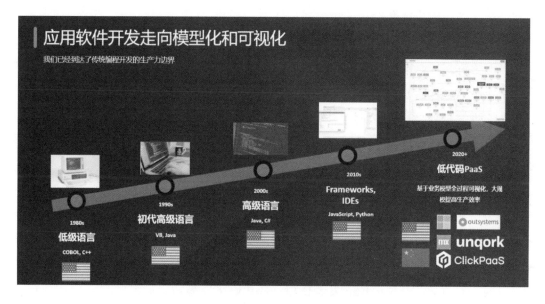

图 5 – 3　应用软件开发走向模型化和可视化

（二）趋势

随着企业对信息化系统，尤其是与自身业务更贴近的个性化软件系统的需求日益增长，软件开发人员显得更为紧缺。从全球范围来看，Gartner 预计 2021 年市场对于应用开发的需求将 5 倍于 IT 公司的产能。目光转回国内，996 和专业开发人员高昂的薪资也在向我们展示"产能不足"的行业现状。

2014 年后，借助云架构浪潮，低代码平台从欧美企业服务市场缓步登场，进入市场后发展迅速。

机构研究表明，2020 年的软件开发挑战无疑会延续到 2021 年。许多企业正在向纯数字经济方向发展，迫使企业提出大量新的应用开发要求。然而，在开发者干旱和流行病不确定性的情况下，招聘顶级工程人才尤其困难。1/3 的组织已经实施了招聘冻结，不断上升的开发挑战和不安全的内部软件，给正常运营带来了压力。为了帮助应对未来的这些挑战，高达 85.1% 的受访者认为，实施低代码和无代码将在公司内部变得越来越无所不在。

报告调查了 500 名中大型企业的 IT 人员和工程人员。利用这些数据，我们将预测软件开发团队在 2021 年可能面临的障碍，并衡量采用低代码工具是否是最终的灵丹妙药，还是仅仅是解决当前问题的创可贴。

开发挑战将增加。在大势所趋中，软件往往是许多传统企业与用户的唯一接触点。自然而然的，为满足这种新的现实需要的数字体验数量也在急剧增加。专家认为和数据均显示，这一趋势没有停止的迹象。

在这种新经济下，找到大胆的方法来提高生产力是至关重要的。提高工程团队的效率是大多数受访者的优先事项，也是 40% 受访者的高度优先事项。对于利润率较低的小集团来说，提高软件交付的自动化程度有助于与大公司竞争。

人才将变得更具竞争力。雇主面临的最大挑战是寻找人才——30.6% 的受访者认为，人才竞争加剧是 2020 年的首要挑战，22.2% 的受访者也认为开发者荒是一个重要的障碍。

招聘方式将继续发生变化。在 COVID - 19 大行其道，开发人员稀缺的情况下，一些科技公司在新常态下欣欣向荣，另一些公司则可能因为 COVID - 19 的不确定性而暂停招聘。这些公司可能会转向低代码技术作为替代。

为了解决上述问题，企业正在转向低代码解决方案。这些平台有助于减轻内部业务工具的开发负担，开放公民开发者使用。低代码将变得司空见惯。

大多数公司（75.2%）已经实现了低代码和传统工程方法的结合。看来，低代码是对一些机构现有软件工程实践的补充。此外，28.8%的受访者预测，低代码和无代码将在未来几个月内成为一个高度优先级，21.6%的受访者预测它将成为一个基本的重点。令人印象深刻的是，85.1%的开发人员预计低代码和无代码将在他们的公司中得到更普遍的实施。

　　低代码将为非技术人士打开大门。公民开发者的概念一直在聚集营销力量，但这可能不仅仅是炒作。现在，数据表明，低代码工具实际上正在为这种非开发人员打开大门。70%的公司表示，他们公司的非开发人员已经在为内部业务使用构建工具，近80%的公司预测在 2021 年将看到更多的这种趋势。

　　需要注意的是，低代码和无代码并不是要取代所有的工程人才，而是要把他们解放出来，从事更复杂的工作。"有了低代码，你就可以解放你的工程师，让他们去解决更难的问题，而不是让他们去做基本的事情。"Internal 的 CEO Arisa Amano 说。她认为，这可以转化为全公司更多的创新。

图 5 - 4　2022 年全球低代码开发平台市场规模

图 5 - 5　全球 PaaS 市场年复合增长率

三、开发方式变化

云计算的兴起和移动互联网的深化发展，让 IT 系统和业务结合得更为紧密，当业务的可变性越来越高，也就要求 IT 开发能力变得更加敏捷。

在这种情况下，由于每个大企业都有一定数量的开发者，其业务也都独一无二的，如传统软件厂商 SAP、Oracle 以往所做的 Best Practice（最佳实践），即把一家公司成功经验复制到其他公司的做法，就不再行得通，这才出现了低代码开发的趋势。

低代码开发较传统开发而言从团队组成、开发流程到应用迭代都有很大的不同，下文将逐条进行分析。

（一）团队组成

低代码不仅提高了开发速度，还降低了学习门槛。人员只需要简单的培训（2—5天）就可以快速创建业务所需的系统。传统企业软件的实施项目，除了需要项目管理人员及业务顾问去完成项目的需求调研、蓝图设计、方案制定，还需要 UI 设计师、前端技术及后端技术去实现项目的实际落地（见图 5-6）。

	项目经理	业务分析师 BA	实施人员	数据库管理员 DBA	前端技术	后端技术	技术测试	运维工程师
传统软件项目实施	√	√	√	√	√	√	√	√
低代码项目实施	√	√	√	X	X	X	X	X

图 5-6　团队组成

而低代码系统的实施在完成前期的项目准备后，进入实施环节时基本只需熟悉平台功能及业务流程的员工就能在短时间内完成项目的落地。

相较于传统的项目，项目成员大幅度缩减，有效降低了项目实施的人力成本，并减少了传统开发人员的重复工作（见图 5-7）。

（二）开发流程

传统的软件开发，在项目开始之前，必须选择特定的编程语言、开发环境和设备。

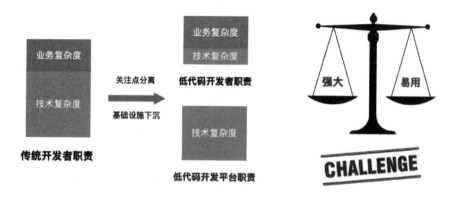

图 5 – 7　低代码开发与传统开发的区别

例如，开发的 Android 移动应用程序在 Mac OS 桌面系统上就无法使用，也很难轻松转换到 Mac OS 桌面应用。使用传统编码方式开发应用程序，通常需要为各种不同的操作系统、环境和设备进行开发的能力。这可能包括使用更通用的编程语言，或者通过一些专用代码补足特定的功能等。采用传统编程时，开发团队将需要付出巨大的努力，才能使其解决方案在其针对性开发的范围之外工作。

在低代码开发模式下几乎不存在这种问题。这是因为低代码的拖放可视化界面采用页面自适应，结合 C/S 模式，支持在各种操作系统运行。此外，部分低代码平台提供了独立工具来管理需求和错误，这使它们能够很好地支持敏捷开发。虽然低代码解决方案的细节可能不同，但结果总是相同的—使用低代码平台构建的应用程序能够无缝地适应许多不同的操作系统和设备。

整个软件开发步骤减少了一半，因为代码较少，所有可以避免规划系统构架、设置后端框架和无休止的代码测试等步骤，因为代码的使用量急剧减少。

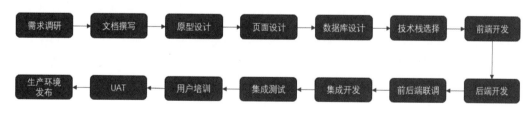

图 5 – 8　传统开发流程

标准应用程序部署比较复杂，因为每行代码必须首先在非生产环境中进行测试，然后才能进入生产环境，还需检查应用实例是否能够很好地在分配的配置中运行。因此，传统应用程序的部署往往比较复杂和耗时。

而使用低代码平台可以省略某些典型的部署步骤。例如，低代码的即用模块及其相应的功能在到达平台之前就进行了测试，这可以帮助我们节省测试时间。此外，低代码开发环境是基于云端的,这就进一步简化了测试步骤并提高了测试的效率。

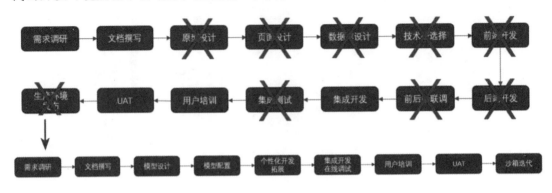

图 5-9   低代码项目实施流程

（三）应用迭代运维方式

对于传统编程方式来说,维护应用程序或者更新应用程序相对来说比较麻烦。例如,业务目标和需求会随着时间的推移而变化,为了应对这种变化,必须编写全新的代码。这可能会延缓企业创新,使企业难以应对不断变化的客户期望。考虑到这一点,如果数据分析出如果为应用新增某个新的功能会对用户有较大帮助,使用传统的编码方式,就需要开发团队的帮助来实现这一目标。如果数据中心配置出现不同步的情况,就需要手动修复。这些都是导致应用程序过时、因操作系统变更、技术进化而产生遗留软件的主要原因。因此,采用传统的编码方式就需要付出额外的努力来保持解决方案的完整功能。

而对于低代码软件可以快速响应客户需求的变化。因为低代码平台的可视化界面模块完全由平台提供者管理。这意味着可以在平台能力范围对解决方案进行快速修改,而不必担心应用程序的设计是否已经最优化,且低代码平台可利用沙箱快速克隆应用环境,在沙箱内迭代测试后,通过一键发布至正式环境,完成应用版本迭代(支持版本回滚),见图 5-10。

四、过渡方案规划

（一）场景试验及学习

功能验证和产品了解阶段,调选部分场景,双方一起借助场景试验进行交流。通过验证过程,让用户深度参与到场景的搭建中,能够更好地帮助用户理解低代码平台

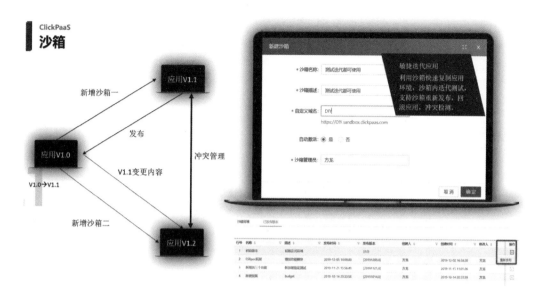

图 5 – 10　应用版本迭代

的设计理念，对模型驱动的系统建设过程有更加具体的认知。

模型驱动（见图5-11）

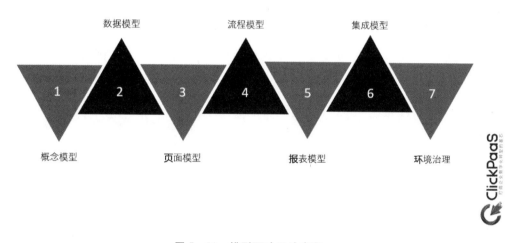

图 5 – 11　模型驱动设计步骤

在标准产品培训后，一般会围绕某个模拟场景，按照如下步骤由企业 IT 人员进行实操试验。低代码平台的配置点、关联性与严谨性，使得其构建出的系统具有极强的健壮性与稳定性，并且具有容易修改、迭代、方便运维等诸多优点。其全部配置过程不在本文种阐明，仅对必要的、关键的重要节点进行简单介绍，意在使读者有比较直观的与整体的认知：

（1）选择一个希望试验的场景，整理出业务流程，区分系统参与用户（权限）

等。在真实项目中，这一过程通常会占用整个项目35%左右的时间。

（2）结合业务逻辑和表结构设计，设计对象的概念模型。通过模型设计器进行概念模型设计的同时，可以完成库表结构的设计及之间的关联关系。以此将传统软件设计的总体设计和数据库实现合为一步（见图5-12）。

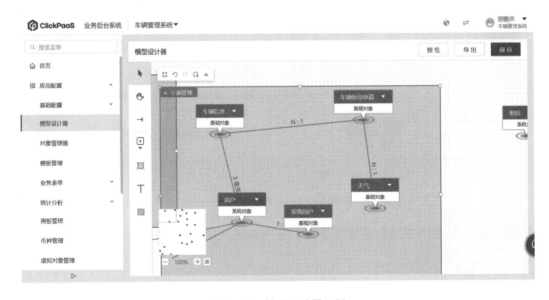

图5-12 模型设计器示例

（3）通过平台提供的数据组件，丰富对象内的字段信息，进行各对象内部的具体设计。在此步骤中，可以实现的部分计算逻辑和局部数据结构（见图5-13）。

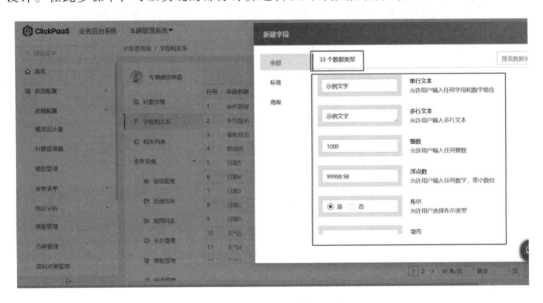

图5-13 数据模型搭建示例

（4）接下来是继续完善对象的使用功能，推荐按照操作按钮—页面—模板—验证规则—流程—报表的顺序，逐步完成对象配置。

（5）系统自动生成标准的 CRUD、导入导出、打印等按钮，可直接使用（见图 5－14 和图 5－15）。如果除了上述功能外，仍有需要实现的逻辑处理，可通过自定义按钮，实现这部分逻辑的触发。逻辑触发会在后面讲到。

图 5－14　按钮—按钮列表示例

图 5－15　按钮—按钮设置示例

（6）使用页面设计器，通过布局组件之间的拖拽，组合设计出用户想要的操作页面，并拖拽字段、列表、按钮、报表等内容，页面字段还可承载一定的判断逻辑，使这些字段在使用该页面的用户操作时，能够实时联动。

图 5 − 16　页面—布局组件示例

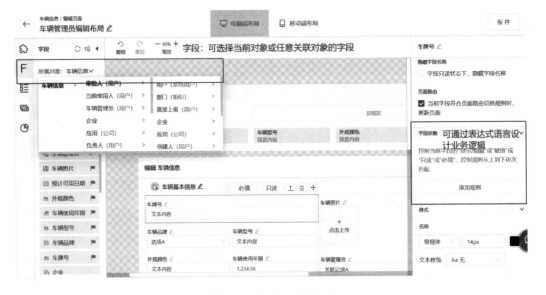

图 5 − 17　页面—字段示例

（7）对于有打印、导入导出需求的对象，我们还需要设计相应的模板。打印模板是基于 Word 文档进行设计的。可以规划好排版，在对应位置拖拽系统字段或列表，进行打印显示。导入导出模板可配置固定模板，也可由前台用户自定义创建。

图 5 – 18   页面—相关列表示例

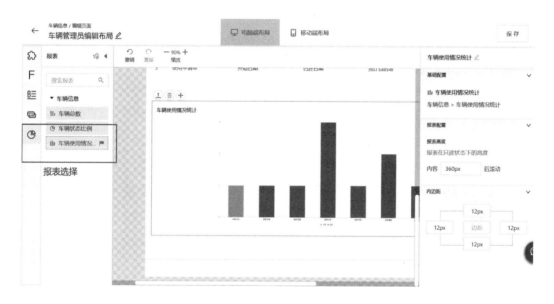

图 5 – 19   页面—报表示例

（8）我们可以通过上述讲到的按钮，绑定逻辑规则来实现复杂业务逻辑。逻辑分为两类，一类是对按钮按下时刻进行的校验逻辑，另一类是通过校验后执行的事件。

（9）低代码平台的审批流设计遵循 BMP2.0，设计形式是通过对节点的添加与编辑完成。节点分为 5 类，分别为审批节点、分支节点、通知节点、经办节点和动作节点。

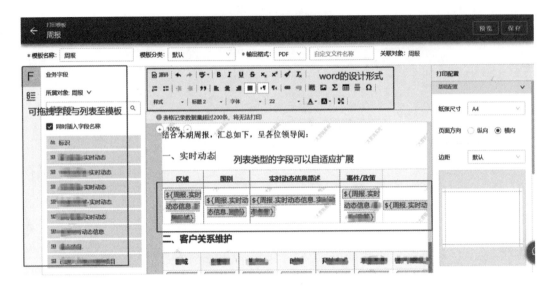

图 5 – 20   模板—打印模板示例

图 5 – 21   模板—导入导出模板示例

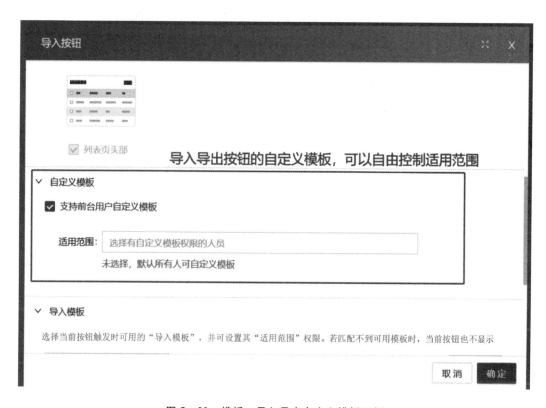

图 5 - 22　模板—导入导出自定义模板示例

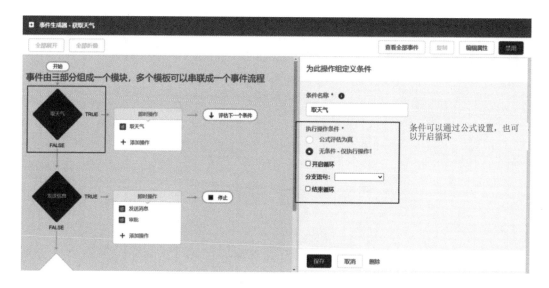

图 5 - 23　事件—条件设置示例

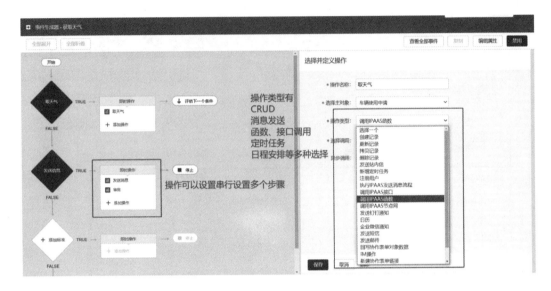

图 5 – 24   事件—操作步骤设置示例

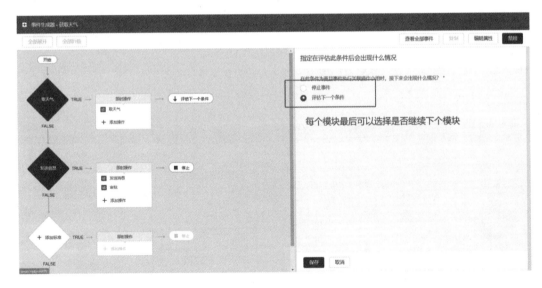

图 5 – 25   事件—结束节点设置示例

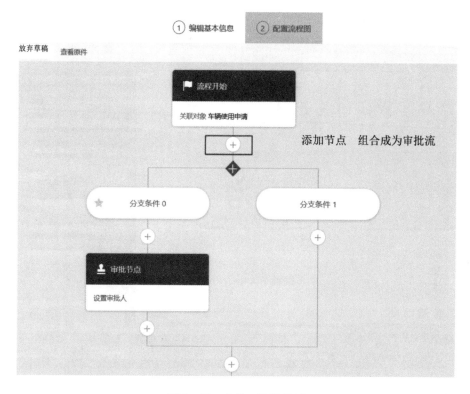

图 5-26 审批—流程示例

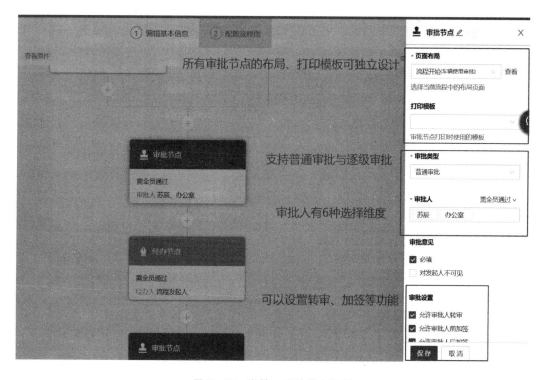

图 5-27 审批—审批节点示例

图 5 – 28　审批—分支节点示例

（10）最后，需要对用户日常关注的报表进行设计。支持数据报表与图表两类。

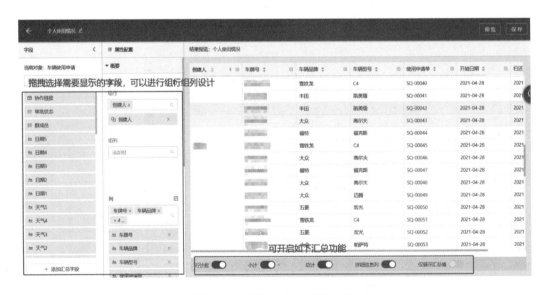

图 5 – 29　报表—数据报表示例

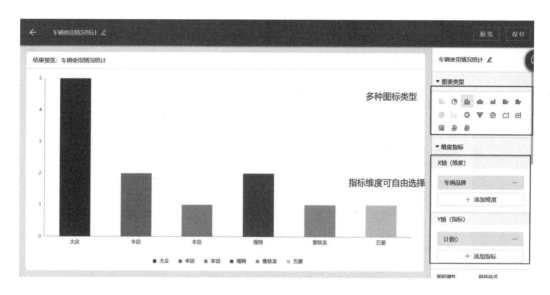

图 5 - 30　报表—数据图表示例

（11）在逐一完成每个对象的详细配置后，统一的将用户权限进行配置。

图 5 - 31　权限职能配置示例

（12）完成上述操作步骤后，便可以在系统中测试使用搭建好的应用模块。

通过上述场景化的试验，企业 IT 人员可以很好地理解低代码平台的搭建思路和实现路径。初步掌握整体设计思路和原则，以便更好地开展下一阶段。

（二）正式项目合作

由产品提供方派遣完整项目团队入场，包括 PM、BA 和技术顾问，企业/组织方

图 5 - 32　车辆管理系统应用示例 1

图 5 - 33　车辆管理系统应用示例 2

业务部门骨干和 IT 人员辅助，现场共同办公。如果是局域网环境或本地部署，则还需架构师一同现场办公，完成系统部署。

　　整体设计和系统搭建流程与试验阶段一致，但在项目的深度合作过程中，我们建议企业的 IT 实施人员也参与到真实的项目实施中，跟随项目组一同完成项目实施的全部流程，这样也能通过一个真实项目的实施更加直观地学习低代码平台的实施过程，为后续内部项目的建设打下基础。

（三）内部搭建项目

第三阶段，企业内部的 IT 人员和业务人员组队，开始独立尝试应用场景的搭建，而平台提供方只提供辅助和意见。

在第三阶段，各个企业的 IT 人员都应遵循之前学习到的低代码平台系统实现及项目实施原则，进行内部系统的搭建。在这基础之上，鼓励企业根据自身状况，调整具体步骤与内容，来找到最适合企业发展与自身商业模式的使用方法。

五、总结

伴随着企业/组织信息化的不断发展、深化，传统开发方式的一些弊病逐步放大，无法快速响应业务需求变化，大量代码带来运维、迭代的重负，需要引入更高效的生产工具，加速数字化升级。

低代码工具成为不错的选择，开发将更多地从后台研发走向业务前台，释放业务人员创造力，整体重心前置，更高效地配合业务部门进行业务调整。

从以开发人员为核心的传统开发方式，向以业务专家为核心的低代码开发方式转变，从技术重心向业务重心转变，真正实现以客户为中心，为客户服务。这个过程并非一蹴而就，但以模型化、可视化开发方式结合传统开发方式共同应对数字化升级，是未来一段时间值得重点投入/研究的方向。

第二节　敏捷工作模式和敏捷组织

一、敏捷工作模式

（一）什么是敏捷工作模式

2001 年 2 月敏捷"软件开发"宣言诞生于美国，它为软件开发团队的工作模式开辟了新篇章，它为软件项目管理开启了新出路，它为竞争激烈的软件产业提供了创造价值的新打法。20 年后的今天，不仅仅是 ICT 行业，越来越多的银行与金融公司，越来越多的汽车、医药、高科技产品和服务提供商都开始采用这种更加灵活的、关注员工和客户体验的、推崇跨职能高度协作的，尤其注重甲乙方或者多方合作与共赢的工作模式，这就是全球流行的前沿话题"敏捷工作模式"（Agile Way of Working，缩写WoW）。各行各业的领导者不断探索和发展这种先进的管理思维和成功模式，实现了更早的价值交付，更高的客户满意度，更灵活的资源配置，同时也降低了投资风险，鼓舞了员工士气，在数字化时代日新月异的剧烈变化中争取到更多的时间、空间和竞争优势。

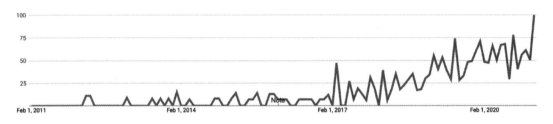

图 5 – 34   Google 趋势显示全球"敏捷工作模式"热度 2021 年年初达到顶峰

注：纵坐标的数字代表在给定区域（如"全球"）和时间段内（如 2011 年 2 月 1 日至 2021 年 2 月 1 日）的网络搜索热度。100 表示这个词达到最高热度，50 意味着热度减半，0 表示这个词的统计数据不足。

国内"敏捷开发"模式的传播已经超过了十年，从最常见的小团队敏捷工作方法 Scrum 和看板起步，扩展到适应大型产品开发、复杂项目管理、组织变革的大规模敏捷方法，如国际流行的 SAFe、Scrum of Scrums、Spotify 模型等，这里特别需要强调的是，国内大多数组织都会根据实际情况剪裁这些理论框架和模型，根据当前需要定制自己的敏捷实施模式。无论任何组织，首先应当打造小而美的敏捷团队机制，这是走向组织级敏捷的"地基"，或者说，敏捷团队是敏捷组织的组成细胞。当然，真正的挑战发生在如何让整个组织实现跨职能部门的、多团队高度协作的整体敏捷的工作模式，换句话说，就是如何在组织级成功实施敏捷。今天，为了保持市场竞争力，企业不断追求业务的规模化发展，有的组织短时间内"超速"发展，容易产生能力瓶颈，这时需要企业领导者下定决心审视现状并建立敏捷工作模式。

建立跨职能的端到端混合战队，尤其要实现业务、研发与运营的高效价值流动，打造全功能小团队并扩展到组织（Team of Teams，缩写 ToT），这是敏捷工作模式的基础。

快速响应市场变化和客户需求的变化，让他们感觉到产品和服务永远是与时俱进的。

不断提供灵活的、可定制的、低成本的、高质量的解决方案，追求设计和技术卓越。

创新离不开同理心，痛着客户的痛，快乐着客户的快乐，才能实现以客户为中心。

将敏捷工作模式推向软件开发之外的更广阔的领域，把敏捷思维和敏捷原则上升为组织治理原则。

总之，敏捷工作模式意味着在团队层面之上进一步扩展敏捷能力，也就是在组织层面上应用可持续发展的敏捷原则、敏捷实践和优秀成果；敏捷工作模式意味着组织文化的转变，尤其是高层管理者，治理机制、绩效管理、人才培养与激励等方面应致力于改进跨职能协作以及组织执行战略的能力。最终，这些领域的变革将真正有助于提升组织的战斗力、竞争力和长期发展。

（二）外包场景下的敏捷工作模式

敏捷工作模式不仅仅是组织适应市场变化和提升自身竞争力的工作模式，也同样适用于甲乙方或者多源外包的各种项目场景，这也是更有挑战、也更具现实价值的敏捷转型的重要阵地。2021年是"十四五"开局之年，数字化转型成为各大央企国企持续规划的重大举措，需要非常丰富的战略解码能力、顶层设计能力、技术创新能力、新型管理实践、标杆成功案例、行业最佳实践的支持。今后5—10年势必产生大量的政府采购项目、多方合作项目来循序渐进地实现变革时代的宏伟目标！首先，我们看一看传统采购模式的挑战：

（1）"一开始就固定整个需求范围"的传统思维与现实要求不符。我们的现实是，业务需求和客户期望是不太清晰、不断演变的，甲乙双方更需要采取紧密协作、灵活应变、快速验证和持续调整的敏捷工作模式来应对不确定性、模糊性、变异性、复杂性，只有这样才能不断降低项目风险、避免大量浪费、交付客户满意的产品和服务。

（2）从产品和服务的长期价值的角度来看，日益发展的业务场景和运营数据都需要不断迭代优化技术架构和用户体验设计，如果早期就完成重量级的设计决策和需求全集估算，将束缚整个团队去适应未来的变化并做出更好的设计。

（3）考虑到生产运营、升级换代等长期运维成本，软件采购不应是"一锤子买卖"或者一劳永逸的"一次性"活动，甲方需要与那些提供优质产品和服务的供应商建立长期的、可持续的、合作共赢的伙伴关系。

接着我们向外看，参考一下美国政府从2014年起制定的采购数字化服务的敏捷采购原则：

（1）强调项目的使命和挑战，以吸引最好的供应商人才。当他们为政府工作时，最优秀的数字服务提供商往往会受到他们能够解决的问题的重要性的激励。

（2）为结果买单，而不是时间。可工作的产品是衡量成功的最终标准。

（3）不要把技术要求锁死在合同里，这样才不会阻碍新的、更有效的技术和方法。

（4）将购买设计和软件开发服务，作为交付可工作的产品的可重复的过程。技术进步永无止境。

（5）先确定需要投入多少预算才能找到正确的解决方案。只有证明了解决方案的价值后才继续投资。

（6）小批量采购，小批量构建，测试并迭代。每一份合同都是为了快速取胜，然后决定如何扩大成功或快速转向。

（7）利用商业承包方法的效率。如果可能，使用私营供应商出售的服务和工具。

（8）选择在发展信任、责任和克服文化障碍方面表现成功的多元化团队。评估已证明的编码技能和之前交付专业知识的质量，作为未来绩效的指标。

（9）快速将解决方案送到用户手中。将可访问性（accessibility）、安全性和可用性测试整合在流程中，避免出现瓶颈。

千里之行始于足下，国内一些领军企业已经在践行完成外包合同的敏捷工作模式。作者近几年辅导了外包合同场景下敏捷实践的落地，收效显著，更加坚定了推动此项事业的信念：

Think BIG、Start SMALL、Move FAST—but just START！

从大处着想，从小处起步，推土机开路，播种机跟进，管理工具固化，构筑可持续的动力和信心，敏捷转型的引擎就这样启动，再也停不下来！

下面给出几个真实案例，希望读者打开思路，勇于探索，理解敏捷工作模式带来的好处。

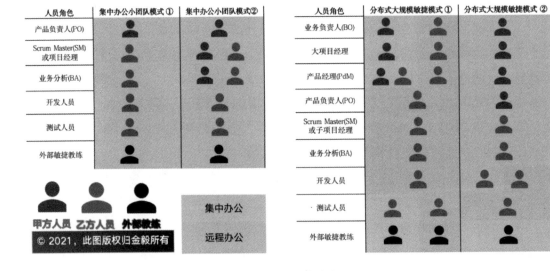

图 5-35　角色案例

1. 外包敏捷真实案例 1

某汽车厂商需要开发一个全新的手机 APP 应用，作者作为外部敏捷教练辅导了 APP 新产品迭代开发。此项目有如下特点：

（1）甲乙双方采取"集中办公小团队模式"。甲方提供一个专用办公室（简称 War Room 作战室），乙方入驻现场办公。

（2）甲方承担产品负责人（简称 PO），乙方承担 Scrum Master（简称 SM），业务分析，开发，测试。

（3）外部教练辅导了迭代内的每一个活动，每一个活动辅导第一次，之后按需解决任何问题。平均每个迭代辅导 1—2 次。

（4）项目高质量实施亮点之一：UI Design 快速原型，并将战斗室可视化，甲方业务和乙方开发可以随时就着墙上的 UI Design 图纸讨论流程、设计细节，非常高效！图 5－36 是手机 APP 的用户旅程地图，把每一个步骤的原型图打印出来，这样可以随时指着图纸沟通需求和任何变更，沟通每个迭代的目标。这是甲方业务人员非常满意的沟通方式。

（5）项目高质量实施亮点之二：每一个迭代结束时的 Demo，图 5－36 中 SM 正在大屏幕上投影手机端的一切操作，演示本迭代完成的主要功能，PO 和甲方业务人员现场评审并给出反馈和改进建议。

图 5－36　迭代结束时的 Demo 展示

外部教练对真实案例 1 的点评：甲乙双方团队共同身体力行，完美贯彻了敏捷原则#7：Working software is the primary measure of progress. 这个甲乙双方联合战队非常优秀！大家每天都在思考如何做得更好！

2. 外包敏捷真实案例 2

某汽车厂商需要开发一个复杂业务平台，其中的前端 Web 应用程序采用 100% 敏捷方法，作者作为外部敏捷教练辅导了该产品敏捷开发。甲方提供一个专用办公室，乙方入驻现场办公。与真实案例 1 相比，此项目有如下特点：

（1）甲乙双方采取"集中办公小团队模式"，因整个系统的内外部关联方较多，所以甲方设置了项目经理负责沟通协调，也配置了业务分析人员，负责澄清和细化需求，定义验收标准和验收测试等。

（2）项目高质量实施亮点之一：一开始就组织甲乙双方共同创建了 Team Charter 和 Product Vision，使整个团队对愿景、职责、KPI 目标、可能的风险、问题上升机制达成共识（见图 5-37）。

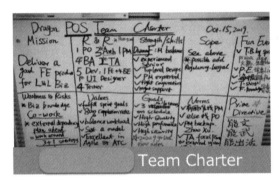 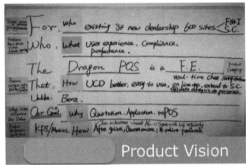

图 5-37 Team Charter 和 Product Vision

（3）项目高质量实施亮点之二：一开始梳理需求采用了 MVP 和用户故事地图的方法，整个团队必须要建立全局观，首先看到"森林"，然后细化每一棵"植物"的具体细节（见图 5-38）。

图 5-38 MVP 和用户故事地图的方法

（4）项目高质量实施亮点之三：迭代内的每一个活动都要求甲乙双方共同完成。

（5）项目高质量实施亮点之四：明确定义了用户故事的完成标准（DoD），并充分利用战斗室墙面作为物理看板可视化产品待办事项，迭代计划，用户故事的优先级和状态（未开始 | 进行中 | 待验收 | PO 验收）。

图 5 – 39 **Backlog Refinement Meeting**

图 5 – 40 **Daily Standup Meeting**

（6）项目高质量实施的亮点之五：每个迭代都计划多次 Demo，如迭代一计划了 5 次 Demo，以业务有感知并能够提供反馈为度量标准。

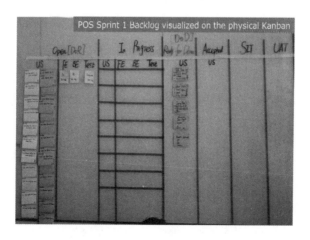

图 5 – 41 **POS Sprint 1 Backlog Visualized on the Physical Kanban**

图 5 - 42　Sprint 1 Demo 1 for POS Page 1

外部教练对真实案例 2 的点评：甲乙双方团队从第一天起就做到了透明和对齐，尤其对于用户故事的验收标准、完成标准、故事点估算、测试策略的对齐非常关键。而且每个迭代安排多次 Demo 也是高效取得业务反馈的最佳途径。

3. 外包敏捷真实案例 3

某汽车厂商需要集成各个业务端产生的信息，赋能经销商线上完成更多的常规业务，并产生可视化报告，帮助经销商根据数据优化运营。覆盖经销商七大核心业务领域：车辆批售、零售，二手车管理、售后服务、零件，财务、营销与 CRM。此项目作为中国市场战略项目采用 100% 敏捷项目管理方法，作者作为外部敏捷教练辅导了该项目敏捷管理。甲方为乙方业务分析角色提供了工位，乙方开发测试人员远程办公。此项目有如下特点：

（1）甲乙双方采取"分布式大规模敏捷模式"。没有专用作战室，乙方仅业务分析师 BA 入驻现场办公。

（2）此项目总人数超过百人，采用两层管理机制：Program Level 和 Team Level。每个层级的组队模式见图 5 - 43。

（3）项目高质量实施亮点之一：举办了一天 Kickoff 工作坊，甲方业务、IT、各家供应商的负责人和关键角色一同出席。外部教练给大家导入了敏捷项目管理的主要概念，包括双层管理机制，每一层的主要角色和职责，MVP 的定义和划分规则，尤其强

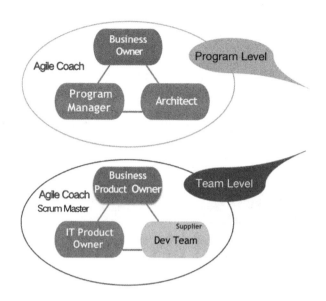

图 5 - 43　每个层级的组队模式

调并澄清了业务负责人和产品负责人的作用和责任。

图 5 - 44　真实案例

（4）项目高质量实施亮点之二：使用 Jira 完全可视化各个特性团队的进度计划和绩效大屏（DashBoard），使用 Jira Portfolio Management 可视化团队之间以及团队之外的依赖关系，有助于防控风险。

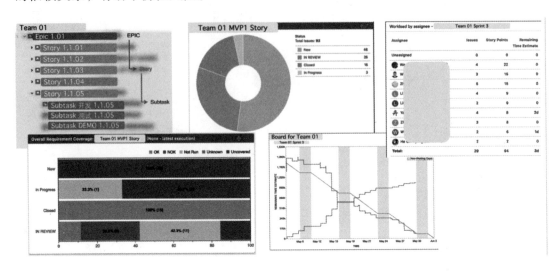

图 5 – 45　Jira Portfolio Management 可视化

（5）项目高质量实施亮点之三：一开始制定了各层级的沟通机制、周报机制、周报度量数据的统一定义。

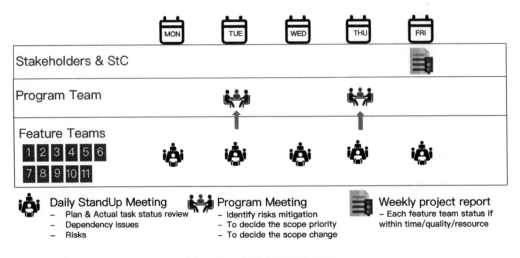

图 5 – 46　制定各层级的机制

（6）项目高质量实施亮点之四：第一次 PI 计划会的准备工作充分，包括事先可视化了的主要依赖关系（见图 5 – 47）。

（7）项目高质量实施亮点之五：每个迭代结束时各个团队 BPO、TPO 共同参加回顾会议，交流优秀实践和不足之处，促进了持续改进。

（8）项目高质量实施亮点之六：业务专家直接担任团队 PO，负责需求拆分、创建用户故事验收标准、每周通过 Demo 给出反馈意见，表现出业务产品经理的专业精

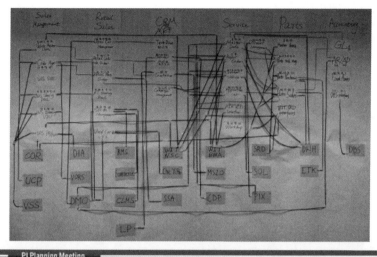

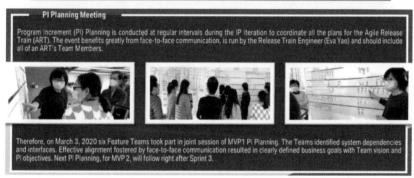

图 5 - 47　可视化主要依赖关系

神和敬业精神。

　　外部教练对真实案例 3 的点评：甲方业务 PO 表现出高度的专业精神，充分保证了需求质量和用户体验设计质量。甲方 IT 管理者具备成熟的领导力和解决问题的能力。乙方团队高度敬业和灵活应变，取得了甲方的信任和满意。

二、敏捷组织

　　敏捷组织实现了组织级敏捷。实现敏捷组织必然有多条路径，而 Spotify 部落制独树一帜，近几年在国内银行和金融行业广为流传。Spotify 的基本原理源自瑞典敏捷教练和顾问 Henrik Kniberg 发表于 2012 年的一篇文章，这是他与瑞典互联网公司 Spotify（纳斯达克股票：SPOT）合作共创的敏捷组织建设方法的总结，此后没有发布过任何新版本。Spotify 在国内的流行正好符合组织适应剧烈变化时对灵活性和可定制的普遍要求。本书通过国际国内案例介绍 Spotify 模型。

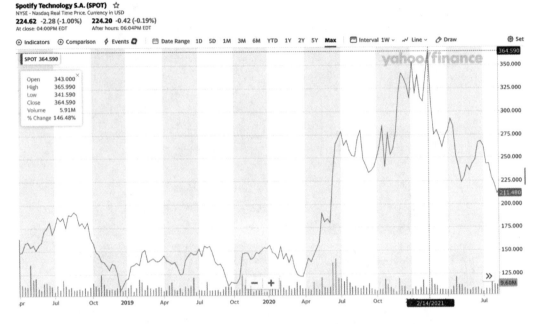

图 5-48　Spotify 公司于 2018 年 4 月 1 日在纳斯达克上市

注：图 5-48 截取自雅虎财经，可以看到 2021 年 2 月 14 日达到股价峰值后一直走低，作者没有具体研究背后的原因。

（一）Spotify 模型的基本原理

Spotify 模型简单而易于理解，因为它只有四个概念。其中两个概念称为 Squad（小队）和 Tribe（部落），定义了负责交付价值的组织架构。"小队"可以理解成是一个全功能敏捷团队，类似 Scrum 团队，是组织的最小单位，可以自我运转，建议 10 人以下。小队具有自主管理，长期稳定，专项使命的特点，具备打通端到端价值流的能力或潜力，这里的价值流可以是运营价值流或者开发价值流，也就是"小队"可以是开发小队或者业务小队。Squad Lead（小队长）是最基层的敏捷交付管理角色，负责促进一个或多个小队的高效工作，可能是一线经理、可能是开发组长，也可能由 Product Owner 兼任，这些都是作者亲眼见过的各种案例，适应不同组织的需要。

"部落"可以理解为 Team of Teams，就是一个大团队的别称，可以发展为独立经营的业务单元。一个部落通常包含多个小队，建议每个部落不超过 100 人，在《部落的力量》书中有个生动的例子：部落里这些人之间的熟悉程度，至少要达到碰到时能停下来打声招呼。Tribe Lead（部落长）致力于提升部落文化，创造一种大家公认的部落语言。部落为小队提供适合交流、协作、分享、创新、改进的环境和支持。部落内各小队负责交付的领域关联性可能较强，如某个产品开发部落各个小队之间的依赖关

Spotify

- Squad
  - Equivalent to a Scrum team
  - Autonomous as possible
- Tribes
  - Same office < 100 people
  - Common area of the system
  - Organised for minimum interdependency
- Chapter
  - Skills community
  - Chapter Lead is line manager
- Guilds
  - Community of interest
  - Cross Tribe group
  - Guild Unconferences

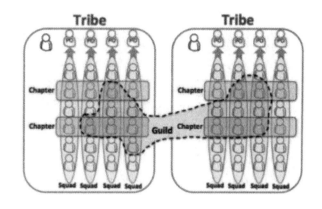

图 5 - 49　Spotify 模型

系较多，这时应尽量减少小队之间的依赖，如通过需求合理拆分、架构微服务化、快速搭建多套测试环境等方法让各个小队摆脱"羁绊"，跑得更快。当各个小队的独立工作能力越强，也说明部落的成熟度越高。但是也需要注意：部落级治理的目标是打造一个敏捷组织，需要在目标对齐、沟通协作、人员能力、人员激励、分享与学习方面尽量发挥部落的整体力量。

第三个概念 Chapter（分会）类似于传统的职能部门，它的使命是发展本部落相同职业技能领域的人。Chapter Lead（分会长）是服务型领导角色，负责指导一线人员的专业精进和职业路径，不断迭代发展专业知识和能力评级，让部落时刻感知领域挑战和行业趋势等。作者认为这个概念是 Spotify 的一个先进之处，其他敏捷方法论没有明显定义原来的职能经理的位置，即传统组织的职能经理的位置，而 Spotify 专门为职能经理创造了新名字"Chapter Lead"，而且与 Squad、Tribe 这些以敏捷交付功能为主的组织概念并行存在。这一点非常实际，容易对号入座，跟现实情况匹配。

第四个概念 Guild（行会）是一种跨部落的兴趣社区，跟有的组织使用的 CoP（Community of Practice）概念类似，强调了敏捷组织里面的社区或社群生态，这是自组织的重要形式，大家自由发起或加入各种兴趣小组，是学习型组织的必然产物。Guild Lead（行会协调人）负责定期组织研讨会和分享活动。任何员工都可以自主参加行会，分享和学习知识、工具、优秀实践等。敏捷组织倡导每个员工自组织发起 Guild，一呼百应，于是就成立了一个行会。人们凭借自己的兴趣加入行会，也可以随时离开。行会在完成使命后可以宣布解散。

以上的四个概念代表了 Spotify 模型传递的重要理念，一是敏捷组织仍然以小为美，一个部落不超过 100 人；二是敏捷组织的目标就是高效协作和高效交付价值；三是敏捷组织强调了发展员工的关键能力和自身兴趣，让员工自得其所，对组织更有认同感。所以说，Spotify 模型成功的基础还是重视个体与交互、敏捷文化和敏捷价值观。

Spotify 官方发布的企业文化包括以下六个基本假设 Basic Assumptions（作者翻译为"基本法"）：

第一，自治。对团队的自我管理能力要求很高，需要每一个小队都能自我管理，负责端到端交付。

第二，协作。

第三，潜能。发挥每一个员工的潜能，这里对管理层要求很高，他们与员工有每周一对一的沟通。

第四，差异性。每一个团队强调很强的差异性，来自不同背景的人在一起工作才能更好地创新。

第五，长效机制。工位、办公环境的设计开放、方便而舒适，让员工愉快地工作。

第六，持续学习。按需学习，以解决问题、提高产出和质量为目标。

（二）Spotify 部落制的敏捷之道

Spotify 还不能称为方法论，至少它没有其他大规模敏捷框架 SAFe、DA、LeSS 那样的培训和认证。简单地理解，它通过四个新概念传达了敏捷组织的愿景和理念，但是没有给出具体的原则、方法和实践，于是 Spotify 成了国内组织敏捷转型的"最佳容器"和"代名词"！根据组织的现状、实际问题和要求，灵活设计可行的部落制方案，循序渐进地推进、调整和落地。当产生了一定成效时，组织的领导者和转型负责人也更有成就感，因为自家房子是自己设计的！按照我的观察，国内组织更容易实现小队和部落这两个概念：面向交付、面向绩效、面向指标，这些是管理者更容易做到的；但是对于 Chapter 和 Guild 的实际落地还做得不够，一个是人员发展，一个是组织文化，显然这两个方面要求更高，更难做到。在给客户建议和实施敏捷部落制的过程中，作者总结了三个关键要素：

第一，要打通跨职能跨团队的沟通协作机制。传统组织基本上都是按职能划分了不同的小组，每个小组有一个负责人。无论小组大小，跨组的事情都要通过组长与另外一个小组沟通，沟通效率低。如原来需求分析、开发、测试、运维属于四个不同小组，我们把这些不同职能拉到一起，组成一个一个的敏捷小队，小队长负责促进小队的端到端工作，包括分析、设计、开发、测试、上线、支持等。实施策略是先拿一个小队或一个部落试点，进行两到三个迭代后，再将整个机制推广到整个组织。

第二，将关联性高的系统和职责放在一个部落里，通过适当授权和简化审批、决策链，逐步提升部落内更快的沟通、决策、协作与交付。这里的实施关键点是对于跨小队、跨部落的需求和任务，必须明确主办方负责制，主办方负责端到端交付，负责达成完成标准。

第三，建立部落级节奏和对齐机制，一个部落的文化建立在对齐节奏的基础上。采取统一的迭代节奏或者版本节奏，上下联动，左右对齐，对齐优先级和短期、中期、长期目标，提高整体作战能力。

实施敏捷部落制，只要能够达成以上三点，团队就能够明显地改善交付质量、更早地交付，更灵活地应对变化，团队战斗力和执行力明显提高。

那么，如何筛选试点团队呢？作者根据咨询和实施大规模敏捷的多年经验总结出：在筛选试点团队时，最好选择愿意尝试和体验一些新知识、新方法、新规则的团队，有主观意愿才有战胜困难的耐心和决心。外部敏捷教练首先访谈试点团队里的骨干成员，了解骨干们是否有意愿去学习和尝试新方法，改变当前的工作方式，是否有困难和诉求。敏捷导入肯定会有一些学习成本和时间投入。同时，新方法在试验过程中肯定会遇到各种困难和阻碍，不仅需要花一些额外的精力去学习和实践，更要面对困难、解决问题的耐心和决心。如果骨干们有这种强烈的愿望，外部敏捷教练就会与他们合作，循序渐进导入一些敏捷方法，改变现状，尽快取得成效。

例如，在辅导一家银行客户实施敏捷部落制时，我们将银行 IT 团队划分成渠道、贷前、贷中、贷后、支持五个部落。部落之间需求的关联关系较多，30% 以上的需求都是跨部落的，业务复杂，系统繁多。基于当时银行需求都有可能跨多个系统和团队的现状，我们在实施敏捷部落制时，制定了"主办小队"的规则。需求来了谁主办？这是一个游戏规则。当需求到达部落的时候，需要判断主办部落与主办小队，主办部落与主办小队负责端到端拉通。以前责任不清，每个小组各管一段，没有拉通机制，往往到后期才发现遗漏和错误。划分完部落后，定义业务部门与主办部落的一一对应关系，并且规定如何确定主办小队，主办小队长负责端到端拉通。从需求的拆分、设计、开发、联调，直到上线，主办小队长都要负责端到端拉通，按照需要组织跨团队站立会更新需求进度状态与风险。

以上这些都是在国内企业实施敏捷部落制的要领，要有拉通的角色，也要重点培养这种角色的管理能力和执行能力。

原来一个业务部门同时给多个开发组提需求，无论是一句话需求还是几十页的需求文档，通过打电话、发邮件来确认上线时间。其实没这么简单！很多前期沟通存在重复和遗漏，浪费了时间，效果也不好。因此，业务团队与交付团队之间要加强一对

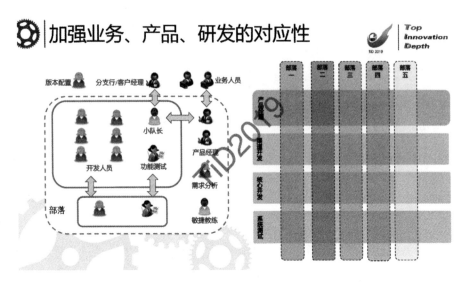

图 5-50　加强业务、产品、研发的对应性

一的对应关系，将复杂无序变成简单固定。每一个业务部门都对应唯一的主办部落，业务有任何问题和需求都可以直接找主办部落沟通，主办部落拉通其他辅办部落。

在国内实施的大部分案例，部落在组织里仍然是虚拟部落，面向交付。部落长主要为整个部落的高质量交付和业务满意度负责，尤其负责发展部落内各小队的独立交付能力。小队长的项目管理能力非常关键，这里面小队长的培养优先级最高，让他们发展一些敏捷教练的技能，负责带团队打胜仗。

在部落创建初期，需要进行明确所需的关键资源，他们是整个项目的公共资源。如 UI 设计、需求分析、产品经理、敏捷教练等。如产品经理岗位在很多传统银行里还较少，或者产品经理只负责一小部分业务分析，无法把控整体设计和关联系统，不能最大限度地发挥出产品经理的职责要求。一开始，可能有的部落有产品经理，有的部落没有。每个部落也只能配置一个敏捷教练。

总之，组建敏捷团队以及 ToT 时，应贯彻敏捷原则#11：最好的架构、需求与设计来自自组织团队。自组织指的是自我管理。每个小队达到自我管理的要求，是给传统组织做敏捷实施的第一步。

（三）Spotify 部落制本地化案例

1. 建立需求分层分级分类管理体系

通常，我们推荐建立三层需求管理体系，分别对应原始需求、部落级需求和小队级需求。同时，我们需要业务负责人明确定义业务优先级规则。还区分了常规需求和项目需求两类。通过数据沉淀，我们可以分析出实际交付的各类各级需求占比，作为回顾和改进的依据之一。

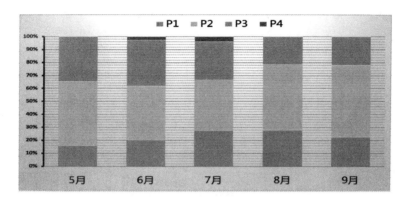

图 5 - 51　三层需求管理体系

2. 敏捷需求端到端管理流程固化到工具

对于大团队来说，需求端到端管理流程必须要固化在工具里，先把所有需求集中在单一需求池，通过统一的定义和流程创建、分配、分解、计划和实现。通过工具可视化各级需求状态和风险。

在敏捷需求管理流程中，包含两个重要的就绪标准：需求就绪与开发就绪，它们分别是版本计划的入口和开始开发的入口，也是把控需求质量和开发质量的关键点。

在需求就绪前，业务、产品经理、主办开发共同负责，使需求达到就绪后，才可以进入需求选择会。需求就绪标准包括业务可行性分析、技术可行性分析、需求拆分、规模控制等。而开发就绪标准需要每个成员做出工作量判断和承诺，特别注意定义提测时间和提测标准，以便统计首移通过率。

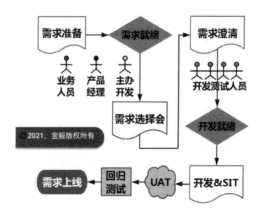

图 5 - 52　敏捷需求端到端管理流程固化到工具

3. 设计版本节奏，建立整个组织的对齐机制

单部落需求和跨部落需求使用不同的版本节奏，会针对跨部落需求组织需求选

择。大版本可以承载跨部落需求，一般 4 周一个大版本。中版本只接受单部落需求，两周可交付需求。版本管理最重要的是控制版本范围，我们分了预测和公示两次承诺，不是一上来就全盘承诺。

4. 按版本节奏定期优选，信息共享和共同决策

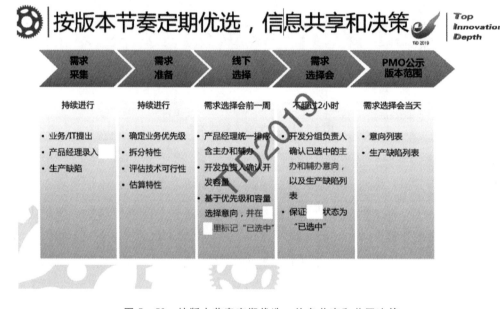

图 5-53 按版本节奏定期优选，信息共享和共同决策

5. 关注端到端交付时效，让业务有感知

敏捷团队最需要关注业务时效这个重要指标，就是从业务提出需求到发布到实际用户能用的总时间，其关键是让业务常有感知常有反馈！能够快速实现需求，尽早给业务 Demo，收集到反馈并持续改进和优化，这才是敏捷方法的价值。

6. 敏捷 PMO 与内部教练培养，守护敏捷流程

敏捷组织需要培养一支内部敏捷教练队伍，如把原来的 PMO 团队培养成内部教练团队。这样在外部教练离场之后，内部教练团队就可以自主守护敏捷流程和机制，继续优化方法，提高成熟度。

如今国内企业的外部竞争越来越激烈，对内部发展的要求越来越高，对人员能力的要求变化快、要求高，对组织的灵活应变能力和创新突破能力要求日新月异，整个组织从上到下普遍焦虑。实施敏捷方法成功后可以让一个企业变得 Happy 一些，人们在企业里工作更有成就感和价值感。公司需要建立长效机制和激励机制，促进人员成长，促进职业发展，让每一个人在工作中享受更多乐趣。这也是敏捷组织和业务敏捷的本质特征！

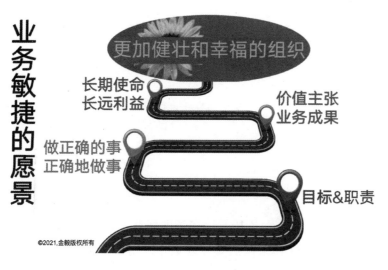

图 5-54 业务敏捷的愿景

参考文献

［1］美国政府网站. TechFAR Hub 旨在帮助那些必须通过合同执行数字服务战略的人理解和导航如何通过联邦采购法规实现数字服务的行业最佳实践. https：//techfarhub. cio. gov/about/.

［2］Henrik Kniberg 的文章介绍了瑞典互联网公司 Spotify 的敏捷组织模式，也称为 Spotify 模型. https：//blog. crisp. se/2012/11/14/henrikkniberg/scaling – agile – at – spotify.